Herbert Popp und Franz Tichy (Hrsg.) /
Möglichkeiten, Grenzen und Schäden der Entwicklung
in den Küstenräumen des Mittelmeergebietes

ERLANGER GEOGRAPHISCHE ARBEITEN

Herausgegeben vom
Vorstand der Fränkischen Geographischen Gesellschaft

Sonderband 17

Herbert Popp und Franz Tichy (Hrsg.)

Möglichkeiten, Grenzen und Schäden der Entwicklung in den Küstenräumen des Mittelmeergebietes

Ein Überblick anhand von Beispielen aus zehn Anrainerstaaten

Mit Beiträgen von Hermann Achenbach,
Herbert Büschenfeld, Wolf-Dieter Hütteroth, Fouad N. Ibrahim,
Alfred Pletsch, Herbert Popp, Marco Rupp, Friedrich Sauerwein,
Flavio Turolla, Konrad Tyrakowski und Horst-Günter Wagner

Erlangen 1985

Selbstverlag der Fränkischen Geographischen Gesellschaft
in Kommission bei Palm & Enke

Gedruckt mit Unterstützung der
Friedrich-Alexander-Universität Erlangen-Nürnberg

ISBN 3-920405-61-7

ISSN 0170-5180

Der Inhalt dieses Sonderbandes ist nicht in den
„Mitteilungen der Fränkischen Geographischen Gesellschaft" erschienen.

Gedruckt in der Universitätsbuchdruckerei Junge & Sohn, Erlangen.

Inhalt

Vorwort

Daß sich an der Mittelmeerregion interessierte Kulturgeographen des deutschsprachigen Raumes in etwa drei- bis vierjährigem Turnus zu einem Gedankenaustausch in kleinen Symposien zusammenfinden, ist nun schon fast zu einer Tradition geworden, nachdem diese Form des wissenschaftlichen Gedankenaustausches bereits zum dritten Male erfolgte: Nach Symposien in Düsseldorf 1976 und in Marburg 1981 wurde diesmal für den 26./27. Oktober 1984 nach Erlangen eingeladen.

1976 war es das vorrangige Bemühen, typisch mediterrane Elemente in der Kulturlandschaft der südeuropäischen Länder herauszuarbeiten[1], ein Anspruch, der immerhin in Ansätzen eingelöst werden konnte. Die Tagung in Marburg 1981 war in erster Linie durch eine thematische und räumliche Heterogenität der Referate gekennzeichnet; die Referate zum Tagungsthema „Traditionelle Züge und moderne Wandlungen in der Kulturlandschaft des Mittelmeerraumes"[2] waren nur recht wenig auf eine strukturierende Leitlinie hin zugeschnitten.

Aus der Erfahrung der Marburger Tagung heraus haben wir die Erlanger Tagung, deren Referate nachfolgend veröffentlicht sind, versucht, hinsichtlich Thematik und Präsentationsstil wieder stärker zu strukturieren. *Inhaltlich* sollte diesmal der Raumtyp der Küstenregionen der Mittelmeer-Anrainerstaaten in den Mittelpunkt der Erörterungen treten. In den Küstenregionen sind in jüngerer Zeit die Raumentwicklungsprozesse am intensivsten vorangeschritten; hier tauchen auch im stärksten Umfang Raumnutzungskonflikte auf; insbesondere Schäden infolge ökologisch unangepaßter Nutzungen treten geballt gerade an den Küsten zutage. *Organisatorisch* sollte das Leitthema *„Möglichkeiten, Grenzen und Schäden der Entwicklung in den Küstenräumen des Mittelmeergebietes"* durch zusammenfassende Überblicksreferate ausgewählter Problembereiche im Küstenraum möglichst vieler Mittelmeer-Anrainerstaaten behandelt werden. Die vorliegenden Beiträge sind somit gewissermaßen eine „Auftragsarbeit"; sie müssen nicht immer Ausfluß brandneuer, originärer Forschung der Bearbeiter sein.

---

1) Klaus Rother (Hrsg.): Aktiv- und Passivräume im mediterranen Südeuropa. Symposium vom 24. bis 25. April 1976 im Geographischen Institut der Universität Düsseldorf. – Düsseldorf 1977 (= Düsseldorfer Geographische Schriften, H. 7).

2) Alfred Pletsch und Wolfram Döpp (Hrsg.): Beiträge zur Kulturgeographie der Mittelmeerländer IV. – Marburg 1981 (= Marburger Geographische Schriften, H. 84).

Dieser Nachteil, so meinen wir, wird allerdings aufgewogen durch den Vorteil, nunmehr im Überblick für nahezu alle wichtigen Länder um das Mittelmeer herum[3] eine zusammenfassende Publikation vorlegen zu können. Bereits die Diskussion während der Tagung hatte gezeigt, daß die Befürchtung, ein solch standardisiertes Tagungsprogramm führe zu Sterilität, unbegründet war. Vielmehr eröffneten sich gerade durch die Präsentation mehrerer Länderbeispiele Vergleichsaspekte, Analogien und Divergenzen, die bei bloßer Analyse einzelner Räume innerhalb eines Staates wohl unberücksichtigt geblieben wären. Der Charakter des Symposiums, der ja eher synthetische Aspekte in den Vordergrund stellte, eröffnete durchaus die heuristische Funktion, lohnende Forschungsthemen und tragfähige Hypothesen für künftige Untersuchungen liefern zu können. Insofern hat sich der Versuch, das Mittelmeer-Symposium inhaltlich und organisatorisch einmal anders zu gestalten, durchaus gelohnt.

Erstmals konnten wir mit den Herren RUPP und TUROLLA aus Bern auch Kollegen als Referenten einbeziehen, die nicht aus der Bundesrepublik sind. Dieser bescheidene Anfang, auch ausländische Kollegen als Referenten in das Symposium einzubeziehen, sollte bei künftigen Veranstaltungen unbedingt fortgeführt werden (insbesondere auch für Kollegen aus den Mittelmeerländern selbst).

Das nächste Symposium zur „Geographischen Mittelmeerforschung" soll im Jahr 1988 in Würzburg stattfinden. H.-G. WAGNER wird uns rechtzeitig dazu einladen.

Herbert Popp *Franz Tichy*

3) Leider war Herr Priv.-Doz. Dr. W. RICHTER, der ein Referat über Palästina/Israel angeboten hatte, krankheitshalber verhindert, an dem Symposium teilzunehmen. Auch bei den vorliegenden Referaten müssen wir leider auf den Beitrag von Herrn RICHTER verzichten.

Herbert Popp und Franz Tichy (Hrsg.): Möglichkeiten, Grenzen und Schäden der Entwicklung in den Küstenräumen des Mittelmeergebietes. Ein Überblick anhand von Beispielen aus zehn Anrainerstaaten. Erlangen 1985 (= Erlanger Geographische Arbeiten, Sonderbände, Band 17).

Raumnutzungskonkurrenzen an der spanischen Mittelmeerküste

von

KONRAD TYRAKOWSKI (Eichstätt)

Mit 6 Kartenskizzen und 2 Tabellen

A. Räumliche Abgrenzung

Die spanische Mittelmeerküste (einschließlich der Balearen, ausschließlich der nordafrikanischen Küstenabschnitte der Exklaven von Ceuta und Melilla) erstreckt sich über 2580 km. Der hier zu berücksichtigende Küstenstreifen Festlandspaniens weist eine unterschiedliche Breite auf: Teils engen ihn die an das Meer herantretenden Küstengebirge bis auf wenige hundert Meter ein (Cordillera Catalana, Sierra Nevada, Sierra de Ronda), teils weichen diese im Bogen in das Binnenland zurück und formen so z.T. großflächige 15–20 km breite Küstenhöfe (Valencia, Alicante-Murcia, Almería). In die Küstenebene hinein entwässern kurze Torrenten aus den Randgebirgen, die im Oberlauf vereinzelt aufgestaut werden, um auf diese Weise die Zeit der Wassergaben zu verlängern. Kleine Schotterfächer dieser Entwässerungslinien und große Deltas der Durchbruchsflüsse aus dem Binnenland (Llobregat, Ebro, Segura) verbreitern kleinräumig den Küstenstreifen. Gegen das Randgebirge steigt die Ebene bis auf 200 m Höhe an. Vereinzelt treten Lagunen auf (Mar Menor, Albufera).

B. Problemstellung

Elf Provinzen, welche vier Autonomien (Cataluña, Pais Valenciano, Murcia, Andalucía) angehören, haben Anteil an diesem Küstensaum, in dessen Nutzung sich verschiedene Intensitätsgefälle zeigen, die bei der Behandlung dieses Raumes zu berücksichtigen sind:

1. Der NO-SW-Gegensatz

Die Küstenzone kann generell als Aktivraum bezeichnet werden. Allerdings zeigt sich, daß von NO nach SW ein Intensitätsgefälle besteht. Dies ist erkennbar z.B. bei den vom exzentrischen Mittelpunkt Barcelona aus nach Süden abnehmenden Bevölkerungsverdichtungen, in der in gleicher Richtung abnehmenden Zahl der industriellen Arbeitsplätze, in einem sinkenden Anteil am Bruttoinlandsprodukt pro Einwohner, im abnehmenden Familieneinkommen etc. (ALCAIDE INCHAUSTI 1981, S. 746–754; COMPAN VASQUEZ 1979).

2. *Der Küsten-Binnenland-Gegensatz*

Regionale Disparitäten zeigen sich auch, je weiter man in das Landesinnere kommt. An der Küstenlinie lokalisieren sich die Bevölkerungszentren. Die küstennahen Munizipien weisen hohe Bevölkerungsdichtewerte auf. Die innere Peripherie dagegen ist durch Bergflucht, Entvölkerung, Siedlungs- und Flurwüstungen gekennzeichnet; Erscheinungen, die im 19. Jahrhundert begannen und bis heute andauern. So konzentrieren sich im País Valenciano in den Comarcas an der Küste 75 % der Bevölkerung, während die restlichen 25 % sich im Binnenland verteilen (ROMERO GONZALEZ/DOMINGO PEREZ 1979, S. 189). Die Stadt Málaga beherbergt allein fast die Hälfte der Provinzbevölkerung, und die Bevölkerung der Küstenmunizipien wächst schneller als die der Munizipien des Hinterlandes. Ca. 60 % der Bevölkerung der Provinz Málaga konzentrieren sich auf einem nur 4 km breiten Küstenstreifen (FERRE BUENO 1979, S. 37). Ein ähnliches Phänomen hat DUMAS (1975) für die Provinz Alicante festgestellt.

3. *Der Stadt-Umland-Gegensatz*

Manche Bevölkerungszentren lagen noch bis in die fünfziger und sechziger Jahre inmitten agrarischer Intensivräume (Murcia, Valencia; auch Barcelona und Tarragona), umgeben von Bewässerungsgebieten mit traditioneller *huerta*-Kultur. Seit der Mitte dieses Jahrhunderts beginnen sich diese Orte rapid auszudehnen, wobei es zur Konfrontation zwischen dem ruralen Umfeld und der Stadt kommt. In der Konfliktzone verzahnen sich ländliche und städtische Elemente sehr eng. Dieses Phänomen beschreibt die sprachliche Neuschöpfung der *rurbanización*, die wohl aus der französischen geographischen Literatur entlehnt worden ist: „(...) acusa una fuerte presencia de actividades secundarias y terciarias en su ámbito más rural, pero sin que lleguen a borrar la huella de su tradicional actividad agrícola." (ANDRES SARASA 1983, S. 399). Der Ausstrahlungseffekt der Städte ist jedoch nicht immer so, daß sich Entwicklungsimpulse freisetzen. Vielmehr hält sich in den Siedlungen im Randbereich der wachsenden Städte hartnäckig soziale Ungleichheit (GOBERNADO ARRIBAS 1979, S. 69–71).

Im folgenden sollen einige Probleme durch Landnutzungskonkurrenz innerhalb dieser sich überlagernden drei Ebenen von Entwicklungsgefälle dargestellt werden. Von besonderem Interesse erscheint mir hierbei, daß in der spanischen geographischen Literatur das Problem der Landnutzungskonkurrenz nicht einfach als ein Problem von Landnutzungsalternativen gesehen wird, das dadurch entsteht, daß unterschiedliche Konzepte einer Inwertsetzung aufgrund verschiedener Interessen konkurrierender sozialer Gruppen mit spezifischen Durchsetzungsvermögen verfolgt werden. Vielmehr wird Nutzungsfläche ganz elementar als begrenzt vorhandenes Gut gesehen, wird Boden (insbesondere Bewässerungsland und Gartenland im Umkreis der Städte) als eine Ressource angesehen, die nicht einfach in dieser oder jener Form genutzt werden kann. Statt dessen wird nach dem gesellschaftlichen Wert der Nutzungsmöglichkeiten gefragt. Und da Raum als knappes Gut verstanden wird, kann er sinnvoll genutzt und erhalten, aber auch verschwendet und vergeudet (*despilfarro del terreno fertil* nach CALVO GARCIA-TORNELL 1982, S. 321) werden. Er kann, einmal einer bestimmten Übernutzung unterworfen, einer anderen Nutzung nicht mehr dienen, er ist somit verbraucht (*consumo de espacio* nach HERCE VALLEJO 1975). Diese zerstörerische Komponente (*destrucción del espacio agrícola* nach ZAPATA NICOLAS et al. 1975, S. 189) tritt insbesondere im Konfliktraum der städtischen Randzone auf, wo besonders spürbar ist, daß Boden als konkreter Raum ein nicht substituierbares begrenztes Gut (*un bien escaso insustituible* nach GAVIRIA 1978, S. 245) darstellt.

Ich möchte an drei Beispielen die Konkurrenz unterschiedlicher Raumnutzungsansprüche und deren Folgen darstellen: am Delta des Llobregat nahe Barcelona, an der Überbauung der Küste mit „Urbanizaciones" und am Innovationsprozeß des modernen Gartenbaus im Raum von Almería.

C. Raumnutzungskonkurrenz an der spanischen Mittelmeerküste

1. Das Delta des Llobregat – ein Opfer ungeplanten Städtewachstums

Das Tal des Río Llobregat begrenzt im Westen Stadt und Munizip Barcelona. Dieser Fluß durchbricht die innere und äußere Küstenkordillere und formt an seiner Mündung ein Delta von maximal 6 km Länge und 2,5 km Breite. Zwischen Küstengebirge und Delta entwickelte sich eine Kette von Ortschaften, in denen sich um die Jahrhundertwende Textilfabriken (z.B. *Colonia Güell S.A.*) und andere Industrie niederließen. Diese kleinen munizipalen Zentren basierten durchwegs auf der Bewässerungslandwirtschaft – 1885 war der rechte Llobregat-Seitenkanal fertiggestellt worden, 1890 wurden die Grundwasservorkommen innerhalb des Deltas entdeckt –, die fast ausschließlich für die Versorgung der Stadt Barcelona produzierte. Vereinzelt besaßen wohlhabende Bürger aus Barcelona Sommerhäuser in diesen ländlichen Orten. Dieser stabile Zustand hielt sich bis in die fünfziger Jahre.

Dann setzten Prozesse ein, welche die überkommene Nutzung des Raumes grundlegend änderten und an den Rand eines „urbanistischen Chaos" (VILLA VALENTI 1977, S. 32) führten: die massive Zuwanderung von Nicht-Katalanen und die Entwicklung der Industrie. Als Folgen dieser Prozesse – die für St. Boi de Llobregat exemplarisch und sehr detailliert von ANGELS ALIO (1977) beschrieben wurden – zeigten sich (vgl. Abb. 1):

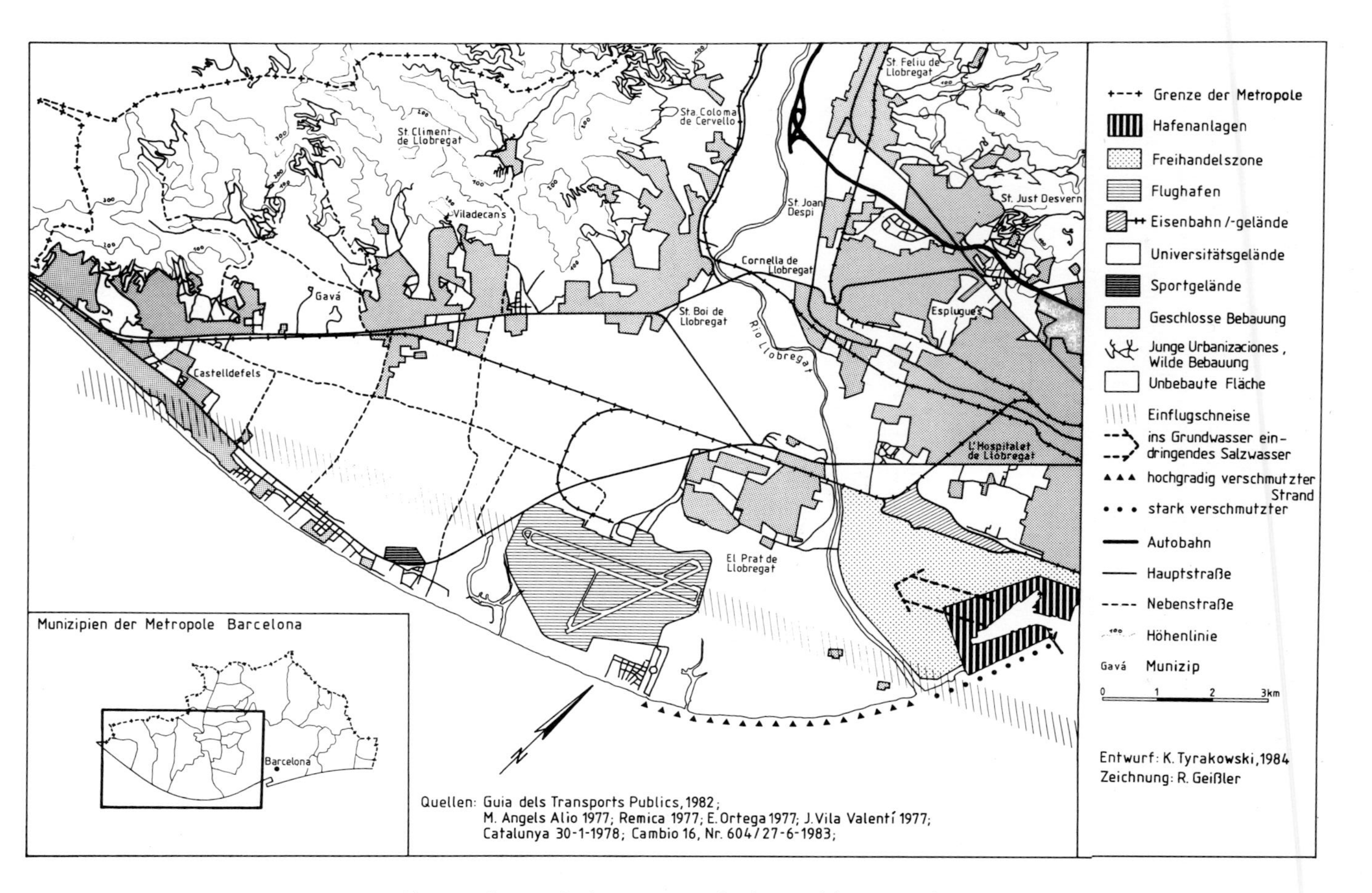

Abb. 1. Landnutzungskonkurrenzen im Delta des Río Llobregat/Barcelona

- Abwanderung der autochthonen Bevölkerung in die Neubausiedlungen an der Küste (Castelldefels) und Nachrücken von Zuwanderern aus dem ländlichen Raum oder Afrikanern aus Marokko, Portugal, Gambia und Senegal.
- Degradierung der alten Ortskerne zu billigen Wohnvierteln, Ausbau von traditionellen Gebäuden mit Patios zu Elendsquartieren (*estatjes, corralons*), spekulativer Neubau dieser Substandardunterkünfte.
- Ersatz ländlicher Randbebauung durch große Wohnblöcke.
- Verdichtung des Siedlungsbandes am Gebirgsfuß, aber auch Auflösung der Bebauung durch freistehende Neubausiedlungen auf für landwirtschaftliche Nutzung vorgesehenen Flächen.
- Unkontrollierte, einfach Bebauung (mit Hütten aus Abfallmaterial (*coreas*)) an den Gebirgshängen in der Hoffnung auf nachträgliche Legalisierung.
- Vordringen der Industriefläche in den Agrarraum des Deltas.
- Landverluste durch Verkehrsausbau (Autobahn, Flughafen, Seehafen).
- Schäden am Grundwasser und Strandverschmutzung.

Da das Delta des Llobregat innerhalb der Metropole Barcelona noch eine der wenigen großen Freiflächen darstellte, wurde es bevorzugt Objekt von Nutzungsinteressenten. Insbesondere vom Hafen aus wurde ein großes Industriegebiet angelegt, an dessen Beispiel man die Konfrontation von zielstrebigen privaten Interessen und offizieller Gleichgültigkeit bei der Nutzungsplanung des Deltas ablesen kann (ORTEGA 1977, *Tele/eXpres* 30.1.1978):

Ab dem Jahr 1900 trugen sich die Stadtverwaltung und andere Organisationen mit dem Plan, zur Förderung der Stadt als Wirtschaftszentrum einen neuen Freihafen zu bauen. Das geeignete Gelände wurde im Delta des Llobregat – damals noch in seiner gesamten Fläche ein bewässertes Gartenbaugebiet (DEFFONTAINES 1949) – gefunden. 1926 wurde das Projekt planerisch konzipiert und 1927 das Gelände enteignet. Bis 1963 behielten die ursprünglichen privaten Besitzer das Terrain gepachtet und bearbeiteten es auch. 1964 reklamierten sie – wenn auch erfolglos – den enteigneten Grund mit dem Hinweis auf das nicht durchgeführte Projekt.

Im gleichen Jahr wurde der Plan eines Hafens aufgegeben. Statt dessen wurde ein Industriegebiet angestrebt: 728 ha wurden hierfür umgewidmet, 400 ha wurden als Baulandreserve behalten oder für die Erweiterung des bestehenden Handelshafens vorgesehen. Diese Erweiterung bestand in der Anlage eines Hafenbeckens bis 1 000 m landeinwärts.

Vor dieser Maßnahme warnte die *Comisaría de Aguas del Pirineo Oriental* und der *Servicio Geológico de Obras Públicas* mit dem Hinweis auf ungeklärte Grundwasserverhältnisse. Der Bau wurde dennoch begonnen. Gleichzeitig beauftragte die Verwaltung des Industriegebietes den französischen Hydrogeologen J. Agie mit einer Untersuchung hinsichtlich möglicher Versalzung des Grundwassers. Dieser kam in seiner Studie zu dem Schluß, daß in 5–6 Jahren das Grundwasser im Industriegebiet versalzt sein würde, wenn keine Gegenmaßnahmen getroffen würden. Dieses Ergebnis wurde jedoch den interessierten Industrieunternehmern vorenthalten. So siedelten sich ca. 150 überwiegend große und mittlere Betriebe der Sektoren Autoproduktion, Metallverarbeitung, Chemie, Nahrungsmittel, Baustoffe, Druck und Papier an, die zum überwiegenden Teil ihr Brauchwasser aus eigenen Brunnen fördern (PLANA CASTELLVI 1978, S. 397–398). Das Hafenbecken wurde gebaut, und dem Bauunternehmer wurde gestattet, den Aushub von Sand und Schotter weiterzuverwerten; so verkaufte ihn dieser mit Gewinn an die Bauwirtschaft weiter.

Mittlerweile weist das Grundwasser 3–4 g Chlorsalz pro Liter auf. Der Grundwasserspiegel hat sich gesenkt und erlaubt so eine weitere Intrusion des Meerwassers, zumal die Abflüsse des Llobregat zu gering sind, um das Salzwasser zurückzudämmen. Es versteht sich, daß bei solchen hydrologischen Verhältnissen jede Brunnenbewässerung verboten wurde.

Räumliche Eingriffe dieser Art sind nicht auf den Umkreis von Barcelona beschränkt. So ist z.B. auch die *huerta* von Murcia zu 30 % überbaut und damit zum Teil vernichtet (CALVO 1982, S. 322). Wenn das Bevölkerungswachstum von 0,5 % jährlich und der Baulandbedarf in dem Maße wie bisher weitergehen, wird – theoretisch – im Jahr 2172 die *huerta* (von 25 % für Grünzonen abgesehen) überbaut sein (ZAPATA NICOLAS et al. 1975, S. 199–200). Valencias Reisanbaugebiet ist zum Teil Bauland für Industrie und Wohngebiete geworden (CANO GARCIA 1978, S. 205). Ähnliches gilt für Castellón, wo Wohnblöcke teilweise auf Betonstelzen in den Sumpfbereich ehemaliger Reisfelder gebaut wurden (PIQUERAS HABA 1978). Auch Eingriffe an der Küstenlinie (Hafenanlage, Kies- und Sandentnahme) haben die abrasiven Effekte der Meeresströmung verstärkt: So mußte der Strand von Pedregalejo/Málaga durch Kunstbauten (*espigones*) aus 238000 t Stein von den Brüchen aus Almellona vor weiterer Zerstörung gesichert werden. Dazwischen wurden Strandabschnitte mit 60000 m^3 Sand aus der Mündung des Río Guadalhorce aufgeschüttet (*Cambio* 16, No. 569). Ähnliche Sicherungen mußten bei Massamagrell/Valencia getroffen werden (MIRANDA MONTERO 1978).

Die Ursachen derartiger Nutzungskonflikte liegen teils in der Planlosigkeit der Entwicklung, teils im mangelnden Durchsetzungsvermögen der öffentlichen Hand, teils in der Schnelligkeit, mit der das Städtewachstum die Pläne überholt (SERRATOSA 1977, CARRENO 1976). So hat der Stadterweiterungsplan Cerdó ab 1859 zu der bekannten, auf rechtwinkeligem Straßengitter beruhenden Neustadt von Barcelona geführt, die eine maximale Ausdehnung von 8 km hatte. Der nächste Plan von Bedeutung war der *Plan Comarcal* von 1953; seine Ausdehnung betrug 30 km. In Anlehnung an die Charta von Athen ging er als erster auf eine funktionale Zonierung ein: die Gebirgsräume, die Waldbezirke und die landwirtschaftlichen Nutzflächen sowie die Strände sollten unter besonderen Schutz gestellt werden, Obergrenzen für Verdichtung waren vorgesehen. Diese Grundzüge wurden aber durch die Realität unterwandert, zumal die Nachbarschaftsmunizipien nicht in die Planung einbezogen worden waren.

1963 wurde mit dem *Plan Director del Area Metropolitana*, der ein Gebiet von 110 km × 30 km umfaßt, begonnen, um die Defekte des *Plan Comarcal* aufzufangen. Aber auch hier wurden nur Makrostrukturen vorgegeben: als Bevölkerungsplafond der *Comarca Barcelona* für das Jahr 2010 wurden 4 Millionen Bewohner festgelegt. Diese 480 km² große *comarca* hat nach dem Census von 1981 mittlerweile 3,23 Millionen Einwohner.

Ungenügende Planungsmaßnahmen sind auch für andere Wachstumszentren charakteristisch. So hat Murcia 1961 seinen ersten Flächennutzungsplan erstellt. Er betraf nur 39% der Bevölkerung und nur 0,88% der Munizipfläche. Erst 1968 kam der erste Flächennutzungsplan für die *huerta*: Er umfaßte 27% der munizipalen Fläche und 58% der Bevölkerung (ANDRES SARASA et al. 1983, S. 401). Auch Málaga sah sich erst mit dem Touristenboom genötigt, ab 1964/65 Nutzungspläne für die Costa del Sol zu erarbeiten. Der *Plan de Ordenación Urbana* wurde erst 1971 genehmigt, als die Stadt schon knapp 400000 Einwohner hatte (BURGOS MADRONERO 1978, S. 432, 434).

2. *Das Geschäft mit den „Urbanizaciones"*

JURDAO ARRONES (1979) hat in einer Analyse unter dem provozierenden Titel „Spanien zu verkaufen" für das Munizip von Mijas an der Costa del Sol detailliert dargelegt, wie Boden vom Produktionsfaktor zum reinen Spekulationsobjekt degradiert und in Form von *urbanizaciones* vermarktet wird. Eine „Urbanización" ist ein Baugelände ohne Anbindung an bestehende Siedlungen, das von einem Unternehmer parzelliert und – bebaut oder nicht bebaut – verkauft wird. Die Käufer sind vorwiegend Ausländer und meist nur temporär im Sommer anwesend. Sie sind als soziale Schicht sehr heterogen und führen, getrennt von der autochthonen Bevölkerung, ihr eigenes Leben.

Die Phase dieser Urbanisierung begann schon zu Francos Zeit, als in den sechziger Jahren der Tourismus an der Küste gefördert wurde, um mit Devisen und neuen Arbeitsplätzen das Bruttosozialprodukt zu steigern, aber nicht, um bestimmte Regionen in ihrer Entwicklung zu fördern (JURDAO ARRONES 1979, S. 105). In der folgenden Zeit kam es an der Costa del Sol wie auch an anderen attraktiven Stränden der Costa Blanca (DUMAS 1983, S. 249) und der Costa Brava (CALS et al. 1977, S. 199) zu Bau- und Bodenspekulationswellen, die JURDAO ARRONES (1979, S. 276–277) für Mijas folgendermaßen umschreibt:

1963–1968: Reine Bodenspekulation. Grundstücke werden gekauft und verkauft, ohne irgendwelche infrastrukturelle oder bauliche Maßnahmen zu treffen. Der Bodenwert wird durch einfache Transaktionen gesteigert.

1968–1973: Bauboom. Die Bodenspekulation wird durch die Bauspekulation ergänzt. Bebauung führt zu Mehrwertsteigerung und zum städtischen Wachstum mit teilweiser wilder Bebauung und defizienter Infrastruktur.

ab 1973: Krise und Stagnation. Sättigung des Marktes und veränderte Rahmenbedingungen (Wirtschaftskrise) führt zum Abebben der Spekulation.

In diesen spekulativen Bodenmarkt wurde sowohl Großgrundbesitz wie bäuerlicher Kleinbesitz eingeschleust. Als Resultat zeigt sich eine totale Umstrukturierung der Wirtschaftssektoren (vgl. Tab. 1). Als Käufer traten vorwiegend Ausländer und auswärtige Spanier auf. So gehören den nichtspanischen Eigentümern in Mijas 83,9 % aller Chalets, 21,4 % aller Wohnungen und 52,2 % des katastermäßigen Bauwertes (JURDAO ARRONES 1979, S. 218–219).

Tabelle 1: Arbeitsplatzstruktur im Munizipio Mijas (in Prozent)

	Primärer Wirtschaftssektor	Sekundärer Wirtschaftssektor	Tertiärer Wirtschaftssektor
1950	85,0	4,0	11,0
1965	75,4	11,0	13,6
1975	8,8	47,0	44,2

Quelle: MIGNON/HERAN 1979, S. 68.

Die *Urbanizaciones rústicas* treten als Schwarzbauten außerhalb des genehmigten Baulandes in landwirtschaftlicher Nutzfläche ohne jegliche Ver- und Entsorgungseinrichtung auf – ähnliches berichtet MIRANDA MONTERO (1983, S. 213–214) für Valencia –, oder sie sind als offizielle *urbanización turística* in stark verdichteter Blockbauweise oder in stark parzellierten Einzelhaussiedlungen ausgeführt. Bevorzugtes Bauland sind die Küstenstreifen und die Steilhänge des Künstenrandgebirges. Um den Baugrund gewinnmaximierend zu nutzen, werden verschiedentlich entgegen den Planungsvorhaben Parzellen nachträglich verkleinert, Grünzonen überbaut, ja sogar Bodenstücke außerhalb der offiziellen Planungsfläche in die Urbanización illegal einbezogen (JURDAO ARRONES 1979, S. 286).

Effekte der Spekulation sind insbesondere galoppierende Bodenpreise: So ist in Cullera/Valencia von 1924–1960 der mittlere Bodenpreis als Resultat der allgemeinen Inflation um 200 % gestiegen. Von 1960 bis 1975 stieg der mittlere Bodenpreis aber um über 600 %, in guten Lagen sogar um über 900 % (ARROYO ILERA 1980, S. 409–410). Hinsichtlich der regionalen Verteilung der Zweitwohnsitze ist festzustellen, daß sie von SW nach NO in ihrer Bedeutung zunehmen. Der Küstenhof von Valencia ist ein traditioneller Raum hohen Zweitwohnsitzanteils. Um die Metropole konzentrieren sich in einer Zone von 7–16 km Radius ein Viertel aller Zweitwohnsitze der

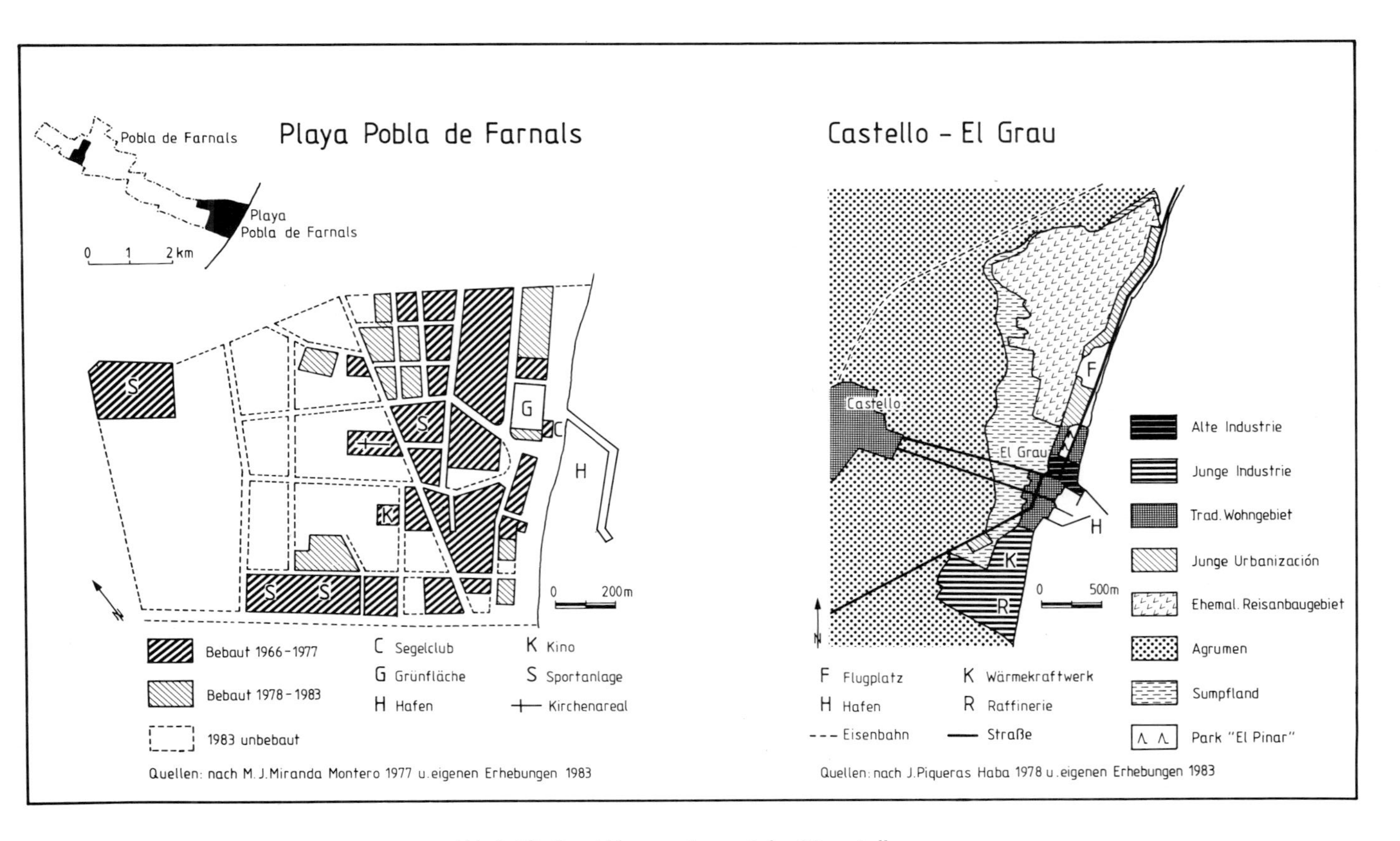

Abb. 2. Die Entwicklung zweier spanischer Küstensiedlungen

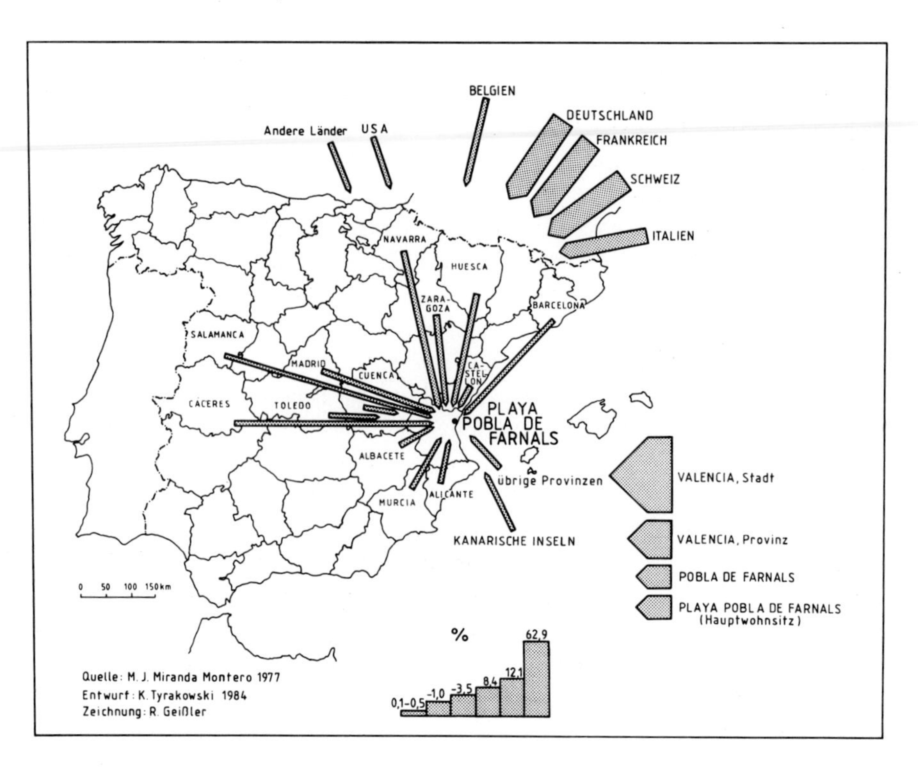

Abb. 3. Herkunft der Eigentümer von Zweitwohnungen in Playa Pobla de Farnals/Valencia 1975

Provinz. In Küstennähe sind gar 41,7% sämtlicher Sommerwohnungen lokalisiert (MIRANDA MONTERO 1983, S. 212–213). Die Costa del Azahar ist seit der zweiten Hälfte des 19. Jahrhunderts ein bevorzugter Raum für Sommerfrischen. Aus den von der Küste zurückgesetzten Altsiedelorten hatten sich Teile des Bürgertums zur Sommerzeit in die Hafenorte und Fischersiedlungen (*graos*) begeben (Abb. 2). Mit dem Bauboom der sechziger und siebziger Jahre sind moderne touristische Vororte wie Playa Pobla de Farnals in den Sandstrand gebaut worden (MIRANDA MONTERO 1977). Auch hier hatten Bauunternehmer versucht, spekulativ schnell zu Geld zu kommen. Die Wirtschaftsflaute hat aber bewirkt, daß seit Jahren Wohnungen unverkauft leerstehen, und daß der Ausbau des Touristenzentrums stagniert. Die bis 1975 verkauften Wohnungen sind zu zwei Dritteln von Leuten aus der Stadt Valencia erstanden worden, die der Ausländer machten 9% aus (MIRANDA MONTERO 1977, S. 34, vgl. auch Abb. 3). ARROYO (1979, S. 102–103) hat allerdings mit Valldigna/Valencia ein Beispiel dafür gebracht, daß einem Rückgang im Bausektor nicht unbedingt eine Flaute im Immobilienhandel entsprechen muß. So wurden hier in der Krisenzeit der Jahre 1973–1975 mehr Wohnungen aus dem Bestand des Wohnungsangebots verkauft als gebaut wurden.

Die dichteste Massierung von Zweitwohnungen findet sich an den für Spanier attraktiven grünen Küsten der Costa Brava und der Costa Dorada (Abb. 4). In der Provinz Gerona sind 38,4 % aller Wohnungen Zweitwohnsitze; in der Provinz Tarragona sind es 36,5 % (*Anuario Estadístico* 1982, S. 811). Das Geschäft mit den Urbanizaciones, die überwiegend illegal konzipiert wurden, hat dazu geführt, daß sie immer größer wurden: die durchschnittliche Größe pro *polígono* betrug vor 1955 3,0 ha; zwischen 1955 und 1965 21,4 ha und zwischen 1965 und 1972 39,1 ha. Wie stark der investitionsminimierende, spekulative Charakter hierbei ist, zeigt sich daran, daß noch im Bauboom keine 20 % der Urbanisationsfläche tatsächlich bebaut war. Wichtigste negative Effekte hatte diese Phase mit der Umkehrung des Zentrum-Peripherie-Gefälles in ein Peripherie-Zentrum-Gefälle beim Bodenpreis, in der Zersiedelung der Küstenlandschaft, damit in einer Vernichtung weiter Waldbestände und in einer Verschmutzung der Strände (HERCE VALLEJO 1975, S. 48–53; CARRENO PIERA 1976, S. 105–107). Müll und Abwässer der überwiegend mangelhaft entsorgten Urbanizaciones führen in Verbindung mit der Belastung durch die Industrie und viele Altsiedelorte zu Zuständen, die oft gerade an und nahe von touristisch hoch frequentierten Stränden das Baden unmöglich oder gesundheitlich riskant machen. So gehört der 35 km lange Küstenabschnitt zwischen Mataró und dem Delta des Llobregat zu den am höchsten verschmutzten Stränden der gesamten spanischen Küste. Im Juli 1984 war im País Valenciano an 30 Stränden von 21 Munizipien – darunter so bekannte Touristenmunizipien wie Vinarós, Pobla de Farnals, Gandia, Santa Pola – das Baden verboten (*Cambio* 16 No. 604/27–6–1983; *El País* 8–7–1984).

Die verkehrstechnischen „Förderbänder" des Küstentourismus bestehen in den küstenparallelen Linien der Eisenbahn, der Küstenstraße und der Autobahn. Von der für 1980 geplanten Hauptachse von La Junquera/Gerona bis Málaga existieren gegenwärtig nur 661,5 km zwischen La Junquera und Alicante. Ein weiterer Ausbau ist vorerst nicht abzusehen, da die gebührenpflichtige Autobahn von der spanischen Bevölkerung wenig akzeptiert wird, sie sich daher ökonomisch nicht rentiert, private Unternehmer für einen Weiterbau nicht zu gewinnen sind und dem spanischen Staat die Mittel fehlen (*Cambio* 16, No. 562/6–9–1982). Die Wirkungen der Verkehrslinien im relativ schmalen Küstensaum sind durchaus auch negativer Natur: Die Verzahnung der Funktionen Verkehr und Wohnen wirkt sich teilweise negativ auf letztere aus, Straßen und Eisenbahn verhindern freie Zugänge zum Strand. Im Raum Valencia hat sich häufig gezeigt, daß die auf Dämmen verlaufenden Verkehrswege die im Herbst und Winter von den Randgebirgen massiv abströmenden Niederschläge dermaßen aufstauen, daß es zu großflächigen katastrophalen Überschwemmungen kommt und schon erwogen werden mußte, Breschen in die Dämme zu sprengen (*El País* 21–10–1982, 9–11–1983).

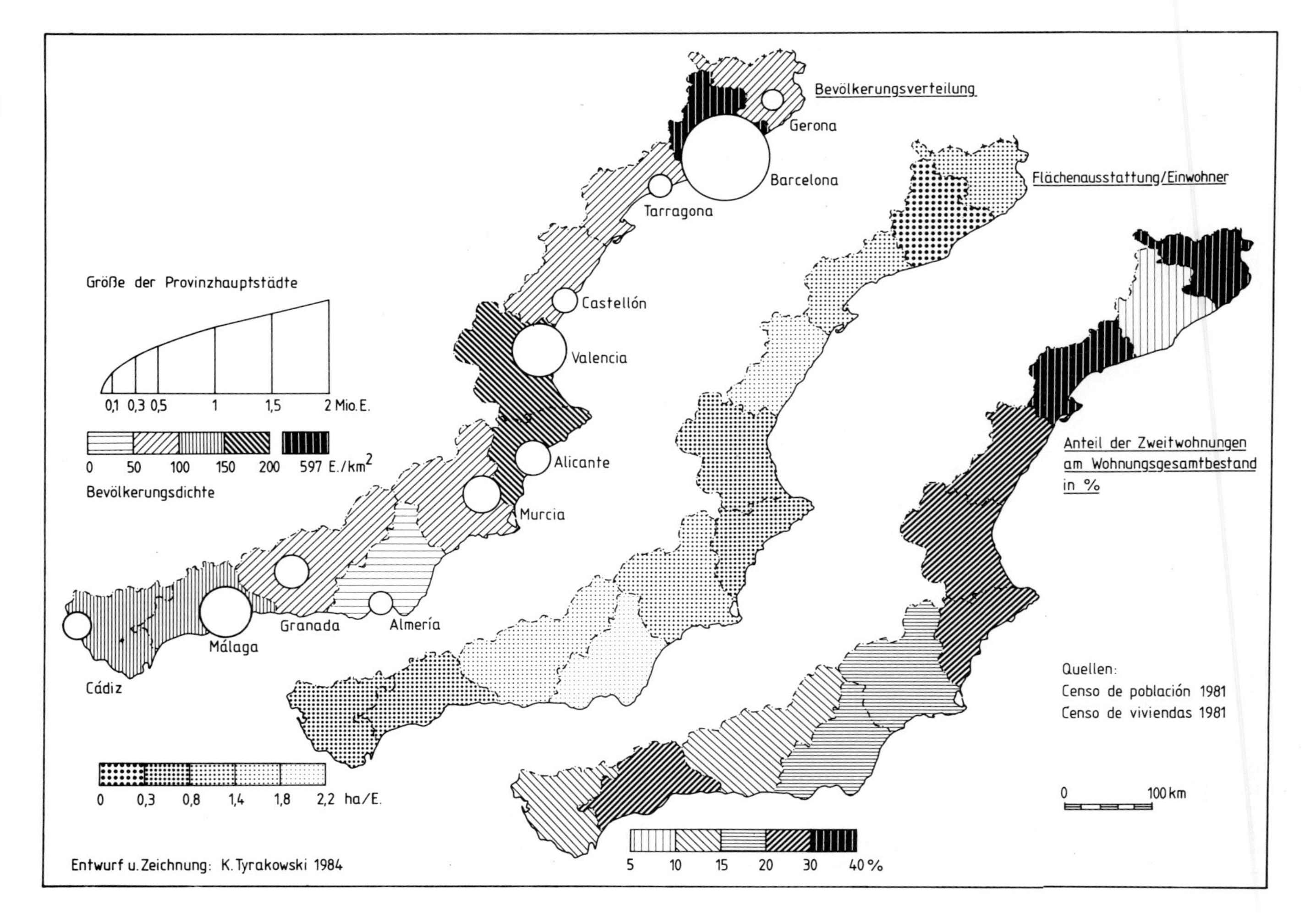

Abb. 4. Bevölkerungsstrukturen an der spanischen Mittelmeerküste nach Provinzen 1981

3. Die Entwicklung des Intensivgartenbaus von Almería

Im westlich von Almería gelegenen Küstenhof, bekannt unter dem Landschaftsnamen *Campo de Dalías*, hat sich in den letzten 20 Jahren eine Form des Gartenbaus entwickelt, die zum sog. „Wirtschaftswunder von Almería" (CALATRAVA REQUENA 1982, S. 67) führte. Diese Entwicklung begann, als 1953 das damalige INC (*Instituto Nacional de Colonización*) ein Bewässerungsprojekt plante und Brunnen bohrte. Die relativ hohen Salzkonzentrationen in Boden und Brunnenwasser führten aber beim traditionellen Bewässerungsfeldbau nur zu bescheidenen Erfolgen. Besonderen Erfolg hatte das INC, als es ab 1956/57 eine Gartenbautechnik reaktivierte, die Ende des 19. Jahrhunderts schon im Bewässerungsgebiet von Pozuelo und La Rábita betrieben wurde: die Sandfelder der *enarenados* (PALOMAR OVIEDO 1982, S. 13), die aus einer Rollierungsschicht, einer Zwischenschicht aus Mist und darüber einer Sandschicht bestehen. Etwa ab 1965 wurden diese Sandfelder zusätzlich mit Plastikbahnen überdeckt (*invernaderos, abrigos*), ursprünglich, um die Verdunstung zu bremsen, später, um einen Erntevorsprung von 20–30 Tagen zu erreichen. Von Roquetas del Mar, dem wichtigsten Innovationszentrum, und den Sekundärzentren El Ejido, Balerma und Adra aus verbreitete sich dieser moderne Gartenbau über fast den gesamten Küstenhof und diffundierte in die Küstenebenen der östlichen und westlichen Nachbarprovinzen von Murcia und Granada-Málaga (Abb. 5).

Die Gründe für die rasche Ausbreitung sind folgende: Der Küstenhof war überwiegend geringwertiges Getreideland und Ödland; nur 800 ha waren Rebland (PALOMAR OVIEDO 1982, S. 16–19). Eine Nutzungsänderung war von daher leicht zu erreichen. Die INC-Brunnen brachten das benötigte Wasser, Arbeitskraft war billig, und die Konstruktion der Plastikdächer einfach. Schließlich gab es aufnahmefähige spanische und ausländische Märkte. All dies führte zu außerordentlichen Einkommensanreizen. Die Adaption der modernen Gartenbautechnik erfolgte außerordentlich rasch (vgl. Tab. 2). Die Zunahme der Bewässerung beschwor aber schließlich die Gefahr der Grundwasserübernutzung – stellenweise ist der Grundwasserspiegel schon auf 20 m unter die Oberfläche gefallen –, so daß es im Raum von Nijar und Andarax verboten wurde, neue Brunnnen anzulegen.

Tabelle 2: Huerta-Flächen unter Plastik in Prozent der gesamten Bewässerungsfläche im Campo de Dalías

	absolute Fläche (in ha)	relative Fläche (in %)
1970	680	6,3
1974	2560	23,9
1978	5890	54,5
1982	7120	66,0

Quelle: *Ministerio de Agricultura* nach DIAZ ALVAREZ 1982, S. 101.

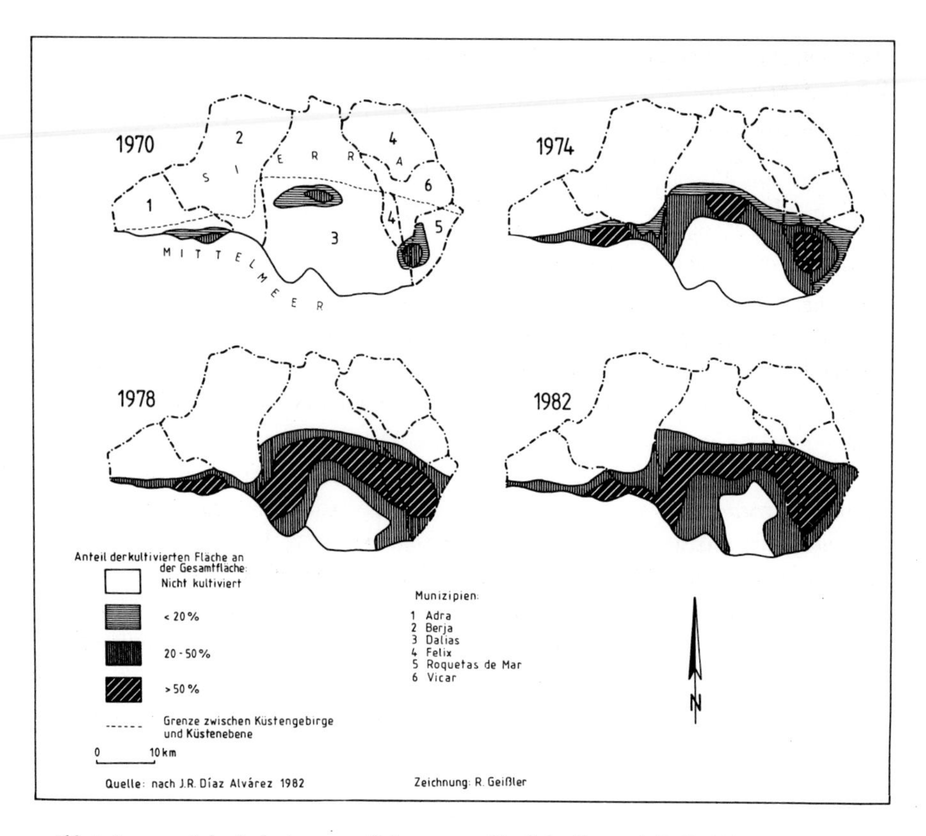

Abb. 5. Innovatorische Ausbreitung von Kulturen unter Plastik im Campo de Dalias/Almería 1970–1982

Weniger rasant entwickelte sich der Gartenbau in den benachbarten Provinzen, wo die genannte Technik sich weniger flächenhaft ausdehnt, sondern mehr kleinräumig auf Deltas der kleinen Torrenten auftritt oder auf Terrassen aufgelassener Weinberge dieser neue Gartenbau betrieben wird. Große Konkurrenten sind hier aber immer noch der traditionelle Gartenbau sowie die Monokulturen von Zuckerrohr und Frühkartoffeln. Und schließlich ist der Tourismus mit seinen Erscheinungen der größte Raumnutzungskonkurrent.

Die Betriebe sind überwiegend Familienbetriebe. Auf kleiner Betriebsfläche (durchschnittlich 1 ha) sind hohe Initialinvestitionen erforderlich (ca. 7 Mio. Ptas = ca. 140.000,– DM/ha). Allerdings sind auch die Erlöse hoch (ca. 2 Mio. Ptas = ca. 40.000,– DM/ha im Durchschnitt jährlich). Arbeitsmarktpolitisch ist von Interesse, daß dieser Gartenbau fast nur Handarbeit zuläßt, was zu einem hohen Angebot an festen und temporären Arbeitsplätzen führt; pro Hektar *enarenado* sind ca. 500, pro Hektar *invernadero* ca. 700 Arbeitstage anzusetzen. Die Ackernahrungsfläche einer vierköpfigen Familie beträgt bei den *enarenados* 0,8–1,2 ha, bei den *invernaderos* 0,5 ha (CALATRAVA REQUENA 1982, S. 73–75).

Der Absatz der Produkte geht zu über 80% in die EG, und der Export nimmt noch zu. Wichtig ist hierbei, daß Heizungskosten und damit Erdölpreise kaum ins Gewicht fallen. Die Verkehrsanbindungen sind gut. Insbesondere hat Almeria als Konkurrent gegenüber den Kanarischen Inseln den Vorteil der kürzeren Distanzen zu den europäischen Märkten.

Die günstige Entwicklung dieses Intensivgartenbaus hat letztlich eine positive Bevölkerungsentwicklung zur Folge. Die Abwanderung wurde nicht nur gestoppt, die Siedlungen haben sogar ein beträchtliches Bevölkerungswachstum zu verzeichnen. So hatte die Siedlung El Ejido im Jahr 1950 nur 1641 Einwohner, im Jahr 1981 dagegen eine Bevölkerung von 16840 Einwohnern (PALOMAR OVIEDO 1982, S. 15).

An der Küste von Málaga und Granada sind subtropische Baumkulturen eine moderne Landnutzungsweise: Chirimoya in Motril und Almuñecar sowie Avocado in Motril, Almuñecar und Velez-Málaga (*El Campo* 1979, S. 20–21). Insbesondere Avocado ist ein Spekulationsobjekt, da die Nachfrage für diese Frucht noch auszubauen ist. Besonders 1980/81 hatte Israel aus meteorologischen Gründen Schwierigkeiten in der Belieferung des europäischen Marktes. Die Folge waren deutliche Preiserhöhungen und Gewinnspannen (15–35 Ptas/Kilo Erzeugerkosten gegenüber bis zu 160 Ptas/Kilo Erzeugerpreise) und die Ausweitung der Pflanzungen. Wichtigste Kunden sind Frankreich und England; die übrigen Länder fallen kaum ins Gewicht. Die Vorzüge der Baumkulturen liegen im geringeren Arbeitsaufwand, der hohen Rentabilität, sowie in den gegenüber dem Gartenbau versetzten Arbeitsspitzen. Schließlich erhöht sich der Wert des Bodens durch die Plantagen (ALATRAVA REQUENA 1982, S. 82–83).

D. Zusammenfassung

Der Streifen der Mittelmeerküste ist jener Raum Spaniens, der in besonderem Maß während der letzten 20 Jahre als Prozeßfeld widerstreitender Interessen und gegensätzlicher Nutzungsansprüche hervorgetreten ist. Vier funktionale Komplexe machen sich hier den Raum streitig (vgl. Abb. 6):

- Ein weithin planloses Wachstum der Städte mit neuen Urbanizaciones und Industrieansiedlungen im Raum Barcelona und Castellón-Valencia.
- Eine auf maximalen Ausbau gerichtete Fremdenverkehrsentwicklung, die von Gerona bis Málaga zu einer fast geschlossenen Küstenbebauung geführt hat: Alte Fischerorte wurden funktional und baulich bis zur Unkenntlichkeit verändert. Junge Badeorte entstanden als Spekulationsobjekte, die einen Großteil des Jahres leer stehen. Aus Mangel an küstennahen Bauflächen und unter Ausnützung der spanischen

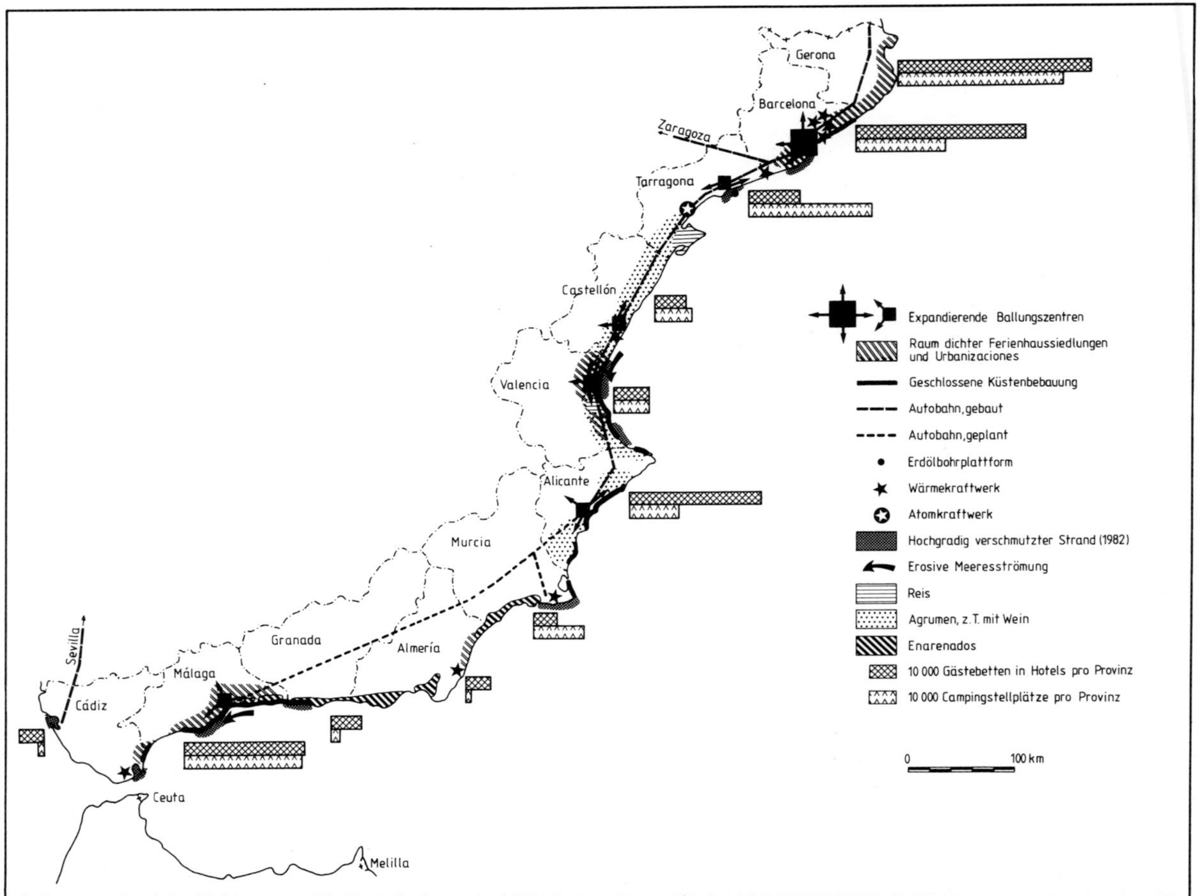

Quellen: Anuario Estadístico 1980, F. Arroyo Ilera 1980, Atlas de España y Portugal 1982, J. Calatrava Requena 1982, Cambio16 No. 562/1982, 569/1982, 604/1983, D. Dumas 1983, A. López Gómez et al. 1978, M. J. Miranda Montero 1978, 1983, EL PAIS 4-3-1984, Remica 1977 u. eigene Erhebungen

Entwurf u. Zeichnung: K. Tyrakowski 1984

Abb. 6. Strukturschema der Landnutzung an der spanischen Mittelmeerküste in den frühen achtziger Jahren

und ausländischen Zweitwohnsitzmentalität weichen die Spekulationsfirmen zunehmend in das Küstengebirge aus.

- Der Ausbau der Verkehrsverbindungen war teils Folge, teils Ursache des Wachstums der Ballungsräume. Die Verbindung der Funktionsräume untereinander geschah in erster Linie entlang der Küste. Ein wichtiger Motor hierfür war der Aspekt der touristischen Entwicklung. Die Verbindungen mit dem Binnenland sind dagegen noch sehr unterentwickelt.
- Zwischen den Industrie- und Ballungszentren haben sich verschiedene Typen von Landwirtschaft entwickelt:
  a) die traditionelle intensive Landwirtschaft in Form des stadtnahen Gartenbaus;
  b) die traditionelle intensive Landwirtschaft (Reisbau, Agrumen, Wein) in stadtferner Lage;
  c) die moderne intensive Landwirtschaft (*enarenados*, Plantagen neuer Fruchtbaumarten).

  Die Form der extensiven Landwirtschaft auf der Basis des Regenfeldbaus ist so gut wie verschwunden.

Aus diesen Nutzungsansprüchen erwächst eine mehrfache Problematik: Einmal führt die Mischung von Funktionen zu zum Teil unerträglichen Zuständen in den Ballungsräumen, wo Wohnen, Sich-erholen und Arbeiten bei schwach entwickeltem oder gänzlich fehlendem Umweltschutzverständnis auf engstem Raum stattfinden. Nur eine Berücksichtigung der Verträglichkeit von Nutzungsmöglichkeiten und eine planvolle Dislozierung von Funktionen nach regionalen Gesichtspunkten kann hier eine Lösung bringen.

Sodann fallen die stadtnahen agrarischen Nutzflächen, die bisher intensiv bewirtschaftet wurden, der Überbauung zum Opfer. Dadurch wird ein Potential vernichtet, das an anderer Stelle z.B. in Almería und Alicante mit hohem Investitionsaufwand wieder geschaffen werden muß. Und auch dort sind, wie die Standortplanung für Kraftwerke zeigt, die neuen Nutzflächen vor Schädigung nicht sicher. Am schwersten betroffen vom ungelenkten Nutzungswandel ist die Naturlandschaft: Strände verschmutzen, Teile der Küstenlinie werden erodiert, Wälder verschwinden, Überschwemmungen werden künstlich provoziert. Auf diese Weise verschwinden Rahmenbedingungen, die für ein erträgliches Leben in der Stadt, für die Erhaltung des Fremdenverkehrs und für die Entwicklung der Landwirtschaft von vitaler Bedeutung sind.

Insgesamt kennzeichnen Planlosigkeit, Gewinnmaximierung und Rücksichtslosigkeit gegenüber den natürlichen Bedingungen den momentanen Entwicklungsstand des spanischen mediterranen Küstensaumes.

Literatur

Alcaide Inchausti, J. (1981): La política regional española en la actualidad. Análisis de resultados en el período 1955–1977. In: La España de las autonomías (Pasado, presente y futuro). Tomo I, Madrid, S. 715–756.

Andrés Sarasa, J. L. (1983): Transformación del paisaje agrario en la periferia de las ciudades: El ejemplo de la huerta de Murcia. In: VIII Coloquio de geógrafos españoles. Comunicaciones. Barcelona, S. 399–406.

Angels Alió, M. (1977): La evolución de un núcleo suburbano barcelonés: Sant Boi de Llobregat. In: Revista de geografía No. 11, Barcelona, S. 68–87.

Arroyo, F. (1979): La playa de Tabernes de Valldigna (Valencia). In: Estudios geográficos, Madrid, S. 75–104.

Arroyo Ilera, F. (1980): Ordenación urbana y especulación turística en Cullera (Valencia).In: Estudios geográficos, Madrid, S. 383–412.

Anuario Estadístico de España (1982). Año LVII, INI, Madrid.

Burgos Madroñero, M. (1978): Un siglo de planificación urbana en Málaga. In: V Coloquio de geografía, Granada, S. 429–435.

Calatrava Requena, J. (1982): Los regadíos del litoral mediterráneo andalúz, realidad problemática de una agricultura de vanguardia. In: Información comercial española, No. 582, Madrid, S. 67–87.

Cals, J.; J. Esteban u. C. Teixidor (1977): Les processus d'urbanisation touristique sur la Costa Brava. In: Revue Géographique des Pyrénées et du sud-ouest, 48, S. 199–208.

Calvo García-Tornel, F. (1982): Continuidad y cambio en la huerta de Murcia. Murcia, 2.ed.

Cano García, G. (1978): La marjal entre Valencia y Sagunto. In: V Coloquio de geografía, Granada, S. 201–211.

Carreño Piera, L. (1976): Proceso de suburbialización de la comarca de Barcelona. In: Ciudad y Territorio, No. 1, S. 97–108.

Compan Vázquez, D. (1979): Posición relativa de Andalucía en el marco espacial de la España peninsular. Razones en torno al subdesarrollo y la dependencia de la región. In: Cuadernos de geografía, No. 9, Granada, S. 293–310.

Deffontaines, M.P. (1949): Le Delta du Llobregat. Etude de géographie humaine. In: Revue géographique des Pyrénées et du sud-ouest, XX, S. 147–174.

Díaz Alvarez, J.R. (1982): Geografía y agricultura. Componentes de los espacios agrarios. = Cuadernos de Estudio. Serie: Geografía 4, Madrid.

Dumas, D. (1975): Evolution démographique récente et développement du tourisme dans la province d'Alicante (Espagne). In: Méditerranée, No. 2, S. 3–22.

Dumas, D. (1983): L'activité touristique dans la province d'Alicante. In: Revue géographique des Pyrénées et du sud-ouest 54, S. 239–257.

El Campo (1979): Cultivos hortícolas subtropicales de la Costa del Sol. = Boletín de información agraria del Banco de Bilbao, No 74, S. 15–22.

Fernández Lavandera, O. u. A. Pizarro Checa (1981): Almería: la técnica del „enarenado" transforma un desierto. In: Revista de estudios agro-sociales, 30, S. 31–70.

Ferre Bueno, E. (1979): Aproximación de la distribución espacial de la población malagueña. In: Baética, No 2, Málaga, S. 7–44.

Gaviria, M. (1978): La competencia rural-urbana por el uso de la tierra. In: Agricultura y Sociedad, No. 7, S. 245–261.

Gobernado Arribas, R. (1979): Desigualdad social en el contexto urbano-agrario andalúz: El caso de Málaga. In: Revista de estudios regionales, No. 3, S. 43–76.

Herce Vallejo, M. (1975): El consumo de espacio en las urbanizaciones de segunda residencia en Cataluña. In: Ciudad y Territorio, No 4, S. 45–65.

Jurdao Arrones, F. (1979): España en venta: Compra de suelos por extranjeros y colonización de campesinos en la Costa del Sol. = Ciudad y Sociedad 7, Madrid.

Miranda Montero, M.J. (1977): La Pobla de Farnals. In: Cuadernos de geografía, No. 21, Valencia, S. 21–40.

Miranda Montero, M.J. (1978): Masamagrell: un proceso actual de erosión litoral por influencia antrópica. In: V Coloquio de geografía, Granada, S. 231–234.

Miranda Montero, M.J. (1983): Influencia del medio físico en la localización de la segunda residencia de la provincia de Valencia. In: VIII Coloquio de géografos españoles. Comunicaciones. Barcelona, S. 212–219.

Mignon, C. u. F. Heran (1979): La Costa del Sol et son arrière-pays. In: Tourisme et développement régional en Andalousie. = Publ. de la Casa de Vélazquez, Serie „Recherches en sciences sociales", Fasc. V, S. 53–94.

Ortega, E. (1977): La zona franca de Barcelona. De puerto franco a polígono industrial. In: Revista de geografía, No. 11, Barcelona, S. 89–106.

Palomar Oviedo, F. (1982): Los invernaderos en la costa occidental de Almería. = Biblioteca de temas almerienses, Serie: agricultura 1, Almería.

Piqueras Haba, J. (1978): La Albufera colmatada de Castellón de la Plana y Benicassim: interferencia antrópica. In: V Coloquio de geografía, Granada, S. 213–217.

Plana Castellví, A. (1978): El agua como factor de localización industrial. In: V Coloquio de geografía, Granada, S. 393–399.

Remica (1977): Effets spatiaux de la croissance économique à Barcelone. In: Revue géographique des Pyrénées et du sud-ouest 48, S. 171–190.

Romero Gonzalez, J. u. C. Domingo Pérez (1979): La dicotomía interior-litoral en la provincia de Castellón y sus consecuencias demográficas. In: Cuadernos de geografía, No. 25, Valencia, S. 181–192.

Serratosa, A. (1977): Análisis geográfico de Barcelona. In: Boletín de la Real Sociedad Geográfica. Madrid, S. 37–65.

Vila Valentí, J. (1977): Estudios geográficos acerca de Barcelona y su periferia comarcal. In: Boletín de la Real Sociedad Geográfica, Madrid, S. 7–36.

Zalacaín, V. et al. (1982): Atlas de España y Portugal. Paris.

Zapata Nicolás, M.; A. Sempere Flores u. F. Calvo García-Tornel (1975): El terreno fertil como recurso escaso. Un ejemplo de despilfarro: la huerta de Murcia. In: Revista de estudios agro-sociales, S. 189–204.

Zeitungsberichte

Cambio 16, No 562/6–9–1982: Autopistas, juguete roto. A partir de 1982, sólo el Estado construirá autopistas.

Cambio 16, No. 569/22–10–1982: Playas para estrenar. Málaga recupera las playas de Pedregalejo.

Cambio 16, No. 604/27–6–1983: Las playas prohibidas. Aún quedan 36 zonas contaminadas del litoral español.

El País 21–10–1982: Pánico generalizado en la ribera del Júcar ante el peligro de que reventase la prese de Tous por el temporal.

El País 9–11–1983: La autopista y vías férreas han vuelto a agravar las inundaciones de Valencia.

El País 4–3–1984: Naranjas y pinos, destruidos por el azufre. Dos centrales térmicas causan graves perjuicios ecológicos en Castellón.

El País 12–6–1984: El ayuntamiento de Cartagena advierte a los compradores sobre la ilegalidad de 11 urbanizaciones.

El País 5–7–1984: La Generalitat prohibe el baño en 30 puntos del litoral.

El País 8–7–1984: Mejoría en las playas del Mediterraneo. De 1983 a 1984 han desaparecido ocho „puntos negros", según un informe del MOPU.

Tele/eXpres 30–1–1978: Negocios en el desvío del Llobregat.

Resumen

La competencia en el uso de la tierra en el litoral mediterráneo español.

La franja de la costa mediterránea es aquel espacio español, que se ha destacado en medida especial durante los 20 años pasados como campo de acción para intereses competitivos y reclamaciones al uso contradictorias:

- El crecimiento incontrolado de las ciudades con urbanizaciones nuevas y polígonos industriales alrededor de Barcelona y Castellón-Valencia.
- Un litoral casi completamente 'amurallado', producido por un desarrollo turístico que aspira a un crecimiento máximo. Antiguos poblados pesqueros han cambiado totalmente su estructura funcional y morfológica hasta la desfiguración. Urbanizaciones de veraneo, que el mayor tiempo del año están desocupadas, surgieron en la playa, como objetos especulativos. Ahora la franja litoral en parte ya carece de espacio para construcciones nuevas. Utilizando la mentalidad española y extranjera, que aprecia las residencias secundarias, muchas empresas especulativas se desplazan a las sierras litorales.
- El fomento de las comunicaciones del tráfico era a la vez origen y resultado del crecimiento de las aglomeraciones urbanas. El enlace de las regiones funcionales se construyó en primera linea a través de la costa. Un motor importante era el aspecto del desarrollo turístico. Las relaciones con el interior sin embargo, todavía son muy deficientes.
- Diferentes tipos de agricultura se han desarrollado entre los centros industriales y poblacionales:
  una tradicional agricultura intensiva en forma de horticultura periurbana
  una tradicional agricultura intensiva (arrozales, agrios, viticultura) en zonas periféricas
  una moderna agricultura intensiva en forma de enarenados y plantaciones de nuevos frutales subtropicales.
  El tipo de la agricultura extensiva a base de secano ya está casi desaparecido.

Por esas exigencias al uso resulta una problemática múltiple: Por un lado, la mezcla de funciones produce situaciones en parte intolerables en las aglomeraciones urbanas: habitar, reposar y trabajar en el mismo espacio apretado con un subdesarrollado entendimiento ambiental produce daños tanto en los habitantes de las urbes como en el medio ambiente. Solamente si se tiene en cuenta la compatibilidad de las posibilidades usuarias y si se planea la dislocación de funciones según opciones regionales, hay posibilidades para resolver el problema.

Además, las áreas agrícolas periurbanas desaparecen por la actividad constructora. Con esa manera de proceder se ha destruido un potencial que hay que crear otra vez con inversiones altas en otras regiones como Almería y Alicante. Pero ahí, pues, las nuevas areas productivas no son protegidas contra intervenciones, como lo demuestra la planeación de centrales térmicas.

El paisaje natural es herido gravemente por el uso de tierra incontrolado: las playas se ensucian, las lineas de costa son erosionadas en ciertas secciones, los bosques desaparecen, inundaciones son provocadas artificialmente.

Así desaparecen factores, que conicionan la vida del hombre: Son importantes para una estancia soportable en las ciudades, para los cuidados del turismo y para el fomento de la agricultura. Pues, es realidad, que la falta de planificación, la maximización de beneficios y la despreciación de los factores naturales marcan la situación del desarrollo actual en la franja del litoral mediterráneo español.

(Traducción: K. Tyrakowski)

Herbert Popp und Franz Tichy (Hrsg.): Möglichkeiten, Grenzen und Schäden der Entwicklung
in den Küstenräumen des Mittelmeergebietes. Ein Überblick anhand von Beispielen aus zehn Anrainerstaaten.
Erlangen 1985 (= Erlanger Geographische Arbeiten, Sonderbände, Band 17).

25 Jahre moderne Bewässerung in Südfrankreich

Versuch einer kritischen Bilanz

von

Alfred Pletsch (Marburg)

Mit 7 Kartenskizzen und 4 Tabellen

„Die Beobachtung der letzten zwanzig Jahre zeigt, daß die Intensivierung der Agrarlandschaft im Languedoc unter Umständen aufgrund planerischer Maßnahmen künstlich erreicht wurde, daß sich aber allmählich mit nachlassender Meliorationstätigkeit das traditionelle Nutzungsgefüge wieder herstellt." Das ist das Fazit eines Beitrages über die Entwicklung des Sonderkulturanbaus im Languedoc, der 1977 in der Zeitschrift „Erdkunde" erschien (Pletsch 1977, S. 297). Die damaligen Untersuchungen hatten erkennen lassen, daß sich – nach einem sehr raschen Wandel der Agrarlandschaft in den sechziger Jahren, vor allem aufgrund der Einrichtung moderner Bewässerungsanlagen – spätestens ab Mitte der siebziger Jahre Stagnationsmerkmale abzeichneten; daß teilweise sogar bereits eine deutliche Rückentwicklung zu erkennen war. Diese Tendenzen betrafen vor allem die Anbauareale der Intensivkulturen wie Obst und Gemüse, deren Anbau als Alternative zu dem problemgeschüttelten Weinbau der Region wenige Jahre zuvor mit großem Meliorationsaufwand eingeführt worden war.

Die Prognosen aus den früheren Untersuchungen ließen es notwendig erscheinen, sich erneut mit diesem Raum zu befassen. Die wichtigsten Fragen, die sich in Anbetracht der beobachtbaren Veränderungen ergeben, sind unter anderem, ob hier die vorhandenen Möglichkeiten sinnvoll genutzt, ob eventuell die Grenzen dieser Möglichkeiten überschritten oder überschätzt und ob durch die Maßnahmen reversible oder irreversible Schäden ausgelöst wurden. Diese Fragen betreffen nicht nur den Agrarsektor. Es sei lediglich an das Entwicklungsprojekt im Golf von Fos erinnert, wo seit etwa zwanzig Jahren eine der gigantischsten industriellen Fehlplanungen Europas verwirklicht wurde (Paillard 1981, Pletsch 1982). Auch die Fragwürdigkeit der touristischen Erschließung entlang der mediterranen Küsten ist in zahlreichen Beiträgen der letzten Jahre aufgezeigt worden. Es bedarf keiner besonderen Hervorhebung, daß all diese Maßnahmen nicht nur in ökologischer, sondern auch in sozialer und wirtschaftlicher Hinsicht Konfliktsituationen verursacht haben. Südfrankreich ist ein beeindruckendes Beispiel dafür, wie Planungsmaßnahmen – ob erfolgreich oder nicht – ein Konfliktpotential geschaffen haben, dessen Ausmaß heute nur erahnt, und dessen künftige Entwicklung in keiner Weise abgeschätzt werden kann. Der Agrarsektor stellt dabei in mehrerlei Hinsicht einen besonderen Problembereich dar.

A. Strukturelle Ungunstmerkmale der südfranzösischen Landwirtschaft

Den Möglichkeiten einer Intensivierung der Landwirtschaft haben im mediterranen Frankreich immer wieder strukturelle Hindernisse im Wege gestanden. Vor allem die extreme Besitzzersplitterung, die Dominanz des landwirtschaftlichen Kleinbesitzes, der hohe Anteil städtischer Landeigentümer oder der Absentismus der Großbesitzer sind Kennzeichen, die diesen Teil des Landes deutlich vom übrigen Frankreich abheben. Der Anteil der Betriebe mit einer Nutzfläche unter 5 ha lag noch 1982 bei 53,3 % aller Betriebe und damit fast genau doppelt so hoch wie im Landesdurchschnitt. In der Programmregion Languedoc sank indessen z.B. der Anteil der Betriebe dieser Kategorie von über 100000 im Jahre 1955 auf rund 40000 im Jahre 1984 ab.

Gleichwohl darf man den Stand der Entwicklung nicht überschätzen. Die Durchschnittsgröße der Betriebe im Languedoc betrug 1979 12,9 ha (1970 = 10,6 ha), in der Region Provence–Côte d'Azur 11,4 ha (1970 = 9,8 ha) und damit praktisch nur die Hälfte im Vergleich zum nationalen Durchschnitt (1979 = 23,4 ha; 1970 = 18,8 ha). Eines der gravierendsten Probleme bei dieser Fluktuation ist die mangelhafte Möglichkeit einer Arrondierung des erworbenen Besitzes. Flurbereinigungsmaßnahmen sind in Gebieten mit hohen Dauerkulturanteilen grundsätzlich sehr aufwendig und schwierig durchführbar. So überrascht es nicht, daß Maßnahmen der Flurbereinigung bisher nur in sehr geringem Umfang durchgeführt worden sind. 1981 waren im Languedoc–Roussillon lediglich 6,6 % der LNF bereinigt, in der benachbarten Programmregion Provence–Côte d'Azur 8,2 %. Nur Korsika unterbietet diesen Anteil mit 2,4 %. Vergleicht man diese Zahlen mit dem Landesdurchschnitt von 35,3 %, so wird die strukturelle Ungunst des mediterranen Landesteils besonders deutlich. Daß der strukturelle Wandlungsprozeß bei weitem nicht abgeschlossen ist, leitet sich aus zahlreichen weiteren Beobachtungen ab. Ein diesbezüglich wesentlicher Punkt ist die relative Überalterung der Betriebsinhaber. Fast zwei Drittel von ihnen sind älter als 50 Jahre (Landesdurchschnitt 59 %), 30 % sogar über 60 Jahre alt (Frankreich 23 %), viele davon im Ruhestandsalter. Besonders bei den niedrigen Betriebsgrößenklassen ist der Anteil der älteren Betriebsinhaber überdurchschnittlich hoch, so daß kaum mit einer Nachfolge gerechnet werden kann. Der Prozeß der Betriebsaufgabe dieser Betriebsgrößenklassen ist somit gleichzeitig auch ein Generationsproblem.

Der Bereich der strukturellen Merkmale der Landwirtschaft im mediterranen Frankreich ist damit lediglich angedeutet. Es wird aber schon hier deutlich, daß der um 1960 ausgelöste Umwandlungsprozeß noch heute voll im Gange ist. Es stellt sich die Frage, ob damit auch die Intentionen der Planungsbehörden, Politiker und all derjenigen, die seinerzeit der Landwirtschaft Südfrankreichs die Rolle eines Katalysators für die künftige gesamtwirtschaftliche Entwicklung zugeschrieben haben, tatsächlich auch verwirklicht worden sind. Eine der wesentlichen Absichten der im Rahmen des Regionalisierungsprogramms durchgeführten Maßnahmen war ja bekanntlich die Intensivierung der Agrarproduktion durch die Einführung von Obst- und Gemüsebau, damit verbunden die Verminderung des Weinbaus, der seit Jahrhunderten eines der Grundprobleme der Region darstellt. Ob diese Ziele erreicht wurden, scheint fraglich in Anbetracht der Tatsache, daß zwischen 1965 und 1983 der Anteil der Brachflächen allein im Languedoc um über 120000 ha gestiegen ist: 1965 lag er bei 349000 ha, 1982 bei 472000 ha und damit bei fast 19 % der landwirtschaftlichen Nutzfläche.

B. Wandlungen der Bewässerungslandwirtschaft im inter- und innerregionalen Vergleich

Maßnahmen zur Be- und Entwässerung haben seit Jahrhunderten die Bestrebungen zur Inwertsetzung der mediterranen Küstenebenen Frankreichs gekennzeichnet. Sie sind in unterschiedlichem Ausmaß und mit unterschiedlicher Wirksamkeit errichtet worden, wobei seit der Antike Phasen des Ausbaus und des Rückgangs von Kulturland und Siedlungen, der Errichtung und der Zerstörung von Be- und Entwässerungsanlagen immer wieder abwechseln. Die Entwicklung in Südfrankreich trägt diesbezüglich viele Kennzeichen der historischen Vorgänge, die auch für andere mediterrane Küstenlandschaften kennzeichnend sind. Die moderne Technik schien den jahrhundertealten Traum einer großflächigen Bewässerung der Küstenebenen in diesem Bereich endlich zu verwirklichen. Die Anlagen des „Canal d'Irrigation du Languedoc“ Ende der fünfziger Jahre und des „Canal d'Irrigation de la Provence“ in den sechziger Jahren bedeuteten nicht nur eine technische Meisterleistung, sie eröffneten gleichzeitig neue Möglichkeiten der agrarischen Nutzung in diesen durch Wein- und Olivenanbau gekennzeichneten Gebieten (vgl. PLETSCH 1976 und 1977). Allerdings verlief die Entwicklung in den folgenden Jahren in vielerlei Hinsicht unerwartet.

Überraschend ist zweifellos der relativ langsame Ausbau des Bewässerungsareals, der sich nach der anfänglichen Euphorie abzeichnete. Die für das Languedoc ursprünglich genannten Zahlen von über 400000 ha Fläche, die im Rahmen des Ausbaus an das Bewässerungsnetz angeschlossen werden sollten, werden heute nur noch unter Vorbehalt genannt. Bis 1970 konnten, unter Einschluß der bereits traditionell bestehenden Bewässerungsmöglichkeiten, im Languedoc rund 121000 ha LNF bewässert werden, das entsprach seinerzeit 15,8 % der nationalen Bewässerungsfläche. Bis 1980 stieg das Bewässerungsareal der Region zwar um rund 35000 ha an (gemessen an den Planungszielen der sechziger Jahre ausgesprochen wenig), der Anteil an der Gesamtbewässerungsfläche Frankreichs betrug hingegen lediglich noch 11,8 %. Ist diese geringe Entwicklung des Bewässerungsareals im Languedoc bereits unerwartet, so stellt sich die Situation in der benachbarten Region Provence–Côte d'Azur noch überraschender dar. Hier betrug die Bewässerungsfläche im Jahre 1970 178200 ha, sie verringerte sich aber bis 1980 auf 176300 ha LNF. Allein Korsika erfuhr praktisch eine Verdoppelung seiner Bewässerungsflächen von 11200 auf 21900 ha zwischen 1970 und 1980.

Die statistische Vorrangstellung, die die mediterranen Regionen bezüglich der Bewässerungsflächen Frankreichs 1970 einnahmen, ist heute somit deutlich zurückgetreten. Tab. 1 verdeutlicht die Veränderungen zwischen 1970 und 1980 und zeigt, daß die Entwicklungsdynamik in vielen Regionen Frankreichs heute größer ist als im mediterranen Landesteil. Die regionalen Unterschiede der Bewässerungslandwirtschaft im Languedoc werden bei der Betrachtung von Tab. 2 deutlich.

Hier lassen sich die Entwicklungstendenzen thesenartig wie folgt zusammenfassen:

a) Im Zeitraum von 1970 bis 1980 hat ein weiterer Ausbau des Bewässerungsareals in der Region stattgefunden, wenngleich in wesentlich geringerem Maße als dies ursprünglich geplant gewesen ist.
b) Im gleichen Zeitraum hat sich demgegenüber der Umfang der tatsächlich bewässerten Flächen absolut und relativ verringert, wobei die Situation im Kerngebiet der Meliorationsmaßnahmen (Dept. Gard) am ungünstigsten ist.
c) Im Gegensatz zu der Zunahme der potentiellen Bewässerungsflächen hat sich die absolute Zahl der Betriebe mit Bewässerungseinrichtungen im regionalen Durchschnitt leicht vermindert.
d) Deutlich rückläufig ist die Tendenz bei der Entwicklung der tatsächlich bewässernden Betriebe, deren Zahl sich absolut um fast 5000 und prozentual um über 18 % vermindert hat.
e) Im direkten Vergleich der Situation 1970 und 1980 zeigt sich, daß der Anteil der tatsächlich bewässernden Betriebe deutlich rückläufig war. Er fiel von 89,9 % im Jahre 1970 auf 76,1 % zehn Jahre später.
f) Diese Tendenz trifft auch für den Anteil der tatsächlich bewässerten Flächen zu, wo ein Rückgang von 70,5 % im Jahre 1970 auf 52,8 % im Jahre 1980 zu verzeichnen ist.

Aus diesen Beobachtungen leiten sich folgende Fragen ab:

1) Welches sind die Ursachen und Gründe für den nur noch sehr verhalten durchgeführten Ausbau der Bewässerungseinrichtungen?
2) Wie erklärt sich der Rückgang der Zahl der Betriebe mit Bewässerungseinrichtungen bei gleichzeitiger Zunahme der Bewässerungsflächen?
3) Wodurch begründet sich der teilweise drastische Rückgang der tatsächlich bewäs-

Tabelle 1: Die Bewässerung in Frankreich 1970 und 1980

Programm-Region	Betriebe (in 1000)			Bewässerungsflächen			tatsächlich bewässert		
	1970	1980	1980 %[1]	1970	1980	1980 %[2]	1970	1980	1980 %[3]
Ile de France	2,5	2,4	20,4	16,0	25,6	4,2	9,7	12,7	49,6
Champagne-Ardenne	0,6	0,6	1,5	6,4	11,6	0,7	2,6	4,6	39,7
Picardie	0,4	0,7	2,6	12,3	33,2	2,4	5,7	13,0	39,2
Haute Normandie	0,3	0,4	1,3	1,2	4,6	0,6	1,0	2,0	43,5
Centre	5,2	7,4	11,1	101,9	213,9	8,4	66,8	106,7	49,9
Basse Normandie	0,2	0,7	1,1	1,5	7,7	0,6	1,0	3,1	40,3
Bourgogne	2,1	2,2	4,6	10,2	25,4	1,4	5,7	10,4	40,9
Nord/Pas de Calais	1,1	1,2	3,4	1,6	3,0	0,3	1,5	2,1	70,0
Lorraine	0,5	0,5	1,5	0,8	1,7	0,2	0,6	0,9	52,9
Alsace	1,4	2,2	8,0	12,0	33,4	10,1	6,8	19,0	56,9
Franche-Comté	0,3	0,3	1,4	0,6	3,8	0,5	0,4	1,2	31,6
Pays de la Loire	6,9	8,8	7,9	30,9	80,5	3,3	22,9	50,6	62,8
Bretagne	1,8	2,9	2,5	5,1	11,8	1,2	3,7	11,2	94,9
Poitou-Charentes	2,0	3,9	5,5	11,6	48,5	2,7	8,0	31,2	64,3
Aquitaine	16,1	17,4	17,7	98,4	178,2	11,2	67,7	128,0	71,8
Midi-Pyrénées	13,5	16,8	16,1	89,3	181,1	7,3	60,4	123,0	67,9
Limousin	0,5	0,7	2,0	1,1	2,8	0,3	0,8	1,7	60,7
Rhône-Alpes	13,0	16,4	14,8	49,0	89,6	4,7	36,8	56,2	62,7
Auvergne	1,3	1,1	1,9	4,9	10,8	0,7	5,3	6,9	63,9
Languedoc-Roussillon	28,3	27,5	32,9	121,0	156,8	14,5	85,3	82,8	52,8
Provence/Côte d'Azur	39,3	31,9	55,8	178,2	176,3	27,0	137,0	122,6	69,5
Corse	2,4	2,8	39,9	11,2	21,9	16,2	9,0	10,6	48,4
Gesamt	139,7	148,9	11,8	767,2	1325,2	4,5	538,7	800,5	60,4

1) Prozentanteil an der Gesamtzahl aller Betriebe über 1 ha LNF
2) Prozentanteil der Gesamt-LNF aller Betriebe
3) Prozentanteil an den Bewässerungsflächen

Quelle: G. MELOT 1983, S. 19 f.

Tabelle 2: Die Bewässerung im Languedoc 1970 und 1980

	Departement Aude	Departement Gard	Departement Hérault	Departement Lozère	Departement Pyrénées Orientales	Gesamt
Bewässerungsbetriebe (abs.)						
1970	4618	4767	6181	1571	11105	28248
1980	5294	5061	6411	1744	9012	27522
1980/1970 %	114,6	106,1	103,7	110,6	98,2	97,4
Bewässernde Betriebe (abs.)						
1970	3861	4612	5010	1516	10410	25409
1980	3619	3640	4190	1630	7709	20788
1980/1970 %	93,7	78,9	83,6	107,5	74,0	81,8
Anteil der bewässernden Betriebe an Bewässerungsbetrieben in %						
1970	83,6	96,7	81,1	96,1	93,7	89,9
1980	68,4	71,9	65,4	93,5	85,5	76,1
Bewässerungsfläche/ha						
1970	20736	41055	26208	5039	27914	120952
1980	33725	53210	35745	6317	17616	156603
1980/1970 %	62,6	29,6	36,4	25,4	– 1,0	29,5
Bewässerte Fläche/ha						
1970	14016	29945	15632	4376	21361	85330
1980	17287	24452	5391	5391	19088	82690
1980/1970 %	23,3	– 18,3	5,3	23,3	– 10,6	– 3,1
Anteil der bewässerten Fläche an der Bewässerungsfläche in %						
1970	67,6	72,9	59,6	86,8	76,5	70,5
1980	51,3	46,0	46,0	85,3	69,1	52,8

Quelle: Zusammengestellt und errechnet nach Agrarzensusergebnissen 1970/71 und 1979/80

sernden Betriebe und der tatsächlich bewässerten Flächen, der sich besonders zwischen 1970 und 1980 abzeichnet?

Diesen Fragen soll im folgenden am Beispiel des Departements Gard nachgegangen werden, da hier die Entwicklung besonders auffällig ist, und da sich hier ein wichtiger Schwerpunkt der Meliorationsmaßnahmen der letzten 25 Jahre befindet.

C. Das Departement Gard – Beispiel einer verfehlten Sanierungspolitik?

Bevor eine Antwort auf die oben gestellten Fragen versucht werden soll, sei ein kurzes agrargeographisches Porträt dieser Region vorangestellt. Die Situation des Departements sowohl im physisch-geographischen Aufbau als auch in der agrargeographischen Struktur unterscheidet sich nicht wesentlich von den benachbarten Departements, so daß die hier erarbeiteten Ergebnisse durchaus auch auf die Gesamtregion übertragen werden können.

Die physich geographischen Voraussetzungen werden grob aus der Übersicht in Abb. 1 (a + b) deutlich. Charakteristisch ist der Küstenstreifen im Bereich unter 50 m NN, der sich nach Norden in das Rhônetal fortsetzt, wo schon traditionell Qualitätswein und Sonderkulturen erzeugt werden. Den größten Teil des Departements nimmt die Garrigue-Zone ein, die nur an wenigen Stellen über das 400-Meter-Niveau

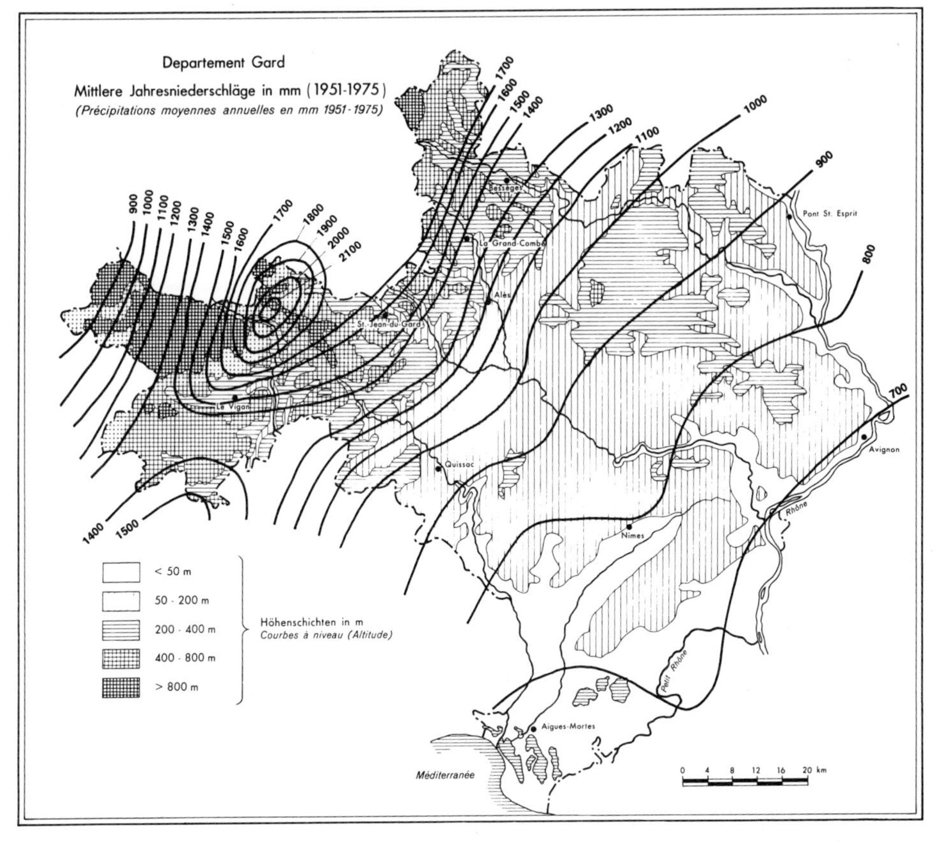

Abb. 1 a

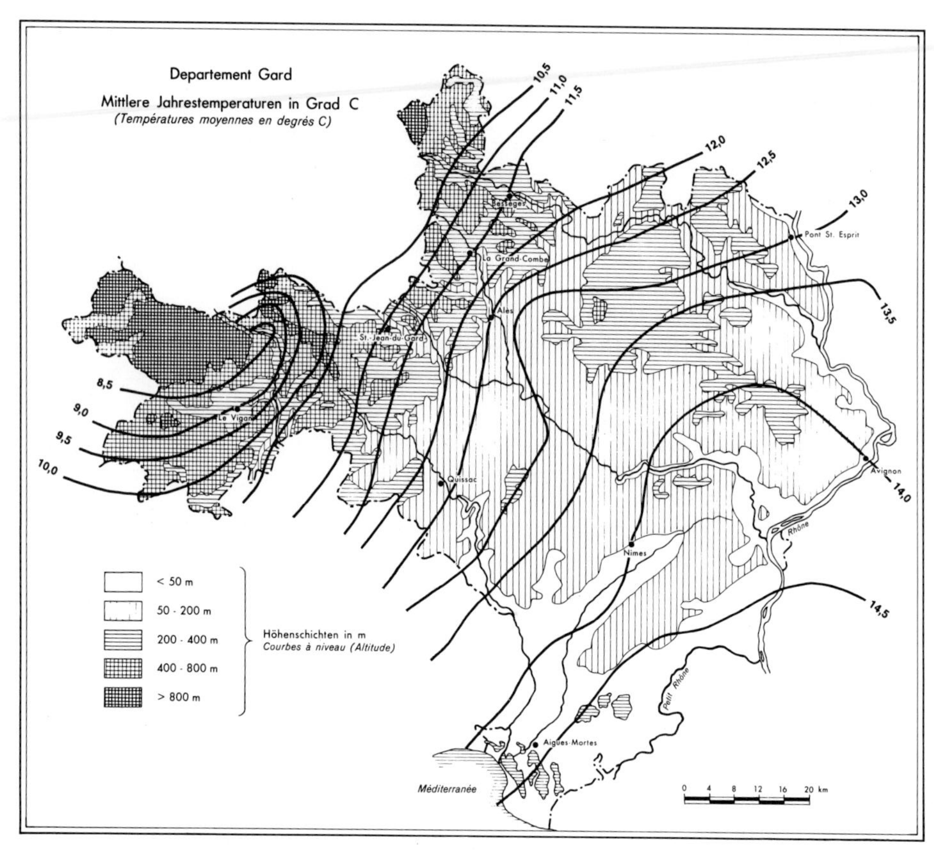

Abb. 1b

herausragt. Schließlich erfolgt der Übergang in die Cevennen bzw. in die Causses und damit in die Randlandschaften des Französischen Zentralmassivs. In deutlicher Abhängigkeit von diesem naturräumlichen Gefüge zonieren sich die Temperatur- und Niederschlagsverhältnisse. Die Jahresdurchschnittstemperaturen nehmen mit zunehmender Entfernung von der Küste und mit zunehmender Höhenlage beständig ab, während umgekehrt die Niederschläge innerhalb dieses Profils zum Gebirge hin sehr rasch zunehmen.

Gemäß dem naturräumlichen Gefüge untergliedert sich das Departement in mehrere Agrarzonen, die sich auch bezüglich der agrarischen Nutzung und der Nutzungsmöglichkeiten deutlich unterscheiden. Für die Gebirgsbereiche ist traditionell die extensive Viehwirtschaft kennzeichnend, insbesondere auf den Kalkplateaus der Causses, wo die Schaf- und Ziegenhaltung, früher in Verbindung mit der Transhumanz, bis heute erhalten ist.

In der Garrigue-Zone ist das traditionelle Nebeneinander von Weinbau und Olivenanbau bis heute charakteristisch, wenngleich vor allem die Olivenbestände in den letzten Jahrzehnten erheblich zurückgegangen sind.

Traditionell durch Intensivkulturen gekennzeichnet ist der östlichste Teil des Departements, der den Übergang zum Rhônetal darstellt, und wo vor allem seit dem frühen 19. Jahrhundert der Bewässerungsfeldbau eine starke Ausweitung erfuhr.

Im Süden erstreckt sich schließlich die „Plaine Viticole“, die ihre Bezeichnung aus der traditionell dominierenden Stellung des Weinbaus ableitet. In diesem Raum liegt der Schwerpunkt der Bewässerungslandwirtschaft, hier hat sich das Nutzungsgefüge am deutlichsten im Zuge der Meliorationsmaßnahmen gewandelt.

Die Zahl der landwirtschaftlichen Betriebe des Departements hat sich im Zeitraum zwischen 1955 und 1980 praktisch halbiert, wobei auf die Dekade 1970/1980 allein 21 % der Betriebsauflösungen entfallen. Prozentual am stärksten ist der Rückgang in den Gebirgsregionen, wo der von E. BLOHM aufgezeigte Entvölkerungsprozeß unvermindert anhält. Relativ gering ist der Rückgang im Rhônetal, während in der Plaine Viticole 1980 ca. 1100 Betriebe weniger registriert wurden als zehn Jahre zuvor (– 21 %).

Für die Beurteilung der oben formulierten Fragen ist neben diesem Rückgang der Zahl der Betriebe auch die Veränderung in der landwirtschaftlichen Nutzung entscheidend. In den Grundzügen wurden diese Veränderungen bereits an anderer Stelle aufgezeigt (vgl. PLETSCH 1977, S. 290 f.); es genügt also, die Entwicklung der letzten Jahre weiter zu verfolgen.

Tabelle 3: Wandlungen im Anbaugefüge der wichtigsten Nutzpflanzen im Departement Gard 1970–1983 (Angaben in ha)

Nutzung	1970	1980	1981	1982	1983
Ackerland	60268	62046	63087	64690	65200
Grünland	45188	41598	66800	66500	66000
Getreide	36027	28898	36138	34970	31249
Gemüse	10216	13256	11083	10840	12430
Obst	16264	12414	13890	12870	13330
Wein	91075	86160	87770	88350	89250

Quelle: DDA 1983 und weitere Unterlagen

Im Zeitraum zwischen 1946 und 1975 konnte seinerzeit beim Weinbau eine flächenmäßige Zunahme festgestellt werden. Dieser Trend erfuhr zwar zwischen 1970 und 1980 eine Zäsur, zeichnet sich aber in den letzten Jahren erneut ab. Allerdings muß hier berücksichtigt werden, daß der Anteil der Qualitätsweine in der Region insgesamt erheblich gegenüber den wirtschaftlich wesentlich uninteressanteren

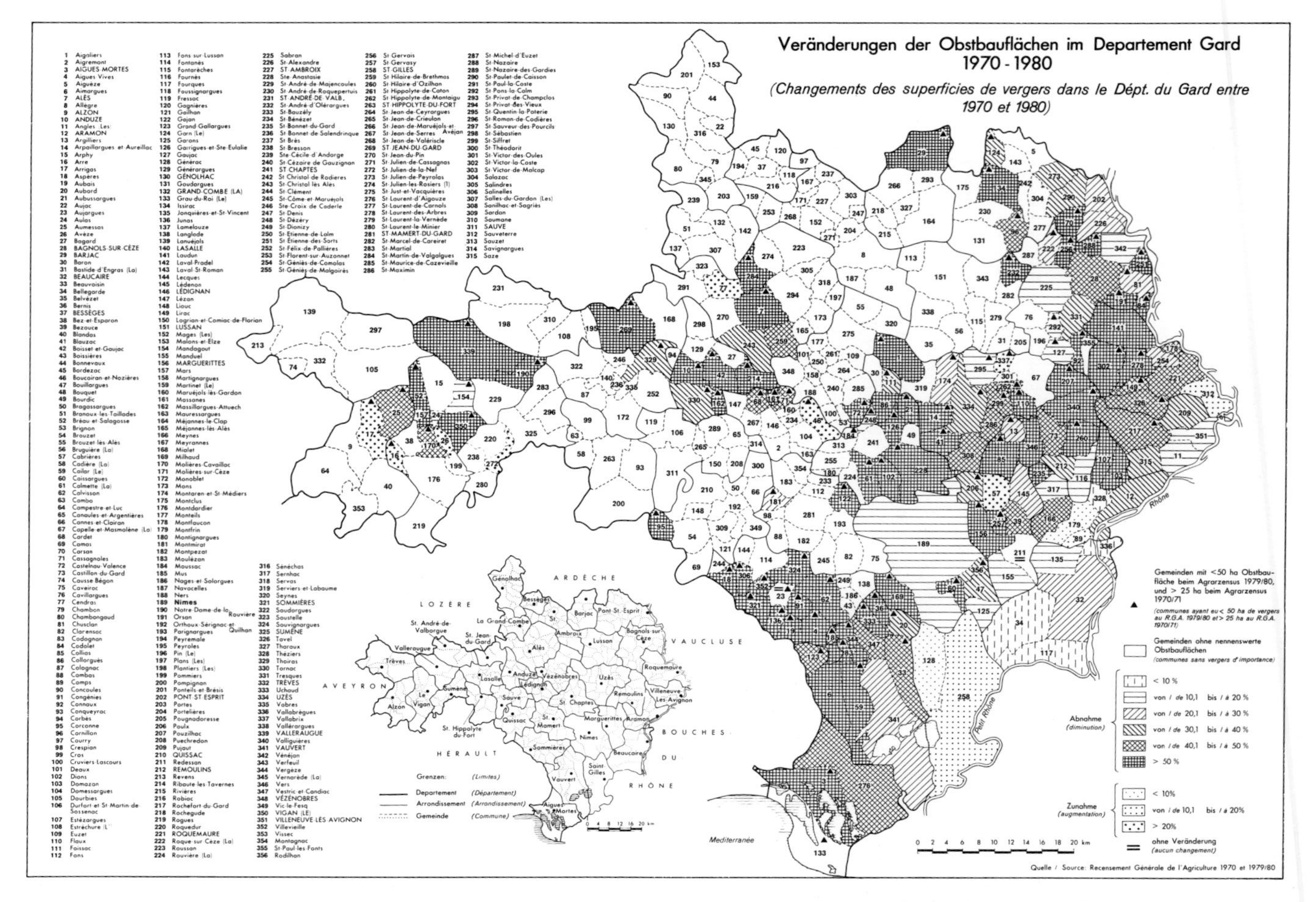
Veränderungen der Obstbauflächen im Departement Gard
1970 - 1980
(Changements des superficies de vergers dans le Dépt. du Gard entre
1970 et 1980)
Gemeinden mit <50 ha Obstbaufläche beim Agrarzensus 1979/80, und > 25 ha beim Agrarzensus 1970/71
(communes ayant eu < 50 ha de vergers au R.G.A. 1979/80 et > 25 ha au R.G.A. 1970/71)
Gemeinden ohne nennenswerte Obstbauflächen
(communes sans vergers d'importance)
Abnahme
(diminution)
< 10 %
von / de 10,1 bis / à 20 %
von / de 20,1 bis / à 30 %
von / de 30,1 bis / à 40 %
von / de 40,1 bis / à 50 %
> 50 %
Zunahme
(augmentation)
< 10%
von / de 10,1 bis / à 20%
> 20%
ohne Veränderung
(aucun changement)
0 2 4 6 8 10 12 14 16 18 20 km
Quelle / Source: Recensement Générale de l'Agriculture 1970 et 1979/80
Grenzen: (Limites)
Departement (Département)
Arrondissement (Arrondissement)
Gemeinde (Commune)
LOZÈRE
ARDÈCHE
VAUCLUSE
AVEYRON
HÉRAULT
BOUCHES DU RHÔNE
Mediterranée
Rhône
Petit Rhône

Abb. 2

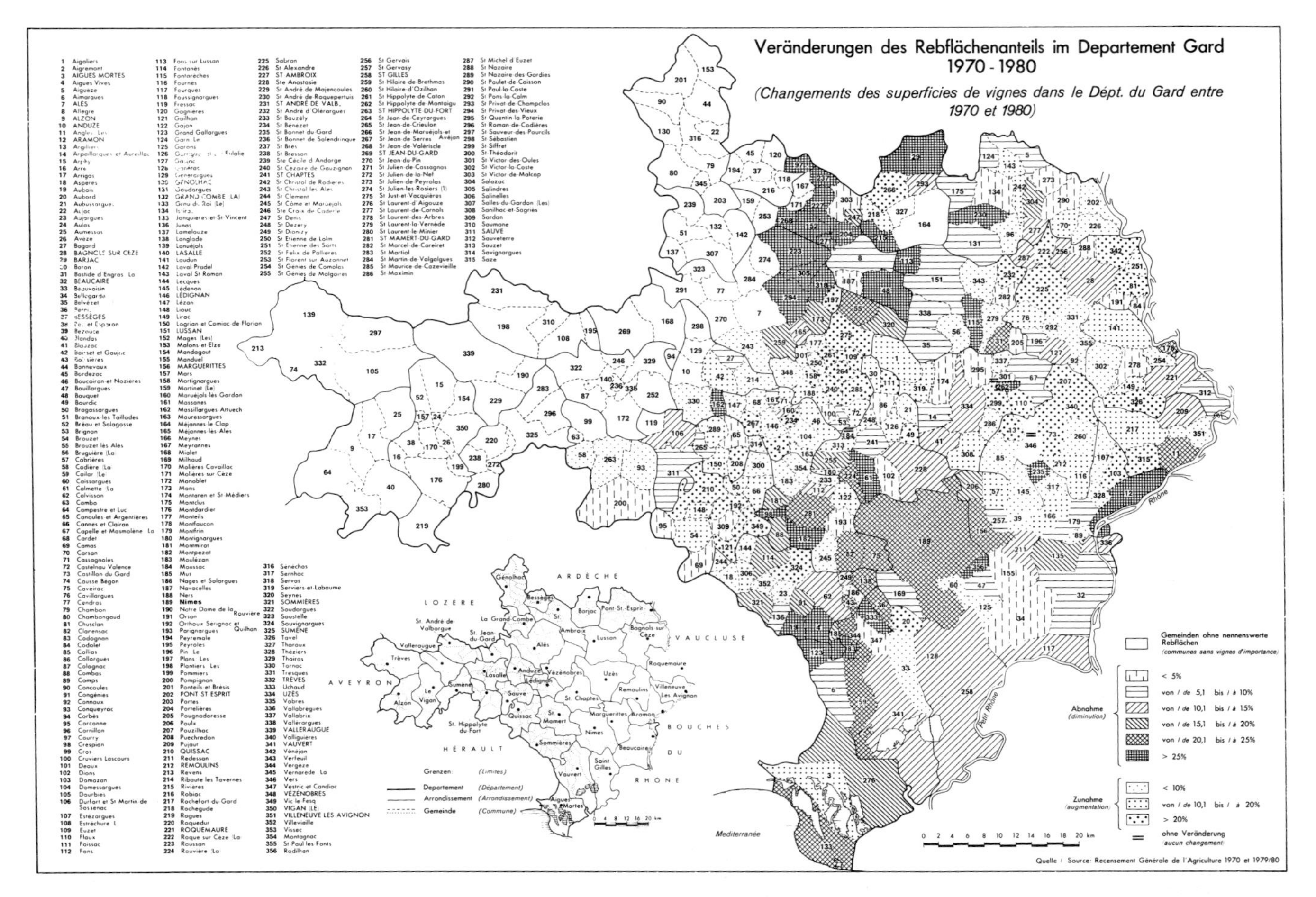

Veränderungen des Rebflächenanteils im Departement Gard
1970 - 1980
(Changements des superficies de vignes dans le Dépt. du Gard entre
1970 et 1980)
Gemeinden ohne nennenswerte Rebflächen
(communes sans vignes d'importance)
Abnahme
(diminution)
< 5%
von / de 5,1 bis / à 10%
von / de 10,1 bis / à 15%
von / de 15,1 bis / à 20%
von / de 20,1 bis / à 25%
> 25%
Zunahme
(augmentation)
< 10%
von / de 10,1 bis / à 20%
> 20%
ohne Veränderung
aucun changement
Grenzen: (Limites)
Departement (Département)
Arrondissement (Arrondissement)
Gemeinde (Commune)
Quelle / Source: Recensement Générale de l'Agriculture 1970 et 1979/80
Mediterranée
Petit Rhône
Rhône
ARDECHE
LOZERE
VAUCLUSE
AVEYRON
HERAULT
BOUCHES DU RHONE

Abb. 3

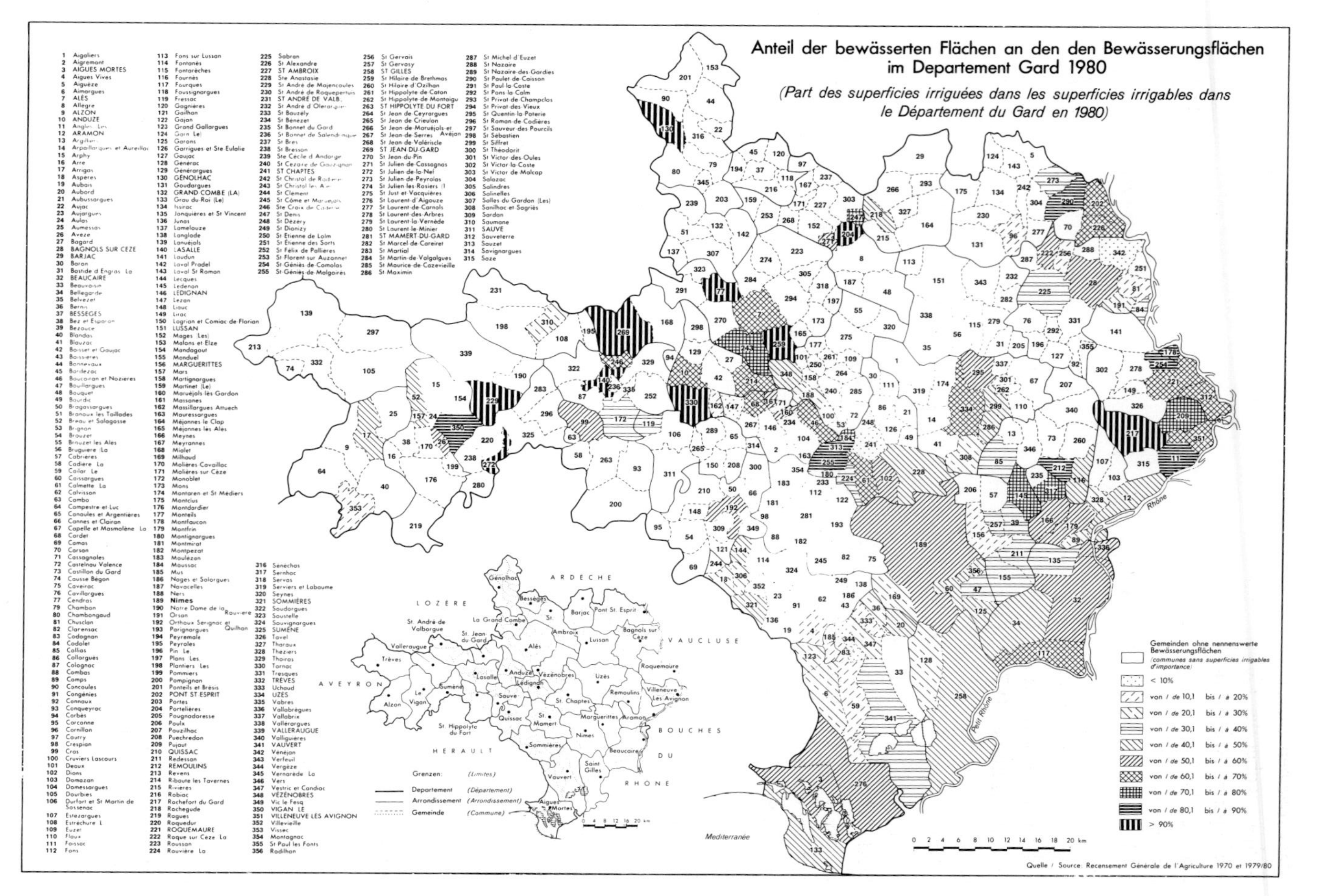
Anteil der bewässerten Flächen an den den Bewässerungsflächen im Departement Gard 1980
(Part des superficies irriguées dans les superficies irrigables dans le Département du Gard en 1980)
Gemeinden ohne nennenswerte Bewässerungsflächen (communes sans superficies irrigables d'importance)
< 10%
von / de 10,1 bis / à 20%
von / de 20,1 bis / à 30%
von / de 30,1 bis / à 40%
von / de 40,1 bis / à 50%
von / de 50,1 bis / à 60%
von / de 60,1 bis / à 70%
von / de 70,1 bis / à 80%
von / de 80,1 bis / à 90%
> 90%
0 2 4 6 8 10 12 14 16 18 20 km
Quelle / Source: Recensement Générale de l'Agriculture 1970 et 1979/80
Rhône
Petit Rhône
Mediterranée
LOZERE
ARDECHE
AVEYRON
HERAULT
VAUCLUSE
BOUCHES DU RHONE
Grenzen (Limites)
Departement (Département)
Arrondissement (Arrondissement)
Gemeinde (Commune)

Abb. 4

Massenweinen angestiegen ist. Eine beständige Zunahme verzeichnen die Ackerbauflächen, wobei der Getreideanbau über die Hälfte dieser Flächen beansprucht. Die wichtigsten Anbaufrüchte im Rahmen der Bewässerungslandwirtschaft sind ohne Zweifel die Gemüsekulturen und der Obstbau. Bei Gemüse ist in den letzten Jahren eine relativ starke Fluktuation zu beobachten, wobei annuelle Schwankungen sehr stark auch konjunkturelle Gründe haben. Auffällig ist, daß sich das Spektrum des Anbaus immer mehr verengt, und daß beim Feldgemüseanbau heute die Tomate die eindeutig dominierende Stellung einnimmt. Die problematischste Entwicklung zeigt sich beim Obstbau, dessen Anbaufläche seit 1980 zwar um 13000 ha schwankt, wo jedoch gegenüber 1970 ein deutlicher Rückgang zu verzeichnen ist. Dies wiegt um so schwerer, als der Obstbau die intensivste Anbaukultur der mediterranen Landwirtschaft darstellt, sieht man von Unterglaskulturen ab.

Regionaler Schwerpunkt des Obstanbaus ist das Bewässerungsgebiet südlich der Stadt Nîmes. Die Unterschiede in der regionalen Entwicklung des Obstanbaus werden in Abb. 2 deutlich. Am gravierendsten ist dabei die Feststellung, daß sich auch in den Meliorationsgebieten der Küstenebenen ganz überwiegend negative Entwicklungen abzeichnen. Nur wenige Gemeinden (z.B. St. Gilles, Genérac, Montfrin, Comps, Cabrières, Sauveterre) haben zunehmende Obstanbauflächen. Alle übrigen Gemeinden verzeichnen demgegenüber Verluste, die sich im Durchschnitt zwischen 20 und 40% bewegen. Auf vielen meliorierten Flächen hat sich zudem auch ein Wandel der Obstarten vollzogen. Vor allem der ursprünglich propagierte Apfelanbau zeigte sich schon bald als relativ problematisch, weil die Qualität und der Reifezeitpunkt nicht den optimalen Verkaufserlös zuließen. Heute nimmt daher die Pfirsichproduktion einen immer größeren Raum ein. Allerdings ist generell eine geringere Bereitschaft zum Obstartenwechsel auf den Bewässerungsflächen zu beobachten. Überalterte Bestände werden heute immer häufiger lediglich „abgeerntet“, wobei man den Aufwand für weitere Pflegemaßnahmen spart und geringere Erträge in Kauf nimmt. Die Rentabilisierung einer Neuanlage unter Kalkulation der ertragslosen Anfangsjahre wäre vergleichsweise sehr viel problematischer.

Diese Tendenz führt natürlich immer stärker dazu, daß die Obstbestände irgendwann überhaupt keinen Ertrag mehr abwerfen, und daß dann eine Rodung unumgänglich wird, sofern eine weitere Nutzung in Betracht gezogen ist. Immer häufiger kann man heute auch in den Meliorationsgebieten überalterte Bestände beobachten. Die Zunahme der Rebareale und des Ackerlandes ist unter anderem das Resultat von Rodungen der Obstbestände und ihrer Substitution durch extensivere Anbaupflanzen, im günstigsten Falle durch Feldgemüse (Tomaten), nicht selten aber auch durch Getreideanbau. Häufig finden sich Feldgemüse und Getreideanbau dann in einer Rotation, da der Gemüseanbau den Boden relativ stark auslaugt.

Auch die Entwicklung des Weinbaus verdient eine etwas detaillierte Betrachtung. Abb. 3 zeigt die Veränderungen der Anbauflächen zwischen den beiden Zensuserhebungen von 1970 und 1980. Es fällt auf, daß die Rebflächen in jenen Gebieten, in denen überwiegend Massenweine erzeugt werden, stark zugenommen haben. Auch im Meliorationsgebiet südlich von Nîmes ist vereinzelt eine Zunahme der Rebflächen zu beobachten. Insgesamt ist allerdings hier der Weinbau rückläufig; eine Tendenz, die seit etwa 1960 zu beobachten ist, und die den Planungszielen der Meliorationsbehörden durchaus entspricht. Bis etwa 1970 waren dabei deutliche Zusammenhänge mit der Ausweitung der Obstbauareale zu erkennen. Die gerodeten Rebflächen wurden in vielen Fällen durch Obstbau ersetzt, was bei der Bereitstellung entsprechender Bewässerungseinrichtungen ohne weiteres möglich war. Die seitherige Entwicklung zeigt jedoch, daß dieser Vorgang heute kaum noch stattfindet. Da in den Bewässerungsgebieten sowohl der Weinbau als auch der Obstbau rückläufig sind, kann eine entsprechende Substitution zumindest in größerem Maßstab nicht mehr erfolgen. Der einzig mögliche Rückschluß aus dieser Beobachtung ist, daß sich die Agrarlandschaft der Meliorationsgebiete extensiviert.

Dies führt zurück zum Problem der Bewässerungslandwirtschaft. Abb. 4 setzt die tatsächlich bewässerten Flächen zu den potentiell möglichen Bewässerungsflächen im Departement Gard ins Verhältnis. Was sich für die Gesamtregion als allgemeine Tendenz schon deutlich abzeichnete, bestätigt sich bei der Betrachtung der Gebiete mit hohem Meliorationsanteil: der Prozentsatz der tatsächlich bewässerten Flächen erreicht gerade in diesen Meliorationsschwerpunkten die niedrigsten Werte in der gesamten Region, deutlich niedriger sogar als in der Garrigue-Zone. Nur in wenigen Gemeinden des Meliorationsgebietes wird auch nur annähernd der Departementsdurchschnitt erreicht, teilweise liegen die bewässerten Anteile bei lediglich 20 oder 30% der bewässerbaren Fläche.

Die Konsequenz aus dieser Beobachtung ist, daß anstelle der gerodeten Reb- und Obstbauareale im allgemeinen nicht einmal Gemüsekulturen treten, sondern daß der Anbau nicht bewässerbarer Feldfrüchte anstelle der Bewässerungskulturen tritt. Häufig erfolgt diese Substitution durch Getreide, in den letzten Jahren zunehmend auch durch Sonnenblumenanbau, wenngleich gerade im Meliorationsgebiet des Départements Gard diesbezüglich keine ermutigenden Erträge erzielt werden. Nicht selten kommt es aber auch zur völligen Auflassung von Kulturland, das vor rund zwanzig Jahren melioriert worden ist. Dieser Prozeß ist sicherlich noch ganz in den Anfängen, so daß es verfrüht wäre, hier bereits von einem Wüstungsvorgang zu sprechen.

D. Das Beispiel der Gemarkung Meynes – Typus oder Sonderfall der jüngsten Wandlungen?

Am konkreten Beispiel der Gemeinde Meynes sollen erneut, nach einer ersten Detailanalyse im Jahre 1976 (vgl. PLETSCH 1977, S.292 ff.), die Wandlungen der letzten Jahre aufgezeigt werden. Die Rechtfertigung hierzu leitet sich aus mehreren Faktoren ab:

- Die Gemeinde stellte einen Schwerpunkt der Meliorationsbestrebungen zwischen 1965 und 1970 dar. Im Zuge dieser Maßnahmen wurde der größte Teil der Gemarkung mit einem Bewässerungsnetz versehen.
- Im Rahmen dieser Meliorationsmaßnahmen wurde eine Flurbereinigung und Flurumverteilung vorgenommen, die die Anlage von insgesamt 20 neuen Betrieben mit durchschnittlich rund 20 ha LNF ermöglichte.
- Da diese Betriebe fast ausschließlich an ehemalige Koloniallandwirte vergeben wurden, zeigt sich innerhalb dieser Gemarkung seither ein interessantes Nebeneinander der einheimischen traditionellen Landwirtschaft und der durch die repatriierten Landwirte betriebenen Landwirtschaft.
- Schließlich liegen zu diesem Beispiel Vergleichskartierungen vor, die für die Jahre 1960 und 1968 durch die Bewässerungsbehörde CNARBRL (*Compagnie Nationale d'Aménagement de la Région du Bas-Rhône et du Languedoc*) und für das Jahr 1976 von mir selbst durchgeführt wurden. Unter Einbeziehung einer erneuten Kartierung vom September 1984 liegt somit ein Beobachtungszeitraum von 25 Jahren mit regelmäßigen Kartierungsintervallen von 8 Jahren zugrunde.

Die statistisch greifbaren Veränderungen innerhalb der Gemarkung von Meynes sind in Tabelle 4 zusammengestellt und zeigen, daß sich die Entwicklungstrends der Gesamtregion hier durchaus wiederfinden.

Tabelle 4: Strukturelle Veränderungen in der Gemarkung Meynes 1970–1980

	1970	1980	1980 ./. 1970 (in %)
Zahl der Betriebe	118	71	60,2
davon unter 5 ha LNF	38	24	63,2
5–10 ha LNF	33	10	30,3
10–20 ha LNF	18	17	94,4
20–50 ha LNF	15	18	120,0
über 50 ha LNF	1	2	200,0
LNF (genutzt)	1097 ha	1060 ha	96,7
Ackerland	337 ha	453 ha	134,4
Grünland	2 ha	9 ha	·
Rebflächen	334 ha	384 ha	115,0
Obstbau	325 ha	185 ha	56,9

Quelle: R.G.A. 1970/71 und 1979/80

Die Nutzungsveränderungen der letzten Jahre sind bei Vergleich der beiden Kartierungen von 1976 und 1984 deutlich sichtbar (Abb. 5 und 6). Auf die erneute Einbeziehung der Kartierungen von 1960 und 1968 sei aus Platzgründen verzichtet, die diesbezüglichen Veränderungen sind den Abbildungen 1 und 2 des Aufsatzes in der Zeitschrift „Erdkunde" (1977, S. 293/294) zu entnehmen. Die Kartierung von 1984 zeigt, daß sich der Trend, der sich bereits zu Beginn der siebziger Jahre andeutete, be-

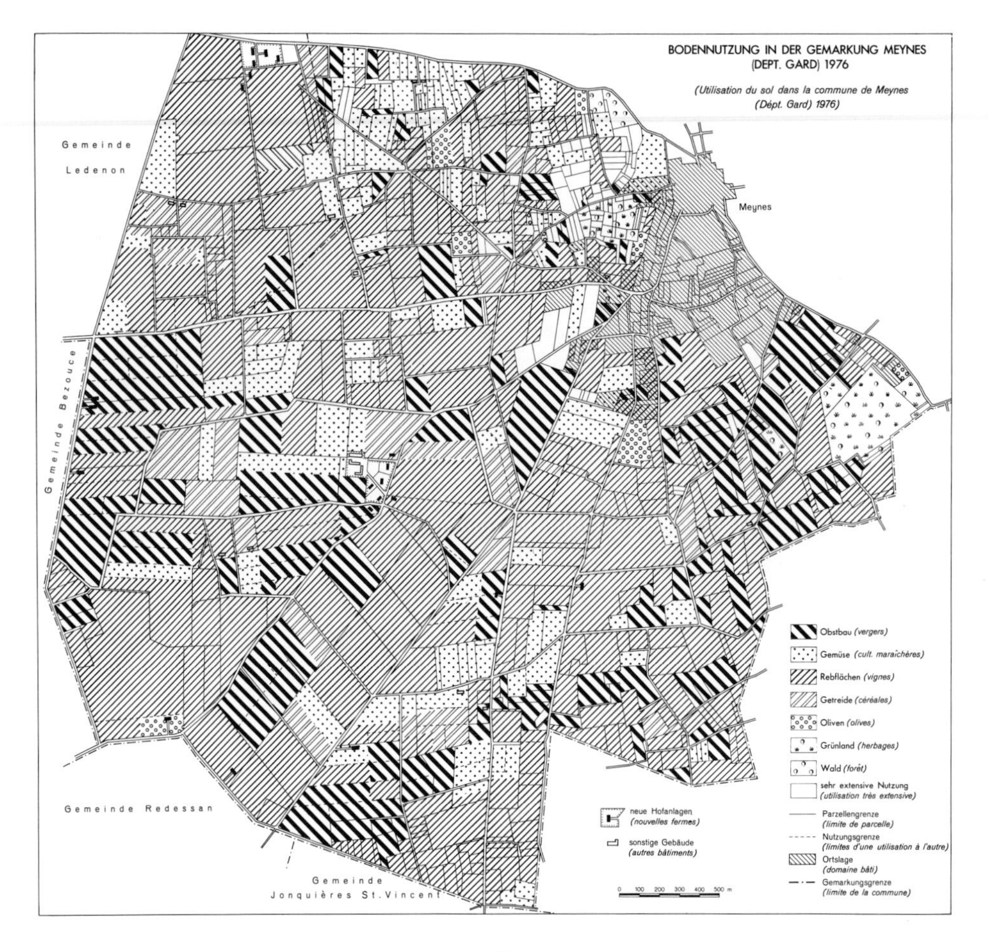

Abb. 5

schleunigt fortgesetzt hat. Der Anteil der Obstbauareale ist innerhalb der Gemarkung deutlich gesunken, wobei dies sowohl für den Bereich der autochthonen Landwirte (zu erkennen an dem unregelmäßigen und kleineren Parzellenzuschnitt) als auch für den im Zuge der Flurbereinigung angelegten Sektor, in dem die Ansiedlung der Koloniallandwirte erfolgte, zutrifft. Flächenmäßig ist der Rückgang des Obstbauareals in diesen neu geschaffenen Betrieben sogar am bedeutendsten. Hier war ursprünglich überwiegend Obst- bzw. Gemüsenutzung vorgesehen; eine Vorstellung, die schon bei der Ansiedlung der Landwirte nicht im vollen Umfang verwirklicht werden konnte, da sich einige von ihnen weigerten, das Risiko dieser Investitionen zu übernehmen.

ERRATUM

Auf S. 45 wurde versehentlich eine falsche Abbildung abgedruckt. Wir bitten diese durch die unten abgebildete zu ersetzen.

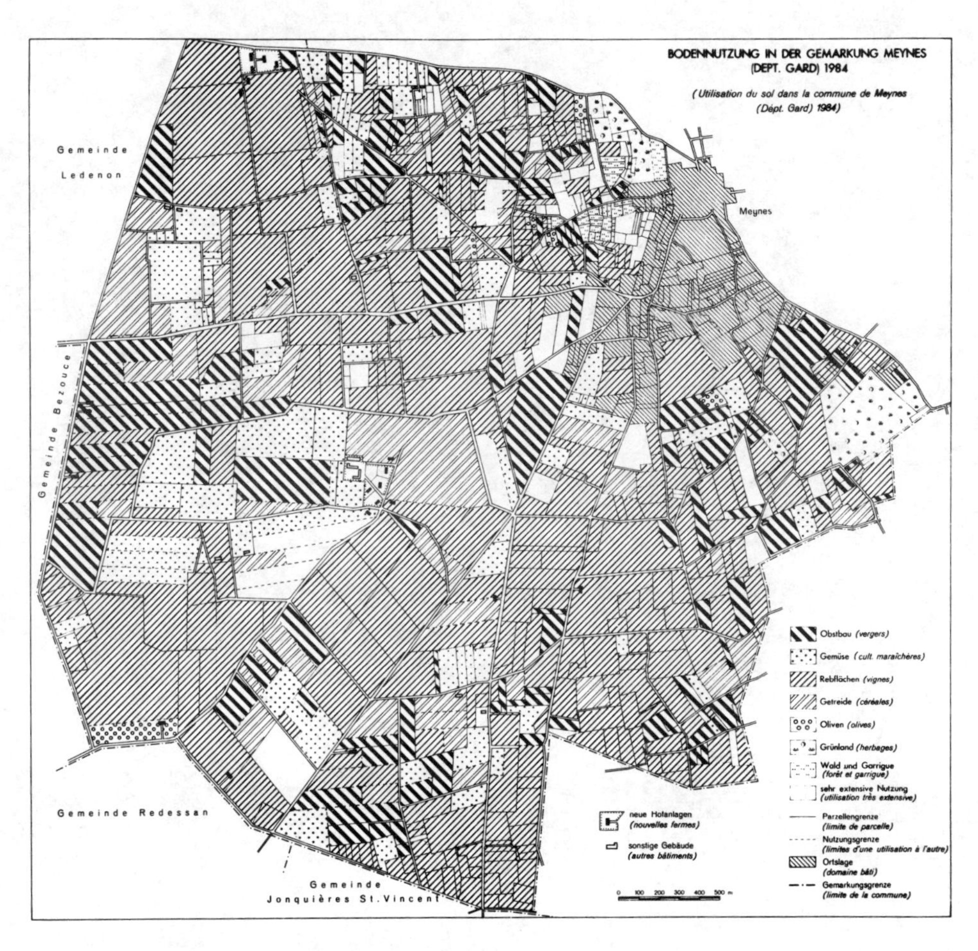

Abb. 6

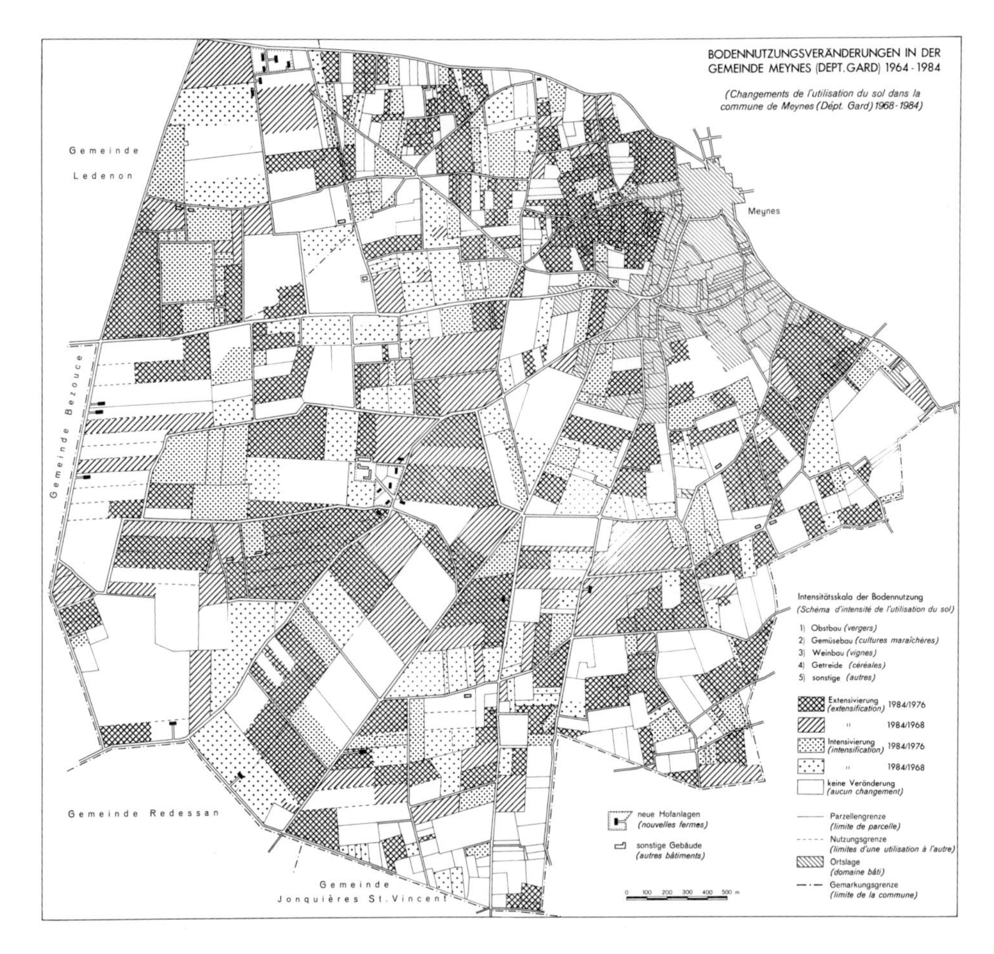

Abb. 6

Rein optisch am wenigsten markant sind die Veränderungen im Gemüseanbau. Hier ist der direkte Vergleich der Flächen auch nicht sinnvoll, da Gemüse im allgemeinen in Rotation mit anderen annuellen Nutzpflanzen angebaut wird. Augenfällig sind demgegenüber die Zunahmen der Getreideflächen und vor allem des Rebareals.

Schließlich ist, vor allem im östlichen Gemarkungsteil, und damit im Bereich der autochthonen Landwirtschaft, deutlich das Erscheinen von Brachflächen erkennbar. Dieses Phänomen war noch 1976 so insignifikant, daß seinerzeit auf eine Kartierung verzichtet werden konnte. Nunmehr aber können diese Brachflächen schon geradezu als charakteristisches Element der jüngeren Entwicklung angesprochen werden, und ihre Vermehrung ist in Anbetracht des Zustandes vieler Obstbauflächen in diesem Bereich sicherlich nur eine Frage der Zeit. Daß bei diesem Vorgang auch die sehr rasche Ausweitung des besiedelten Areals eine Rolle spielt, sei am Rande erwähnt. Die starke Ausweitung der Siedlungsfläche ist für viele Gemeinden der Küstenebenen seit Jahren kennzeichnend.

Um die Gesamtentwicklung seit 1968 übersichtlich zu charakterisieren, wurden in Abb. 7 die Extensivierungs- und Intensivierungsvorgänge innerhalb der Gemarkung durch den Vergleich der entsprechenden Flächennutzungskartierungen ermittelt. Dabei wurde entsprechend den Unterlagen des Amtes für landwirtschaftliche Betriebsführung (*Centre de Gestion agricole* in Nîmes) eine Intensitätsskala des Anbaus zugrundegelegt. Demnach gilt der Obstanbau als ertragsintensivste Kultur, gefolgt von Gemüsebau, Weinbau und schließlich ackerbaulicher (Getreide-)Nutzung. Bei der Interpretation der Karte ist methodisch zu berücksichtigen, daß die Erfas-

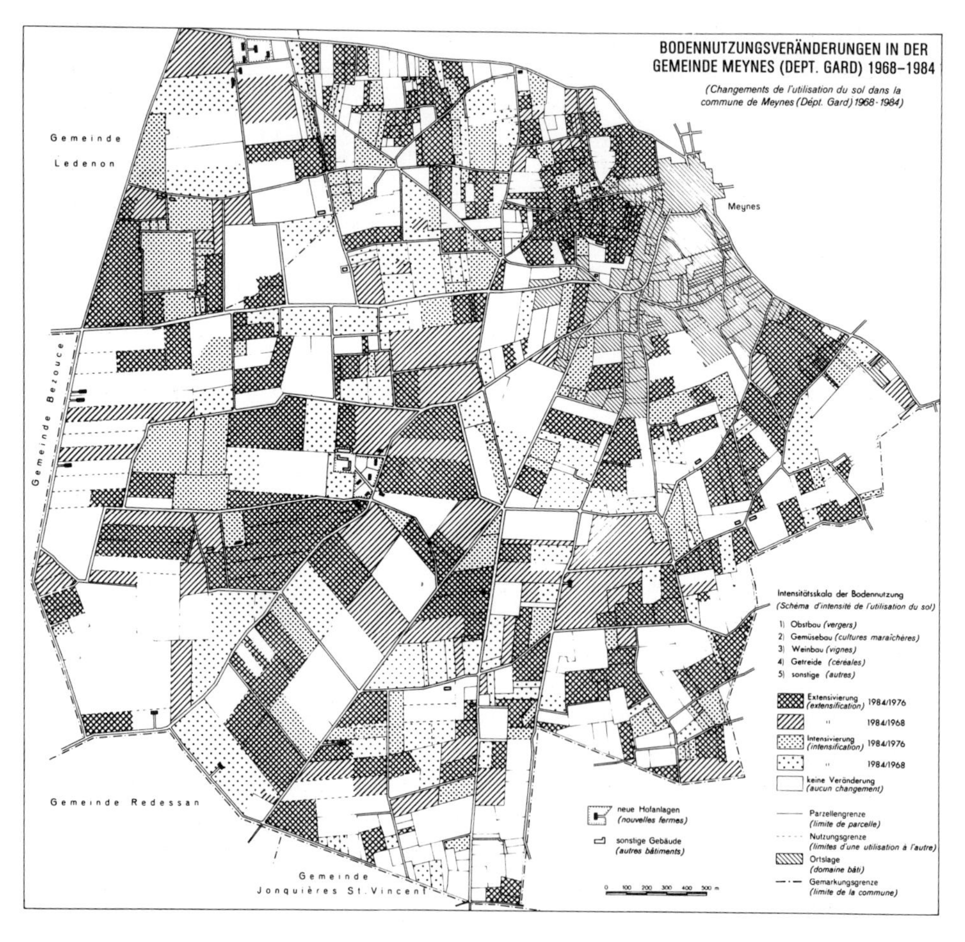

Abb. 7

sung in zwei Zeitschritten vorgenommen wurde. Erfolgte auf einer Parzelle zwischen 1976 und 1984 eine Nutzungsveränderung in positiver oder negativer Hinsicht, so wurde diese Veränderung kartiert, ohne die vorherige Entwicklung seit 1968 zu berücksichtigen. Erfolgte während der Zeitspanne 1976 bis 1984 keine Nutzungsveränderung, so wurde der Vergleich bis zum Jahre 1968 weitergeführt. Bei diesem Vergleich mit der Situation von 1968 sind einige Verzerrungen im Gesamtbild nicht vermeidbar. Dies resultiert vor allem daraus, daß im Jahre 1968 der Meliorationsvorgang noch nicht abgeschlossen war, und somit ein Teil der Flächen damals nur extensiv oder gar nicht genutzt war. Soweit diese Flächen in den folgenden Jahren in die Nutzung einbezogen wurden, erscheinen sie in der Karte in jedem Falle als Flächen, auf denen eine Intensivierung des Anbaus erfolgt ist, selbst dann, wenn der Nutzungszustand heute sehr schlecht ist.

Unter diesen Vorbehalten ist aber insgesamt festzustellen, daß die Extensivierungstendenzen innerhalb der Gemarkung insgesamt überwiegen. Dabei sind besonders markante Unterschiede zwischen den Gebieten der neu angesiedelten Landwirte und dem Bereich der autochthonen Landwirte nicht sichtbar. Das bedeutet, daß dieser Prozeß auch dort nicht verhindert worden ist, wo über den Anschluß an das Bewässerungsnetz hinaus (durch Flurbereinigung, Drainierung, Schaffung von Betriebseinheiten mit „lebensfähiger Größe“, umfangreiche technische Hilfestellungen durch die an der Melioration beteiligten Institutionen usw.) tiefgreifende, aufwendige und letztlich erfolgversprechende Meliorationen durchgeführt worden sind.

Damit kehrt man zurück zu den in Kapitel B gestellten Fragen, auf die im folgenden auf der Grundlage der Analyse des Departements und der Gemarkung Meynes eine Antwort versucht werden soll.

a) Die Gründe für den nur noch sehr verhaltenen Ausbau des Bewässerungsareals liegen in erster Linie in den strukturellen Wandlungen, denen die Agrarlandschaft der Region seit nunmehr 15 Jahren in verstärktem Maße unterliegt. Als 1957 mit dem Ausbau des Bewässerungsnetzes begonnen wurde, befand sich Frankreich bereits voll in der Diskussion um die Dezentralisierung, und für das Languedoc war der Agrarsektor, und damit verbunden die Bewässerungslandwirtschaft, einer der wichtigsten Fördersektoren. Dies bedeutete, daß über die strukturelle Ungunst des Raumes hinweg geplant wurde, daß man im wesentlichen das technisch Mögliche als Planungsziel formulierte, nicht aber das tatsächlich Notwendige. In der ersten Planungseuphorie, als Geld in Hülle und Fülle zur Verfügung stand, wurde somit ein recht gigantomanischer Maßstab zugrundegelegt, wurden Bewässerungseinrichtungen auch dort geschaffen, wo sie eigentlich gar nicht erforderlich waren. Die Planung wurde weitgehend vom Reißbrett aus verwirklicht, mit dem Verständnis, daß allein die Einrichtung eines Bewässerungsnetzes die Krisenanfälligkeit des Agrarsektors beheben könnte.

Nach der Erschließung der ersten Bewässerungsareale zeigte sich schon bald, daß ein Teil dieser Flächen nicht in die Bewässerung mit einbezogen wurde. Dies galt vor allem für die Bereiche, wo der Besitz von Kleinlandwirten vorherrschte, und wo der Weinbau, der nur unter bestimmten Voraussetzungen überhaupt bewässert werden darf, dominierte. Diese Landwirte sträubten sich zwar nicht gegen die Einrichtung eines Bewässerungsnetzes, zumal es für sie praktisch mit keinen Kosten und keinen Abnahmeverpflichtungen verbunden war, allerdings waren sie nur relativ selten bereit, ihre Rebareale zu roden und durch Intensivkulturen zu ersetzen. Die Konsequenz war, daß ein Teil der Bewässerungseinrichtungen bis heute nie genutzt worden ist.

Was die Entwicklung der sechziger Jahre ebenfalls begünstigte, war der Bedarf an neuen Höfen für die ehemalige Kolonialbevölkerung aus Nordafrika. Nachdem diese Bevölkerung bis etwa 1970 weitgehend wirtschaftlich integriert war, fanden sich für große Meliorationsprojekte (wie Sumpftrockenlegungen, Rodungen von Wald- oder Garrigue-Arealen u.ä.) kaum noch Interessenten, so daß seither Maßnahmen dieser Art in größerem Maßstab nicht mehr durchgeführt worden sind. Dies hat auch den Bedarf an Bewässerungsland erheblich reduziert.

Das entscheidendste Kriterium ist aber wohl, daß der Geldsegen aus der Staatskasse immer spärlicher floß, und daß damit eine neue Politik beim Ausbau des Bewässerungsnetzes notwendig wurde. Seit 1970 wird der Ausbau nur noch dort weiter betrieben, wo durch vorherige vertragliche Vereinbarungen mit den interessierten Landwirten eine langjährige Abnahmegarantie für das Wasser gewährleistet ist. Der euphorischen Phase einer „Versorgungsplanung" ist die nüchterne Phase einer „Bedarfsplanung" gefolgt, und die wird auch nur dann verwirklicht, wenn damit kein unternehmerisches Risiko mehr verbunden ist.

b) Dies leitet auch über zur Beantwortung der zweiten Frage nach dem scheinbaren Widerspruch zwischen dem Rückgang der Zahl der Betriebe bei gleichzeitiger, wenn auch verhaltener Zunahme der Bewässerungsflächen. Die große Zahl von Kleinbetrieben, die in der Phase zwischen 1960 und 1970 fast automatisch an das Bewässerungsnetz mitangeschlossen wurden, ist nach wie vor ein charakteristisches Bild der Region. Die durchschnittliche Bewässerungsfläche pro Betrieb lag 1980 im Languedoc bei 5,7 ha, einer der niedrigsten Werte ganz Frankreichs. In der benachbarten Region Provence–Alpes–Côte d'Azur liegt dieser Wert mit 5,5 ha noch etwas niedriger. In Anbetracht der Tatsache, daß der Schwund der Kleinbetriebe unter 5 ha LN im Languedoc in den letzten Jahren ganz erheblich ist, verringert sich natürlich auch die Zahl der Betriebe mit Bewässerungseinrichtungen. Statistisch zeichnet sich ab, daß das Vorhandensein von Bewässerungseinrichtungen zwar die Rückläufigkeit dieser Kleinbetriebe teilweise hemmt, es unterbindet sie jedoch in keiner Weise. Die stärkeren Schwundanteile in der Gebirgsregion oder in den Garrigues sind wohl in erster Linie aus der ungünstigeren Gesamtsituation heraus zu erklären und haben erst untergeordnet mit dem Vorhandensein von Bewässerungseinrichtungen zu tun.

Hier illustriert das Beispiel von Meynes durchaus den charakteristischen Gesamttrend. Obwohl praktisch alle Betriebe mit Bewässerungseinrichtungen versehen sind, ist der Schwund der unteren Betriebsgrößenklassen dadurch nicht aufgehalten worden.

c) Die dritte Frage, nach der Erklärung für den Rückgang der tatsächlich bewässernden Betriebe und der tatsächlich bewässerten Flächen, ist sicherlich am komplexesten und am schwierigsten zu beantworten. Nicht zu unterschätzen ist diesbezüglich eine Änderung im Berechnungssystem. Bis zum Jahre 1970 wurden die Flächen auf der Grundlage des Wasserverbrauchs errechnet, wobei sich relativ hohe Werte dadurch ergeben, daß der Wasserpreis/m^3 um so niedriger lag, je höher der Verbrauch war. Seit 1970 trat eine Neuregelung in Kraft, die vertragsmäßige Festschreibungen von einer festgesetzten Wassermenge für eine bestimmte Fläche vorsieht. Für diese festgesetzte Menge ist in jedem Falle ein fixer Grundbetrag zu zahlen, ob man die Bewässerung tatsächlich durchgeführt hat oder nicht. Die Konsequenz war, daß viele Landwirte auf dieser Grundlage keine neuen Verträge abschlossen, vor allem nicht für die Flächen, die sie vorher extensiv mitbewässert hatten (Wein, unter Umständen auch Getreide u.a.). Für diese Kulturen wären schon die Grundkosten der Verträge unwirtschaftlich gewesen.

Entscheidender als diese Änderung in der Preispolitik ist jedoch ohne jeden Zweifel der Rückgang der bewässerungsintensiven Kulturen, insbesondere des Obstbaus. Die weiter oben angedeuteten Extensivierungstendenzen in der landwirtschaftlichen Nutzung der Region ziehen zwangsläufig eine Verringerung der tatsächlich bewässerten Flächen und der bewässernden Betriebe nach sich, und hier liegt das eigentliche Problem der heutigen Entwicklung. Denn hier muß die Ausgangsfrage erweitert werden; es muß eine Erklärung dafür gesucht werden, wieso eine solche Extensivierung erfolgte, obwohl alle Voraussetzungen für eine Intensivierung geschaffen worden sind.

Es ist auch bei dieser Frage zu differenzieren, ob es sich um den traditionellen (autochthonen) Sektor oder den der repatriierten Landwirte handelt. Gerade diese letzteren wurden bei ihrer Ansiedlung, häufig aufgrund vertraglicher Verpflichtungen, zu den Vorreitern der Entwicklung des Obst- und Gemüsebaus im Languedoc. Die innovativen Rückwirkungen auf den traditionellen Sektor blieben von Beginn an relativ gering, nicht zuletzt aufgrund des sozialen Spannungsfeldes, das sich zwischen der einheimischen und der repatriierten Bevölkerung gebildet hatte. Für die Klärung der Frage nach den Extensivierungstendenzen ist es also in jedem Falle wichtig, gerade die neuangesiedelten Betriebe der ehemaligen Kolonialbevölkerung zu beobachten. Auch diesbezüglich eignet sich Meynes hervorragend für eine entsprechende Studie, zumal hier ja offensichtlich der Rückgang der Obstareale besonders deutlich

ist (vgl. Tab. 4). Aus den Interviews, die im Rahmen der Untersuchungen im Jahre 1984 mit fast allen neuangesiedelten Landwirten geführt werden konnten, seien auszugsweise die wichtigsten Gesprächsergebnisse einiger Beispiele zitiert:

Landwirt A, heute 71 Jahre alt, bewirtschaftet 20 ha, ursprünglich je zur Hälfte mit Obst und zur Hälfte mit Wein bestellt. Von drei Söhnen ist derzeit keiner bereit, den Betrieb zu übernehmen, alle drei haben andere Berufe und leben nicht auf dem Hof. Als Konsequenz wurde in den letzten Jahren das Obstareal vollständig gerodet und durch Getreidebau ersetzt, so daß heute die Arbeit von dem Betriebsleiter selbst und einer weiteren permanenten Arbeitskraft geleistet werden kann.

Landwirt B, 60 Jahre alt, bewirtschaftet 35 ha, davon rund 15 ha Obst und 15 ha Rebflächen. Da der einzige Sohn studiert und den Betrieb mit Sicherheit nicht übernehmen wird, denkt er ebenfalls an eine Betriebsvereinfachung durch Rodung der Obstbestände. Er wird den Betrieb mit Sicherheit in einigen Jahren verkaufen.

Landwirt C, 65 Jahre alt, bewirtschaftet 22 ha, heute ausschließlich Rebflächen, nachdem er 6 ha Obstareal vor einigen Jahren gerodet hat. Führt den Betrieb nur deshalb weiter, weil er mit der monatlichen landwirtschaftlichen Altersrente nicht auskommt. Der Betrieb wird wahrscheinlich im Laufe der nächsten Jahre verkauft, da die einzige Tochter wenig Neigung zur Fortführung zeigt. Weinbau wird so extensiv wie möglich betrieben, um die Kosten niedrig zu halten. Als Zuerwerb zur Rente reicht die extensive Bewirtschaftung aus.

Landwirt D, 80 Jahre, ursprünglich 23 ha, davon vor 5 Jahren 8 ha verkauft. Ursprünglich spezialisiert auf Gemüsebau, besonders Spargelanbau (8 ha). Inzwischen bis auf 5 ha Rebfläche, die demnächst gerodet werden soll, nur noch Getreidebau im Lohnarbeitsverfahren. Kein Nachfolger, da Sohn und zwei Enkel in artfremden Berufen tätig sind bzw. studieren.

Landwirt E, 60 Jahre, bewirtschaftet 22 ha, davon 13 ha Rebfläche, 4 ha Obst, Rest Ackerbau. Mehrfacher Wechsel der Anbauareale in den letzten zwanzig Jahren, starke Schwankungen der Obstbaufläche. Keiner der beiden Söhne wird den Betrieb übernehmen, so daß er den Betrieb verkaufen will, sobald er das Rentenalter erreicht hat.

Landwirt F, bewirtschaftet 38 ha gemeinsam mit seinem Sohn auf zwei benachbarten Höfen. Hat sich von Beginn an geweigert, Obst und Gemüse anzubauen und hat entsprechend die gesamte Fläche mit Rebareal bestellt.

Landwirt G, Pächter auf einem Betrieb von 24 ha, dessen Besitzer keinen direkten Nachfolger hatte (Sohn hat Betrieb nicht übernommen). Ehemals 24 ha Obstfläche, unter vorigem Besitzer auf 12 ha reduziert. Plant jedoch erneute Ausweitung auf der gesamten Fläche.

Die Zahl der Beispiele ließe sich fortsetzen, ohne daß sich dadurch der Gesamteindruck wesentlich verändern würde. Im Gegenteil: von den ursprünglich zwanzig in der Gemarkung neu eingerichteten Betrieben sind heute fünf Hofstellen nicht mehr bewohnt bzw. an Nichtlandwirte verpachtet. Das Land wurde teilweise von den verbleibenden Betrieben übernommen bzw. von einheimischen Landwirten gekauft oder verpachtet. Ein weiterer Betrieb wurde seit fünf Jahren überhaupt nicht mehr bewirtschaftet, so daß die gesamte Nutzfläche völlig verödet war. In diesem Jahr fand sich ein Käufer, der nun mit großem finanziellen Aufwand einen neuen Rekultivierungsprozeß (den zweiten innerhalb von zwanzig Jahren) durchführt.

Ein generelles Problem ist die extreme Überalterung der Betriebsleiter unter den repatriierten Landwirten. Unter den fünfzehn befragten Personen hatten nur zwei einen direkten Nachfolger, der auf dem Hof mitarbeitete. Wenn dieses Problem bei den ehemaligen Koloniallandwirten besonders krass ausgebildet ist, so wurde doch die relative Überalterung der Landwirte in der Gesamtregion schon bei der Betrachtung der strukturellen Situation insgesamt herausgestellt. Mit diesem Phänomen verbindet sich natürlich auch eine Verringerung der Risikobereitschaft, die für den Obst- und Gemüsebau zweifellos notwendig ist, sowie die Tendenz zur Betriebsvereinfachung. Hinzu kommen ganz allgemein die Probleme, die sich von Beginn an für den Sonderkulturanbau in der Region abgezeichnet haben. Insgesamt sind die natürlichen Voraussetzungen nur bedingt geeignet, um Obst oder Gemüse mit hohen Gewinnen erzeugen zu können, da die Produktionskosten im Vergleich zu anderen Anbaugebieten (insbesondere Italien und Spanien) zum Teil erheblich höher liegen. Das unternehmerische Risiko für diese Kulturen ist also sehr hoch, die Neigung, es zu tragen, immer geringer. Hierfür ist nicht nur die Altersstruktur entscheidend, sondern die allgemeine Situation der Landwirtschaft, die nicht nur in Frankreich nicht eben besonders günstig ist. Die vielen restriktiven Entscheidungen, die im Rahmen der Europäischen Gemeinschaft in den letzten Jahren zuungunsten der Landwirtschaft gefällt worden sind, haben eine Stimmung der Resignation aufkommen lassen, die heute durchweg kennzeichnend ist.

E. Schlußbemerkung

Abschließend soll zumindest versucht werden, eine Antwort auf die eingangs formulierte Grundproblematik zu geben. Ob vorhandene Möglichkeiten der Entwicklung sinnvoll genutzt worden sind? Sicherlich ja, denn rein technisch bot sich die Möglichkeit, einen vorher in weiten Teilen unproduktiven oder durch Monokultur gekennzeichneten Raum zu intensivieren. Die Nutzung dieser Möglichkeiten war in der Zeit der Entkolonialisierung Nordafrikas sicherlich sogar eine staatspolitische Notwendigkeit. Die Grenzen der Möglichkeiten hat man demgegenüber ganz zweifellos zu weit gesteckt. Die Vorstellung, einen so großen Raum mit so ungünstigen Voraussetzungen zu einem modernen agrarischen Schwerpunkt umzuwandeln, kann man sicherlich als utopisch bezeichnen.

Die Frage, inwieweit die Maßnahmen dem Raum Nutzen oder Schäden zufügten, ist wohl am schwersten zu beantworten. Schließlich sind die gesamtwirtschaftlichen Rückwirkungen so bedeutend (Bausektor, Marktorganisation, Arbeitsmarkt, Tertiärer Sektor, Düngemittelindustrie, Maschinenbau usw.), daß man den Erfolg nicht allein an der Veränderung des Obst- und Rebareals messen kann. Die Entwicklung zu extensiven Nutzungsformen ist indessen unverkennbar, und hier sind die gesamtwirtschaftlichen Rückwirkungen erst in den Anfängen spürbar. Die steigende Zahl der arbeitslosen Landarbeiter, die Schließung von Winzergenossenschaften oder von Vermarktungsbetrieben landwirtschaftlicher Produkte, der zunehmende Anteil zum Verkauf angebotener Nutzflächen, brachfallende Kulturflächen, teilweise mit Müll oder Autowracks verschüttete Entwässerungssysteme, vernachlässigte oder unbewohnte Hofstellen – das sind nur einige Beobachtungen, die hier unsystematisch aufgezählt werden, und die diesen wirtschaftlichen Problembereich andeuten.

So ist das Fazit, das bereits 1976 gezogen wurde, eigentlich nur zu wiederholen, was zur Einleitung dieses Berichtes zurückführt. Etwas anders hat es der Direktor der *Compagnie Nationale d'Aménagement de la Région du Bas-Rhône et du Languedoc* in einem Gespräch über die erarbeiteten Ergebnisse ausgedrückt: „Wir haben gefühlt, daß sich diese Tendenz in unserem Raum abzeichnet, aber zunehmend die Augen vor der unmittelbaren Realität geschlossen. Es scheint, als ob wir uns mit diesen Fragen erneut planerisch auseinandersetzen müssen, um eine fatale Entwicklung in der Zukunft zu vermeiden."

Literatur

Blohm, Eberhard (1976): Landflucht und Wüstungserscheinungen im südlichen Massif Central und seinem Vorland seit dem 19. Jahrhundert. – Trier (= Trierer Geographische Studien, Heft 1).

Direction Départementale de l'Agriculture (DDA) (1983): Monographie Agricole. Département du Gard. – Nîmes.

Dupuis, André (1980): Le Périmètre d'irrigation du Bas-Rhône-Languedoc. Historique et état actuel. – Bulletin de la Société Languedocienne de Géographie, 103, S. 343–355.

INSEE (= *Institut National de la Statistique et des Etudes Economiques*) (1983): Statistiques et indicateurs des régions françaises. – Les collections de l'INSEE, série R, Nr. 52–53. – Paris.

Melot, Gérard (1983): L'irrigation en France. – Cahiers de Statistique Agricole, Nr. 2/6. – Paris, S. 17–29.

Ministère de l'Agriculture (1983): Graph-agri 83. Annuaire de graphiques agricoles. – Paris.

Paillard, Bernard (1979): La damnation de Fos. – Paris.

Pletsch, Alfred (1976): Moderne Wandlungen der Landwirtschaft im Languedoc. – Marburg (= Marburger Geographische Schriften, H. 70).

Pletsch, Alfred (1977): Die Entwicklung des Sonderkulturanbaus im Languedoc/Südfrankreich nach dem Zweiten Weltkrieg. – Erdkunde 31, S. 288–299.

Pletsch, Alfred (1982): Südfrankreich – wirtschaftlicher Schwerpunkt oder Problemgebiet der EG? – Geographische Rundschau 34, S. 144–152.

Tarlet, Jean (1982): Un grand aménagement régional à objectif hydraulique: La Société du canal de Provence et d'aménagement de la région provençale. – Méditerranée (2/3), S. 37–64.

Herbert Popp und Franz Tichy (Hrsg.): Möglichkeiten, Grenzen und Schäden der Entwicklung in den Küstenräumen des Mittelmeergebietes. Ein Überblick anhand von Beispielen aus zehn Anrainerstaaten. Erlangen 1985 (= Erlanger Geographische Arbeiten, Sonderbände, Band 17).

Der urbane Verdichtungsraum am Golf von Neapel

Trends und Chancen seiner wirtschaftsräumlichen Entwicklung

von

Horst-Günter Wagner (Würzburg)

Mit 6 Kartenskizzen und Figuren und 4 Tabellen

Die Bewertung von Entwicklungschancen und Gefährdungen der Kulturlandschaft am Golf von Neapel setzt voraus, sowohl die Individualität dieses Wirtschaftsraumes in Italien, als auch seinen Typus einer hochverdichteten Küstenlandschaft im Mittelmeerraum zu untersuchen. Die Ebene am Golf von Neapel weist seit der Antike zahlreiche Merkmale hoher gesamtwirtschaftlicher Tragfähigkeit auf. Hierzu gehören primär optimale naturgeographische Grundlagen im Rahmen ganzjähriger Anbaumöglichkeiten am Fuß des Kalkapennin. Vergleichsweise zu anderen Küstenlandschaften des Mittelmeerraumes beeinträchtigte die Malaria den Golf von Neapel nur wenig. Der Vulkanismus war zwar stets ein Risikofaktor, er wirkte jedoch in der Gesamtbilanz für die landwirtschaftliche Bodennutzung eher positiv als hemmend. Ein besonders wichtiger Entwicklungsimpuls ging in den Städten und ländlichen Gemeinden der Golfebene von der Sozialordnung aus. Sie bot im Gegensatz zu derjenigen im Inneren Mezzogiorno infolge ihrer relativ offenen Gestaltung stets Handlungsspielraum für individuelle ökonomische Initiativen. Auf der Grundlage dieser wichtigen Voraussetzungen konnte sich Neapel seit dem Hochmittelalter trotz zahlreicher entgegenwirkender Außeneinflüsse bis in die zweite Hälfte des 19. Jahrhunderts als bedeutendes wirtschaftliches, politisches und kulturelles Zentrum erhalten (Wagner 1968).

Die seitdem eingetretene, schrittweise stärker gewordene Abseitslage des Golfgebietes erreichte über verschiedene Entwicklungsstadien ihre vorläufig stärkste Akzentuierung ab 1970, als in anderen Teilen der Mezzogiornoküsten Industrieansiedlung, Straßenbau und Fremdenverkehr eine hoffnungsvolle moderne Entwicklung auszulösen versprachen. Trotz der umfassenden Subventionen seitens der Zentralregierung in Rom für den Süden setzte im Mezzogiorno jedoch nur eine bescheidene Verbesserung der wirtschaftlichen Lage ein. Das Golfgebiet selbst konnte von dieser schwachen Aufwärtsbewegung nur geringfügig profitieren. Vor allem die vielschichtigen Probleme der Stadt Neapel verbreiteten lähmende Stagnation. Von außen betrachtet gerieten die verstädterten Gebiete am Golf von Neapel mehr und mehr in den Anschein der Unregierbarkeit, weil Bevölkerungszustrom und ausreichende Existenzsicherung angesichts eines mangelhaften Arbeitsmarktes nicht zur Deckung zu bringen waren (WEST 1964; vgl. auch DOLCI 1959). Vollends in das öffentliche Bewußtsein trat dieser Zustand nach Beginn der Cholera-Epidemie 1973, der jüngsten einer Reihe von ähnlichen Seuchenkatastrophen in verschiedenen Perioden der historischen Entwicklung Neapels. Offen sichtbar wurde damit die Unfähigkeit der kommunalen Verwaltung, die wichtigsten Ver- und Entsorgungsangelegenheiten zu regeln. Nicht zuletzt aus diesem Grunde konnte sich die politische Linke in der Administration der Stadt gegenüber der *Democrazia Cristiana* durchsetzen. Verstärkt wurde die negative wirtschaftliche Lage in Neapel durch den gleichzeitigen Beginn der Rezession in Mitteleuropa und in Oberitalien. Sie dämpfte den wirtschaftlichen Aufholungstrend des Mezzogiorno (SVIMEZ 1983, S. 42), öffnete erneut die Schere ökonomischer und sozialer Ungleichgewichte (TESTI 1980) zwischen dem Norden und dem Süden und leitete ab 1973 eine Periode stärkerer Rückwanderung (COMITE 1981) sowie zum Teil erneute Bevölkerungszunahme in einigen Gebirgsregionen ein. Gleichzeitig setzten Zweifel darüber ein, ob die impulsgebende Wirkung der großen Investitionen in die moderne Infrastruktur und in zahlreiche „Wachstums"-Industrien in den südlichen Küstenräumen tatsächlich langfristige Verbesserungen bringen könnten.

Angesichts dieser Situation stellt sich die Frage, ob seit 1973 im Wirtschaftsraum am Golf von Neapel dennoch positive Entwicklungsaspekte erkennbar, bzw. welche Gefährdungen seither zusätzlich eingetreten sind (CANZANELLI et al. 1981). Um diese beiden Aspekte näher untersuchen zu können, ist es notwendig, folgende Strukturelemente der wirtschaftsräumlichen Ordnung am Golf von Neapel näher zu analysieren:
- Bevölkerungsverhältnisse als ein Indikator gesamtwirtschaftlicher Entwicklung
- Siedlungsstrukturen im Nahbereich Neapels
- Verkehrssysteme als Grundlage verbesserter Personen- und Gütermobilität
- Leistungsfähigkeit der technischen Infrastruktur
- Agrarlandschaft als Wirkungsfeld von Flächennutzungskonkurrenzen
- Entwicklungsmöglichkeiten des gewerblich-industriellen Wirtschaftssektors.

A. Wandlungen der Bevölkerungsstruktur als Indikator gesamtwirtschaftlicher Entwicklungen

Die wichtigsten Veränderungen der Bevölkerungsstruktur können an Hand von drei Indikatoren verdeutlicht werden:

1. Bevölkerungszunahme

Die Bevölkerungszunahme am Golf von Neapel hat sich schwerpunktmäßig 1971–1981 von der Küste über den Nahbereich der Stadt Neapel und der übrigen

Stadtzentren am Golf in das Hinterland verlagert. Wie aus Abb. 1 zu ersehen ist, verzeichnet die Metropole seit 1971 eine negative Bevölkerungsentwicklung. Im Gegensatz dazu vermehrte sich die Wohnbevölkerung in der Conurbation von 7 auf 12 Prozent Anteil an der Gesamtbevölkerung Campaniens. Noch stärker nahm die Bevölkerung in der Außenzone zu, die über die administrative Grenze der Provinz Neapel weit hinausreicht und sowohl Caserta im Norden als auch Salerno im Süden mit umfaßt. Die *Area Metropolitana* konnte im Zeitraum der vergangenen rund dreißig Jahre seit 1951 ihre Bevölkerung von 2,7 Mio. auf 3,9 Mio. Einwohner, also um rund 40 Prozent steigern (vgl. Tab. 1). Dieser Zuwachs ist einem zwar fallenden, aber

Tabelle 1: Entwicklung der legalen Bevölkerung (*popolazione residente*)

	1951	1961	1971	1981
Area Metropolitana Neapel	64,0 % 2786698	67,8 % 3233829	71,6 % 3632434	73,0 % 3957637
a) Stadt Neapel	23,2 % 1010550	24,8 % 1182815	24,2 % 1226594	22,3 % 1210500
b) Conurbation ohne Neapel	7,2 % 314147	8,1 % 388081	10,3 % 526854	11,5 % 624899
c) Außenzone	33,6 % 1462000	34,9 % 1662933	37,1 % 1878986	39,2 % 2122238
Gebirgsregion	36,0 % 1559566	32,2 % 1526930	28,4 % 1426914	27,0 % 1450661
Campania insgesamt	4346264 100 %	4760759 100 %	5059348 100 %	5408298 100 %

Grundlage: Zusammenstellung nach unveröffentlichten Daten von SVIMEZ, Rom.

im Vergleich zu Italien insgesamt noch hohen Geburtenüberschuß zu verdanken. Der Migrationssaldo war in der *Area Metropolitana* seit 1951 bis in die Gegenwart hinein stets negativ. Dieser Umstand weist auf die beständige Funktion Neapels als Etappenort im Rahmen einer Durchgangswanderung aus den Gebirgsregionen in die nördlichen Industriegebiete hin (vgl. WAGNER 1969; CAFIERO 1980, S. 320).

2. *Regionale Differenzierung*

Betrachtet man die regionale Differenzierung innerhalb der *Area Metropolitana*, so fallen die folgenden wichtigen Merkmale auf: In der Stadt Neapel selbst (vgl. Abb. 2) ist eine Abnahme der Wohnbevölkerung in den zentralen Quartieren erkennbar (vgl. COQUERY 1963; DÖPP 1968). Die höchsten Wachstumsraten der Wohnbe-

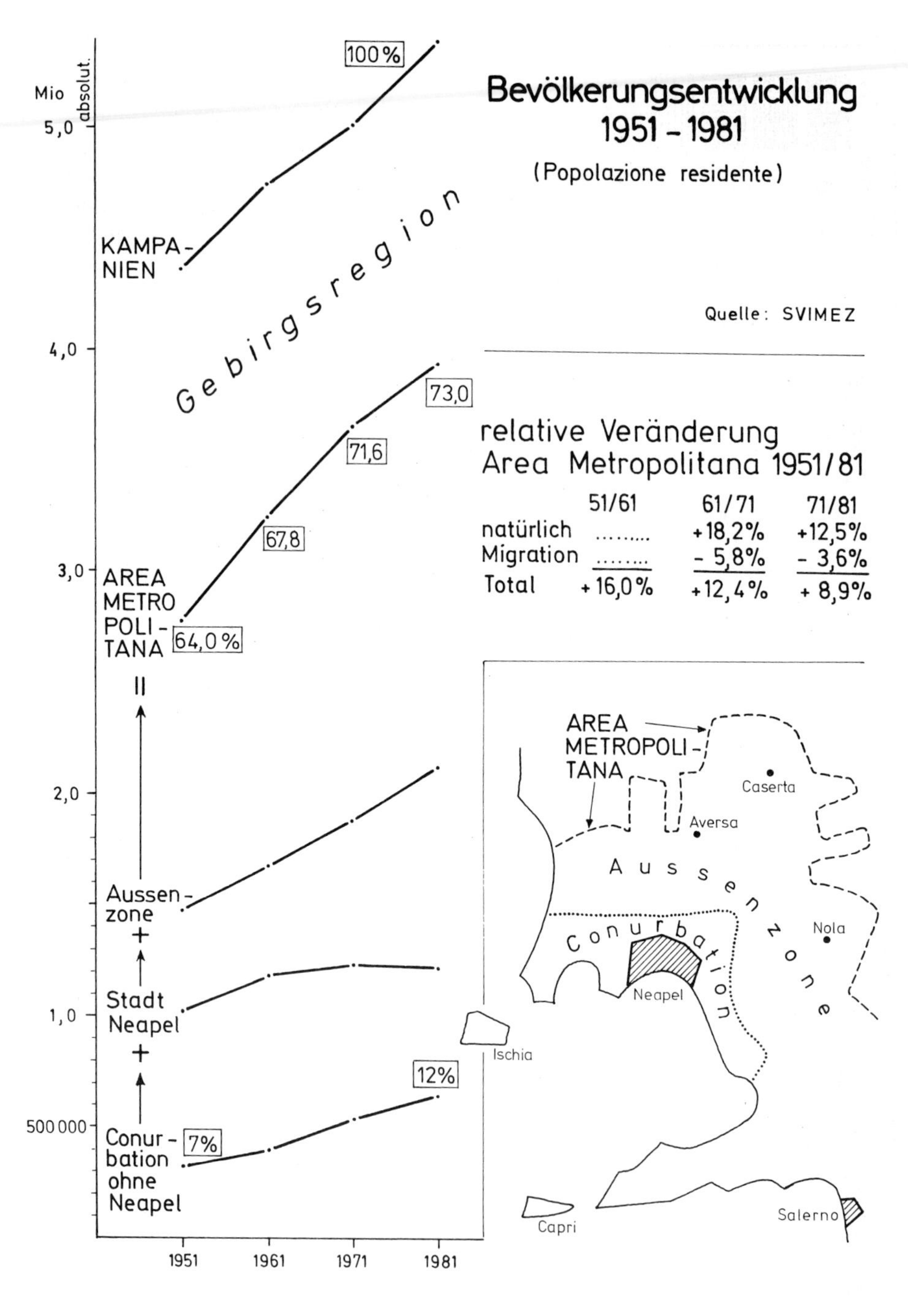

Bevölkerungsentwicklung 1951 - 1981
(Popolazione residente)
Quelle: SVIMEZ
Mio
absolut.
5,0
4,0
3,0
2,0
1,0
500 000
100%
KAMPA-NIEN
Gebirgsregion
AREA METRO POLI-TANA
64,0%
67,8
71,6
73,0
Aussen-zone
+
Stadt Neapel
+
Conur-bation ohne Neapel
7%
12%
1951
1961
1971
1981
relative Veränderung
Area Metropolitana 1951/81
51/61 61/71 71/81
natürlich .... +18,2% +12,5%
Migration .... - 5,8% - 3,6%
Total +16,0% +12,4% + 8,9%
AREA METROPOLI-TANA
Caserta
Aversa
Aussenzone
Conurbation
Nola
Neapel
Ischia
Capri
Salerno

Abb. 1

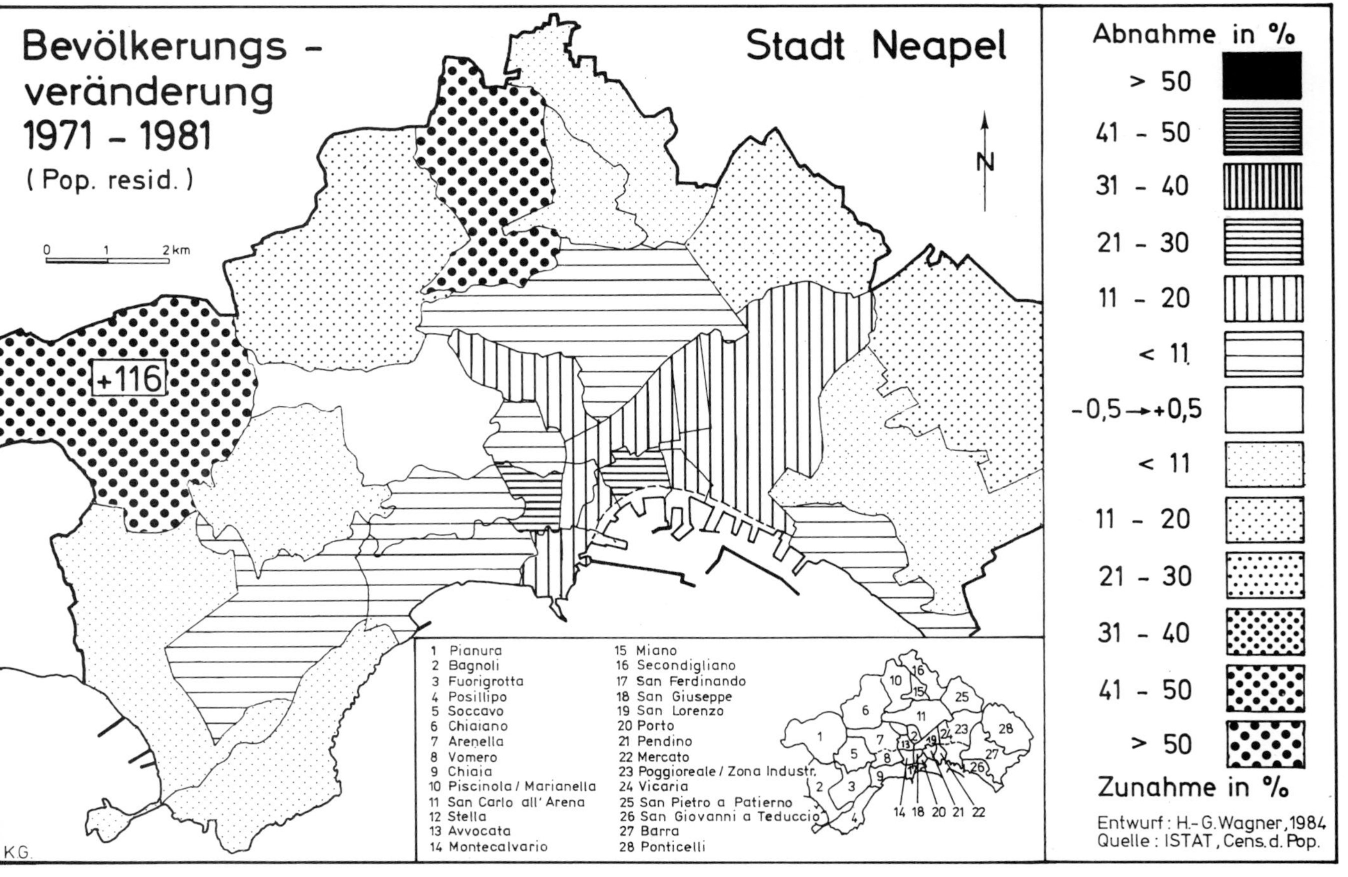

Bevölkerungs - veränderung 1971 - 1981
(Pop. resid.)
Stadt Neapel
N
0 1 2 km
+116
Abnahme in %
> 50
41 - 50
31 - 40
21 - 30
11 - 20
< 11
-0,5→+0,5
< 11
11 - 20
21 - 30
31 - 40
41 - 50
> 50
Zunahme in %
Entwurf : H.-G. Wagner, 1984
Quelle : ISTAT, Cens. d. Pop.
1 Pianura
2 Bagnoli
3 Fuorigrotta
4 Posillipo
5 Soccavo
6 Chiaiano
7 Arenella
8 Vomero
9 Chiaia
10 Piscinola / Marianella
11 San Carlo all' Arena
12 Stella
13 Avvocata
14 Montecalvario
15 Miano
16 Secondigliano
17 San Ferdinando
18 San Giuseppe
19 San Lorenzo
20 Porto
21 Pendino
22 Mercato
23 Poggioreale / Zona Industr.
24 Vicaria
25 San Pietro a Patierno
26 San Giovanni a Teduccio
27 Barra
28 Ponticelli
K.G.

Abb. 2

völkerung konzentrieren sich auf die nördlichen Ebenen um Aversa und Caserta, die nicht zu den traditionellen agrarischen Intensivbewässerungsgebieten gehören. Zum Teil entstammen sie als Wirtschaftsflächen erst den ab 1930 in der Niederung des Volturnoflusses eingeleiteten Meliorationen. Aus Abb. 3 geht die unterschiedliche demographische Entwicklung der einzelnen Teilgebiete des Golfes von Neapel deutlich hervor. Für die restlich anschließende Gebirgsregion des Apennin war bis 1973 trotz hoher Geburtenüberschüsse eine negative Wanderungsbilanz charakteristisch (MARSELLI 1981; ACHENBACH 1981). Seit 1973 ist jedoch in den Gebirgsprovinzen für zahlreiche Kommunen eine Verlangsamung der Abnahme ihrer Wohnbevölkerung erkennbar, in vielen Fällen sogar eine erneute Zunahme. In Abb. 4 werden diejenigen Gemeinden hervorgehoben, welche in den Jahrzehnten 1951–1971 eine negative Bevölkerungsentwicklung hatten. Die rückwanderungsbedingte Veränderung des generativen Verhaltens ergibt sich aus Abb. 5. Während in den Küstenprovinzen Neapel, Caserta und Salerno die Geburtenüberschüsse ab 1973–1981 kontinuierlich abnehmen, kommt es in den Provinzen Benevent und Avellino der Gebirgsregion seit 1977 zu einer Stagnation dieser Entwicklung, bzw. zu leichten Zunahmen der Geburtenüberschüsse. Diese Wandlungen des generativen Verhaltens beruhen, soweit sie Unterschiede zwischen Küsten- und Gebirgsregion erkennen lassen, auf einer Verminderung der Wanderungsaktivität. Diese wiederum läßt sich mit der reduzierten wirtschaftlichen Prosperität in den klassischen Zielgebieten der Abwanderung aus dem Mezzogiorno erklären (BOTTAI/COSTA 1981).

3. *Wanderungsvolumen*

Hinweise auf die Reduzierung des Wanderungsvolumens ergeben sich auch aus dem Verhältnis der ortsanwesenden Bevölkerung (*Popolazione presente*) zum Zeitpunkt der Volkszählung 1980 zur sogenannten *Popolazione residente*, d.h. der am Ort gemeldeten Wohnbevölkerung. Sie umfaßt auch abwesende Personen, die zunächst nur für eine kurze Frist einen neuen Wohn- bzw. Arbeitsort aufgesucht haben. Für die Abwanderungsgemeinde gilt diese Personengruppe dann als ortsabwesende Bevölkerung, d.h. die *Popolazione presente* liegt zahlenmäßig in diesem Fall unter dem Wert der *Popolazione residente*. Für das Jahrzehnt zwischen 1971 und 1981 läßt sich für die Region Kampanien eine deutliche Verringerung der Differenz zwischen *Popolazione presente* und *Popolazione residente* erkennen. Diese Tatsache muß ebenfalls dahingehend interpretiert werden, daß die Neigung zur Abwanderung geringer geworden ist.

Genauere Aufschlüsse über die Wanderungsvorgänge zwischen Gebirgs- und Küstenräumen innerhalb der Region Kampanien könnten Wanderungszählungen vermitteln. Die hierzu vorliegenden Daten vermitteln jedoch keine hinreichend genaue Darstellung der Migration auf Gemeindebasis und können deshalb nicht berücksichtigt werden.

Bevölkerungsentwicklung AREA METROPOLITANA DI NAPOLI

(Popolazione residente)

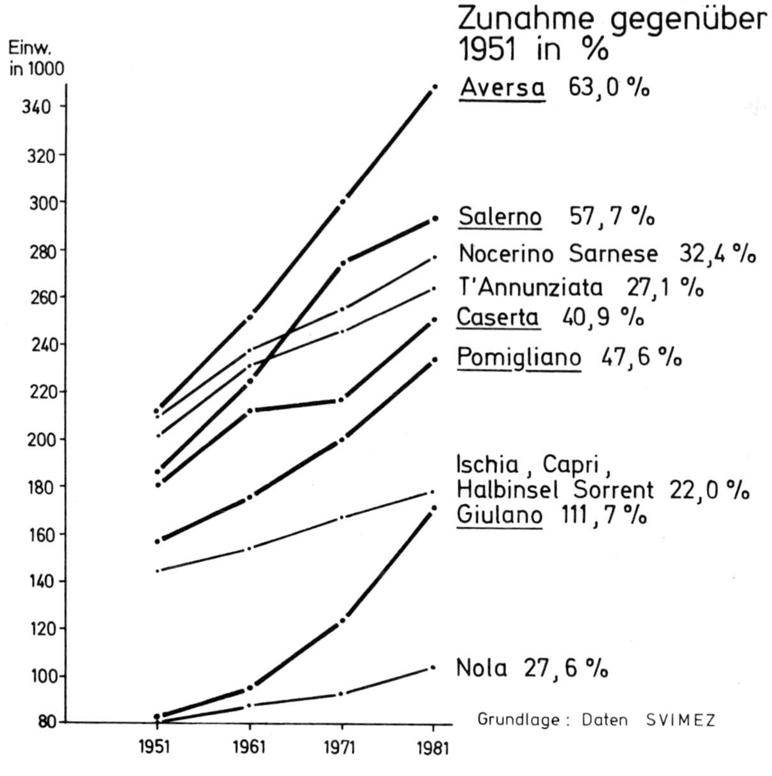

Abb. 3

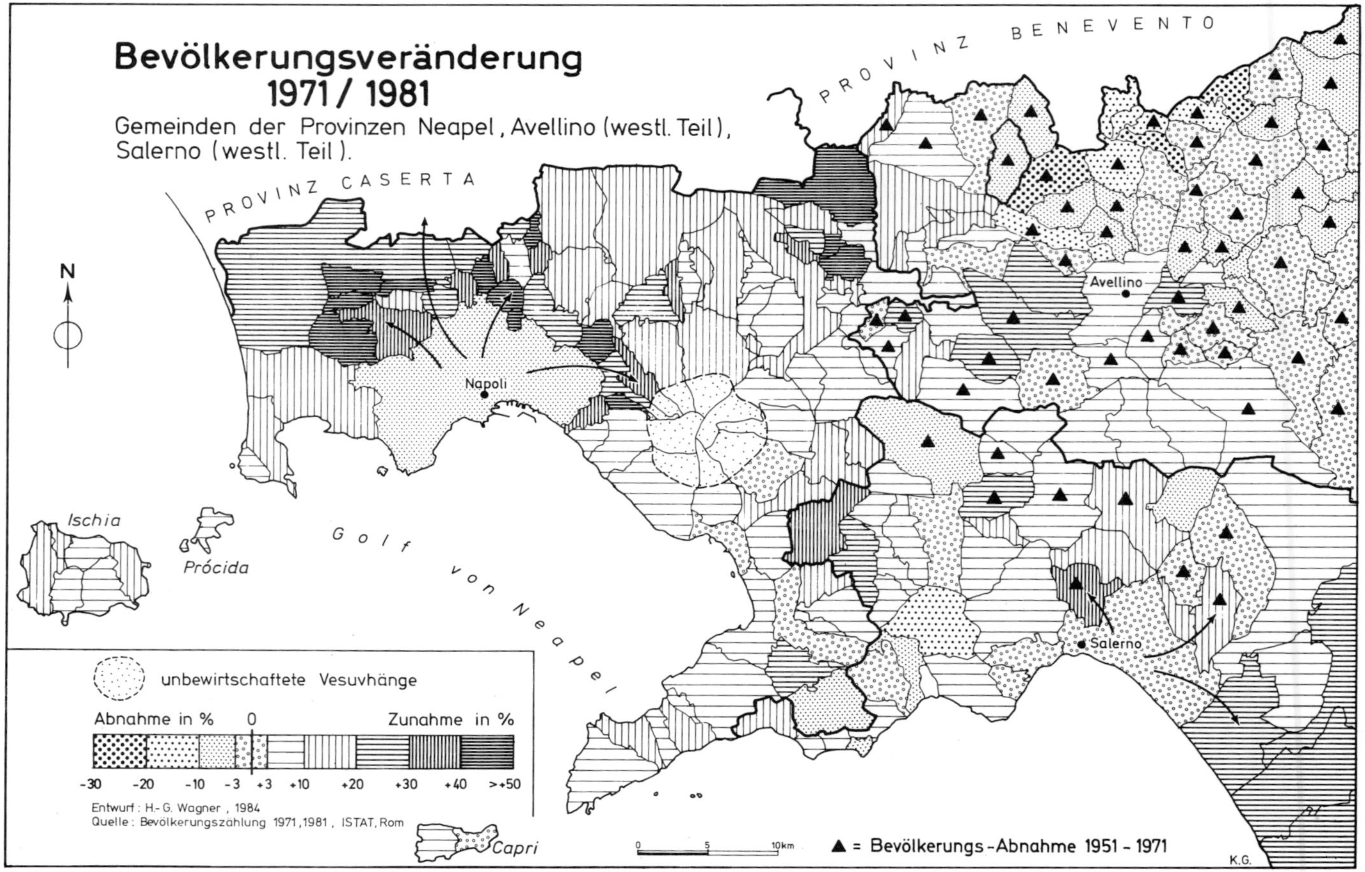

Bevölkerungsveränderung
1971 / 1981
Gemeinden der Provinzen Neapel, Avellino (westl. Teil),
Salerno (westl. Teil).
PROVINZ CASERTA
PROVINZ BENEVENTO
N
Avellino
Napoli
Salerno
Ischia
Prócida
Golf von Neapel
Capri
unbewirtschaftete Vesuvhänge
Abnahme in %
0
Zunahme in %
-30
-20
-10
-3
+3
+10
+20
+30
+40
>+50
Entwurf: H.-G. Wagner, 1984
Quelle: Bevölkerungszählung 1971, 1981, ISTAT, Rom
0
5
10km
▲ = Bevölkerungs-Abnahme 1951 - 1971
K.G.

Abb. 4

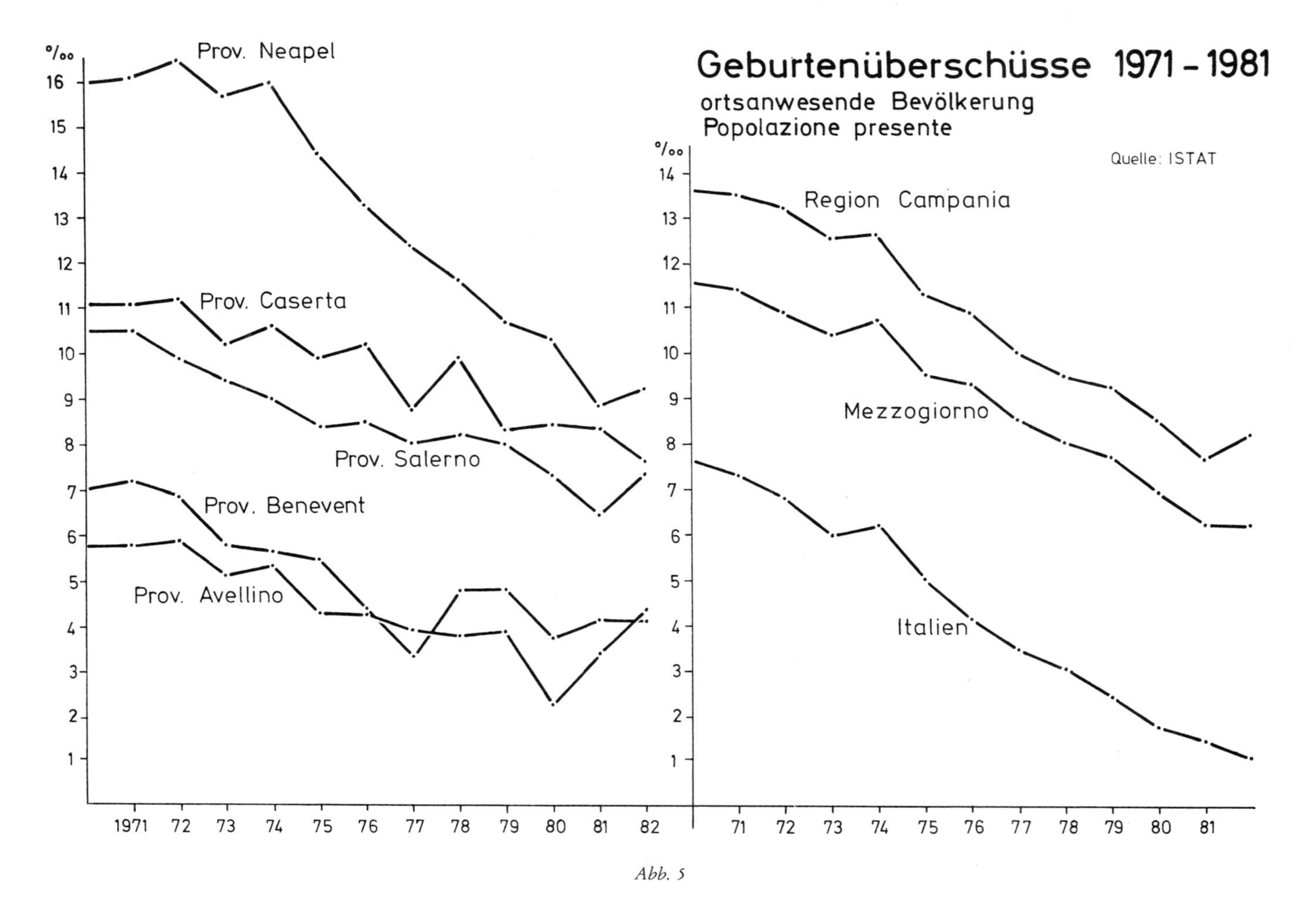
Geburtenüberschüsse 1971 - 1981
ortsanwesende Bevölkerung
Popolazione presente
Quelle: ISTAT
°/oo
16
15
14
13
12
11
10
9
8
7
6
5
4
3
2
1
Prov. Neapel
Prov. Caserta
Prov. Salerno
Prov. Benevent
Prov. Avellino
1971
72
73
74
75
76
77
78
79
80
81
82
Region Campania
Mezzogiorno
Italien
71

Abb. 5

4. Kern-Rand-Verlagerung der Bevölkerungszunahme

Versucht man ein Fazit in Bezug auf die Veränderung der Bevölkerungsverhältnisse zwischen 1951 und 1981 in der Küstenregion am Golf von Neapel zu ziehen, dann ist die Kern-Rand-Verlagerung der Bevölkerungszunahme hervorzuheben, die eine Entlastung des inneren Bereiches der Verstädterungszone an der Golfküste herbeigeführt hat. Weiterhin muß darauf verwiesen werden, daß die Geburtenüberschüsse in allen Gebietstypen wesentlich abgenommen haben. Beide Aspekte führen zu der Frage, ob dadurch die gesamtwirtschaftliche Tragfähigkeit günstiger geworden sein könnte. Die hier geschilderten Vorgänge sind nicht nur für das Gebiet am Golf von Neapel charakteristisch, sondern finden sich in vergleichbarer Weise auch in anderen Verdichtungsräumen des Mittelmeerraumes, z.B. in Catania (MALFATTI 1981; CECCHINI 1983), in den Stadtregionen Barcelona und Valencia, im Großraum Athen sowie – in abgeschwächtem Umfang – auch in nordafrikanischen Hauptstadtgebieten (Algier, Tunis).

B. Veränderte Siedlungsstrukturen im Nahbereich Neapels

Die Siedlungsstruktur in den Verstädterungsgebieten am Golf von Neapel hat sich im Verlauf der siebziger Jahre folgendermaßen verändert:

1. Die **Ausdehnung** urban genutzter Flächen geht von der **Peripherie** der vorhandenen städtischen Siedlungskerne entweder axial oder durch Ausfüllung von bislang agrarisch genutzten Restflächen vor sich. Das Gebiet der Conurbation (vgl. Abb. 1) ist zwischen Pozzuoli und Torre Annunziata/Castellammare nunmehr vollständig geschlossen. Landwirtschaftliche Nutzung konnte sich nur noch vereinzelt bei hohem Intensitätsniveau, d.h. als Unterglas- oder Folienkultur halten. Die verschiedenen städtischen Funktionen sind kleinräumlich auch bei großem Kontrast von Grundstück zu Grundstück verzahnt. Der aktuelle Nutzungszustand unterliegt keiner Steuerung durch planerische Gestaltung. Laufende Verdrängungen spiegeln deshalb die hohe Mobilität von Standorten und deren wechselnder Bewertung besonders im Gebiet der Conurbation.

2. Ein zweiter Prozeß verändert die Siedlungsstruktur im **Inneren** der kleineren und größeren Stadtkerne am Golf von Neapel. Alte ein- und zweistöckige Häuser werden durch moderne, höhere Betongebäude ersetzt. In der Regel sind im Innenbereich der Siedlungen drei Gebäudegenerationen, die sich nach Bauhöhe deutlich voneinander unterscheiden, zu erkennen. Die Änderung der Baugestalt hängt in den meisten Fällen mit einem Wechsel der speziellen Nutzung zusammen, sowohl im Bereich des Wohnens als auch in den verschiedenen Gewerbebranchen (CAFIERO 1980b).

3. Als neues Element in der Siedlungsstruktur des Golfgebietes erweisen sich große **Wohngebiete**, die abseits der städtischen Flächen auf bisher landwirtschaftli-

chen Parzellen errichtet wurden. Neue Wohnquartiere dieser Größenordnung wirken einem weiteren Ansteigen der Wohndichte in den Zentren der Städte entgegen. Gleichzeitig tragen sie zur Verbesserung des Wohnstandards bei.

Versucht man die genannten Neuerungen der Siedlungsstruktur zu interpretieren, so kann als positives Moment die **Entspannung** der Wohnsituation und die Verringerung der Wohndichte innerhalb der alten Zentren herausgehoben werden. Ein Fortschritt ist auch in der Erneuerung alter, zum Teil verfallender Bausubstanz zu konstatieren. In Neapel ist davon auszugehen, daß im Jahre 1984 ca. 15% der Wohnungssubstanz beeinträchtigt war. 30 000 Wohnungen verzeichneten bereits vor 1980 erhebliche Schäden, 20 000 Wohneinheiten wurden unmittelbar durch das Erdbeben in Mitleidenschaft gezogen.

Negativ muß jedoch die rücksichtslose Beseitigung traditioneller neapolitanischer Haus- und Wohnformen bewertet werden. Wie in anderen Küstenlandschaften des Mittelmeerraumes ist der übergangslose Ersatz **historischer Bausubstanz** durch moderne, austauschbare Architektur Ausdruck des Verlustes regionaler und lokaler kultureller Eigenständigkeit. Unverwechselbare Merkmale des Siedlungsgefüges am Golf von Neapel werden damit durch Baustrukturen ersetzt, die denjenigen von Athen, Mailand, Barcelona oder sogar Mitteleuropas gleichen.

Als schwerwiegende negative Folge der aktuellen Bautätigkeit im Umland von Neapel erweist sich die Hypertrophie des traditionellen Bodenmarktes von agrarischen Parzellen kleinen Zuschnittes auf großflächige **Bauspekulation** (SPOONER 1984, S. 14). Die Konkurrenz zwischen Agrar-, Wohn-, und Gewerbenutzung verändert besonders im nördlichen Teil der Provinz Neapel sowie in der Provinz Caserta die traditionelle Kulturlandschaft in ein vielgliedrig verzahntes und kleinräumlich äußerst differenziertes Gefüge unterschiedlichster Nutzungsformen. Der Anstoß zu dieser Entwicklung kommt nur zu einem Teil aus dem Wirtschaftsraum am Golf von Neapel selbst. Finanzhilfen der Regierung in Rom für die Beseitigung der Erdbebenschäden des Jahres 1980 und der Folgen von Küstenhebungen und -senkungen am Golf von Pozzuoli, die zur fast vollständigen Zerstörung der Innenstadt von Pozzuoli geführt haben, wirken über verschiedene Bauunternehmer und Immobiliengesellschaften von außen in das Golfgebiet hinein. Die Behörden der Stadt- und Regionalplanung können dabei nicht uneingeschränkt über die räumliche Lokalisierung der Mittel entscheiden. Hier machen sich das Klientelwesen und die politische Abhängigkeit von Teilgruppen innerhalb des neapolitanischen Sozialgefüges bemerkbar.

Versucht man im Hinblick auf die Veränderungen der Siedlungsstruktur eine Gesamtbilanz zu ziehen, so ist immerhin festzuhalten, daß eine Verbesserung der technischen Wohnqualität sowie eine Verringerung von Wohndichten auf Block- und Viertelbasis im Kern der älteren Stadtzentren eingetreten ist. Synchron zu diesem Vorgang vollzieht sich jedoch weiterhin eine fast unkontrollierte Verstädterung in der Peripherie.

C. Verkehrssysteme als Grundlage verbesserter Personen- und Gütermobilität

Bedeutender Engpaß und wichtigste Hemmschwelle für eine Verbesserung der wirtschaftsräumlichen Ordnung ist nach wie vor die Verkehrsstruktur. Obwohl dieser Sektor seit 1950 im Mezzogiorno insgesamt erheblich gefördert worden ist, besonders auch in den Küstenräumen bedeutende Verbesserungen aufweist, hat das Gebiet am Golf von Neapel noch einen erheblichen Nachholbedarf.

Seit 1970 sind folgende Veränderungen der Verkehrsinfrastruktur im Gebiet am Golf von Neapel zu registrieren: Im **Straßenbau** wurde die Vervollständigung des Autobahnnetzes erheblich vorangetrieben. Insbesondere im nördlichen Teil der Provinz Neapel kamen zum traditionellen Straßengefüge zahlreiche neue Hauptstraßen, Tangenten und Ortsumgehungsstrecken hinzu. Damit konnte in der Peripherie und im Außenbereich der neapolitanischen Metropole eine wesentliche Beschleunigung der Verkehrsströme sowie eine deutliche Verkürzung der Erreichbarkeit eintreten. Umfassende Ausbauplanungen verfolgen das Ziel, den Küstenraum stärker mit den Gebirgsprovinzen und mit den transmontanen adriatischen Küstenniederungen zu verbinden.

Die Beschleunigung im Verkehrswesen läßt in Verbindung mit der räumlichen Ausweitung der Verstädterung sowie mit der Verlagerung der Bevölkerungszunahme von der Küste in den Innenbereich der Golfregion zwei Schlußfolgerungen zu: Einerseits trat eine **Entlastung** des hochverdichteten urbanen Kernbereiches entlang der Golfküste ein, andererseits begann eine überwiegend verkehrsbedingte **Aufwertung** von Hinterlandstandorten für verschiedene Funktionen des sekundären und tertiären Sektors. Diese Tendenz einer Abwendung wirtschaftlicher Aktivitäten von der Küste dürfte jedoch nur dann dauerhafte ökonomische Entwicklungsimpulse für den Gesamtraum einleiten, wenn sich im kommenden Jahrzehnt gleichzeitig eine Verbesserung der übrigen technischen Infrastruktur vollzieht.

D. Leistungsfähigkeit der technischen Infrastruktur

Die *Cassa per il Mezzogiorno* hat seit 1950 in den ländlichen Gebieten Süditaliens in großem Umfang Investitionen zur Versorgung der Bevölkerung mit Trink- und Brauchwasser vorgenommen. Infolge des geringen Engagements der Administration konnten von diesen Maßnahmen die verstädterten Regionen, insbesondere also Neapel, Catania, Palermo und Bari wenig profitieren. Zum unmittelbaren Anlaß für grundlegende Ausbauplanungen der technischen Infrastruktur im Großraum Neapel wurde die Cholera-Epidemie des Jahres 1973. Sie offenbarte in besonders dramatischer Weise die Probleme der kommunalen Verwaltung und hat die Stadt am Golf in die Sphäre der Unregierbarkeit gerückt. Auch in dieser Hinsicht kristallisiert sich das Jahr 1973 als ein besonderer Tiefpunkt, allerdings auch als eine Wendemarke in der Gesamtentwicklung der Golfregion heraus. Besondere Aufmerksamkeit wandte die neue politische Führung Neapels seitdem der Verbesserung aller Einrichtungen der technischen Infrastruktur zu.

Ein erstes Ziel war die Erneuerung der Müllabfuhr, die heute mit Ausnahme von Streikperioden relativ reibungslos funktioniert. Konnte die Versorgung mit Trinkwasser sowohl in den Altstadtregionen als auch in den Neubaugebieten relativ zügig erreicht werden, so sehen sich die Kommunen am Golf im Hinblick auf die Beseitigung von Abwässern noch größten Problemen gegenüber. Das vorhandene Kanalsystem Neapels stammt aus dem Jahre 1900, entsorgt etwa 1,2 Millionen Menschen und mündet ins Meer. Die übrigen Regionen der Küstenniederungen sind praktisch noch heute ohne Entsorgungseinrichtungen für anfallende Abwässer.

In einem umfassenden Konzept, das die gesamte *Area Metropolitana* betrifft, ist die Errichtung von 15 unabhängig voneinander funktionierenden **Kanalisationsgebieten** vorgesehen. Seitens der *Cassa per il Mezzogiorno* wurden hierfür Mittel bereitgestellt. Drei dieser Entwässerungssysteme, im Norden der Golfmetropole gelegen, sind bereits in Betrieb genommen. Zusätzlich zu den in der Nähe von Neapel vorhandenen Kläranlagen (Resina, Torre del Greco, Torre Annunziata) sollen sechs weitere errichtet werden, ferner drei in der Sarnoebene südlich des Vesuv. Besonders schwierig sind die Erneuerungsmaßnahmen der Kanalisierung infolge des Steilreliefs auf der Halbinsel von Sorrent. Hier sowie auf Ischia und Capri sehen die Planungen eine Ergänzung der sechs vorhandenen kleinen Klärstationen durch acht neue Einrichtungen dieser Art vor, die insbesondere die Leistungsfähigkeit der Hotels und Pensionen zu garantieren haben. Die Abb. 6 läßt erkennen, daß nach Abschluß der Bauarbeiten die *Area Metropolitana* nahezu flächendeckend Entwässerungseinrichtungen aufweisen wird. Endziel aller Maßnahmen ist nicht nur die Reinigung von Abwässern, sondern auch ein Recycling-System, d.h. die Wiederverwendung der vorhandenen Wassermengen in Industrieanlagen bzw. bei der Bewässerung von agrarischen Nutzflächen.

Da das geplante Entwässerungs-Kanalsystem nicht nur die 4 Millionen Einwohner des Küstengebietes entsorgen, sondern auch für die Beseitigung von Industrieabwässern wirksam werden soll, ist zu erwarten, daß auch eine Verbesserung der **Meereswasserqualität** im Golf von Neapel eintritt. Der Seebereich westlich von Neapel gehört zu den stärkst belasteten Teilen des Mittelmeeres überhaupt. Zur Verschmutzung tragen auch die von den Flüssen Sarno und Volturno in das Meer transportierten überschüssigen mineralischen Dünger und Pflanzenschutzmittel bei. Die Qualität des Meerwassers im Golf von Neapel wird am besten mit der Tatsache beschrieben, daß auf 100 Kubikzentimeter Wasser 10000 Kolibakterien gezählt worden sind. Bei einer Konzentration von 1000 wäre bereits ein Badeverbot notwendig. Dieses gilt jedoch heute lediglich für den innersten Teil des Golfes, wird allerdings weitgehend nicht befolgt. Äußerst kritisch ist die Situation auch an den Fremdenverkehrs-

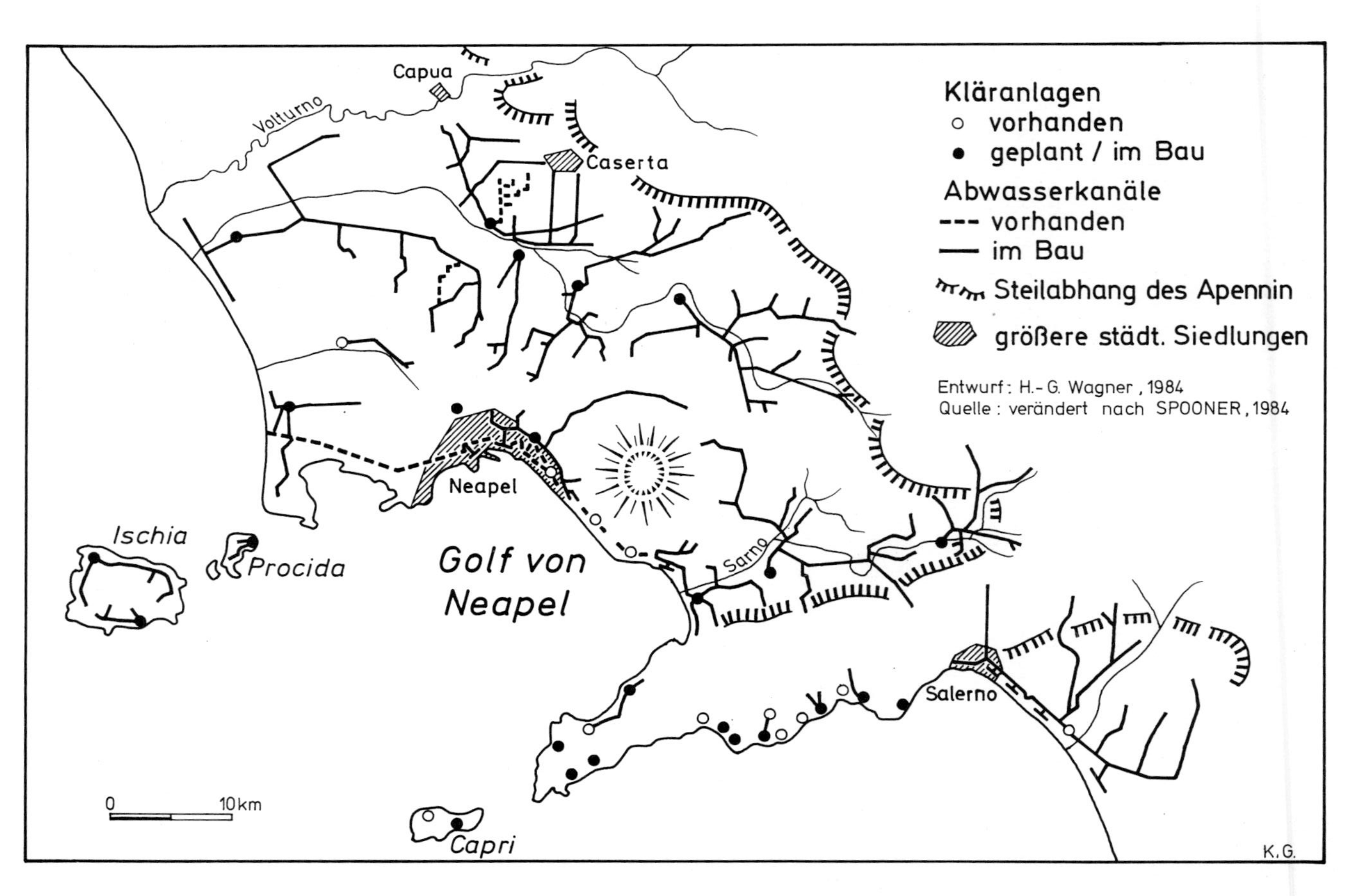

Abb. 6. Abwasserkanalsysteme im Golf von Neapel

küsten der Inseln Ischia und Capri sowie der Halbinsel von Sorrent. Die hohe Giftkonzentration im Meerwasser des Golfes kommt direkt mit dem Nahrungskreislauf in Berührung, da die Fischerei besonders auf Schalentiere ausgerichtet ist. Alle Muschelarten speichern Toxine und Schwermetalle über lange Zeit.

Diese wenigen Hinweise zeigen, daß der aktuelle Zustand der technischen Infrastruktur im Großraum Neapel die Weiterentwicklung und Verbesserung der wirtschaftsräumlichen Ordnung nachhaltig gefährdet. Geht man davon aus, daß von den geplanten Entwässerungssystemen bisher nur ein kleiner Teil verwirklicht werden konnte, dann wird daraus ersichtlich, daß alle zusätzlichen wirtschaftlichen Aktivitäten für den Gesamtraum vorläufig eher belastend als nützlich sein müssen. Wenn augenblicklich intensiv darüber diskutiert wird, warum die Förderung für den Mezzogiorno allgemein zu einer Überausstattung mit Infrastruktureinrichtungen (CAGLIOZZI 1984), insbesondere bei der Wasserversorgung und beim Straßenbau geführt hat, dann ist in dieser Hinsicht der Golf von Neapel auszunehmen. Die hier vorhandene technische Infrastruktur muß als völlig unzureichend bewertet werden und stellt deshalb ein wesentliches Entwicklungshemmnis dar.

E. Agrarlandschaft als Wirkungsfeld von Flächennutzungskonkurrenzen

Außerhalb der verstädterten Teilgebiete der Golfregion sind auch bei der agraren Nutzung seit 1965 erhebliche Wandlungen eingetreten. Im nicht bewässerten Anbau ist eine Verringerung der Polykulturflächen erkennbar. Die Vielfalt der *coltura mista* weicht dem spezialisierten Anbau weniger Produkte pro Parzelle, z.B. mit Haselnüssen, Tafeltrauben oder Spalierobst. Wichtigste Ursachen für die Veränderung bilden der hohe Arbeitsaufwand bei der traditionellen Feldbearbeitung sowie die Schwierigkeiten beim Absatz der jeweils sehr kleinen Erntemengen der meist sehr kleinen Betriebe.

Auch in den Bewässerungsgebieten ist eine Reduzierung der Anbauvielfalt erkennbar. Insbesondere im Winterhalbjahr werden nur noch zwei bis drei, statt früher zehn bis zwölf Kulturen innerhalb einer Betriebsfläche angebaut (WAGNER 1967). Das sommerliche Anbaugefüge hat sich noch mehr auf die Monokultur von industrieorientierten Früchten konzentriert. Im Vordergrund steht dabei nach wie vor die Tomate, welche heute in wenigen großen, technisch modernisierten Betrieben verarbeitet wird. Neue Elemente im Bewässerungsgebiet sind Haselnußflächen, Blumenanbau und Fruchtfolgen unter Foliendächern. Verringerung des Arbeitsaufwandes einerseits, Steigerung der Flächenerträge andererseits sind die wichtigsten Gründe für die seit 1965 eingetretenen Veränderungen. Trotz der erkennbaren Wandlungen ist jedoch eine Steigerung der wirtschaftlichen **Tragfähigkeit** in den Agrarräumen am Golf von Neapel **nicht** zu erwarten. Soweit die Aufwand-Ertrags-Relation sowie die

Entwicklung der Bodenpreise erkennen lassen, stellt die in das Agrarland vordringende **Verstädterung** die wohl entscheidende Konkurrenznutzung dar. Eine weitere Steigerung des Einsatzes von Dünger und Spritzmitteln dürfte die Leistungsfähigkeit der landwirtschaftlichen Nutzung nicht erheblich anheben können, da die Phase des abnehmenden Ertragszuwachses sicher erreicht ist. Vielmehr ergeben sich durch die Überdüngung bereits jetzt für Oberflächenabfluß und Grundwasserhaushalt erhebliche Schäden.

F. Entwicklungsmöglichkeiten des gewerblich-industriellen Wirtschaftssektors

Um eine Bewertung der Entwicklungsmöglichkeiten auf Grundlage des produzierenden Gewerbes zu erlangen, ist von seiner für den Mezzogiorno charakteristischen Gliederung in vier Teilbereiche auszugehen. Dabei handelt es sich um:

1. moderne Großindustrie, in Betrieben mit mehr als 1000 Beschäftigten
2. Industriebetriebe mit mittleren und kleineren Beschäftigtenzahlen
3. Handwerksbetriebe
4. gewerbliche Aktivitäten zwischen legalem Handwerk und untergetauchter (informeller) Wirtschaft. Darunter fallen sowohl produzierende, als auch dienstleistende Bereiche.

1. Großindustrie

Der moderne industrielle Sektor bestand 1980 in der *Area Metropolitana* von Neapel aus 20 Großbetrieben mit insgesamt ca. 60000 Beschäftigten. Damit sind hinsichtlich der Betriebe als auch der Arbeitsplätze 50% aller Großunternehmen des festländischen Süditaliens auf das Golfgebiet konzentriert. Der moderne Sektor besteht hier, wie Tab. 2 zeigt, aus Fahrzeugbau, Chemie, Elektronik, Schiffbau und Stahlerzeugung. Die beiden letzten dieser Branchen gehören zu älteren Gründungsphasen innerhalb des Golfgebietes, während die drei ersten nach dem Zweiten Weltkrieg im Rahmen von unterschiedlichen Förderungsmaßnahmen entstanden sind. Bei den Unternehmen der Gruppe 2 und 3 bestehen in der Regel intensive Beziehungen zu Mutterbetrieben im Norden Italiens. Hinsichtlich ihrer Organisationsstruktur handelt es sich häufig um reine Filial- oder Zweigbetriebe, zum Teil sogar nur um „verlängerte Werkbänke". Daraus erklärt sich fast zwangsläufig die Tatsache, daß von diesen Branchen keine Folgewirkung auf die Entstehung von neuen, z.B. weiterverarbeitenden Industrieunternehmen am Golf von Neapel ausgegangen ist. Auch die Ansiedlung eines großen Pkw-Montagewerkes in Pomigliano d'Arco (Alfa Sud) hat nicht zur Entstehung örtlicher Zulieferbetriebe geführt. Verantwortlich dafür ist, daß alle Produktionsteile in Norditalien vorgefertigt und zur Weiterverarbeitung nach Neapel

Tabelle 2: Area Metropolitana Neapel. Beschäftigte in Industriebetrieben mit mehr als 1000 Arbeitsplätzen im Jahr 1980

1. Fahrzeugbau	18000
2. Chemie	4500
3. Elektrotechnik, Elektronik	18000
4. Schiffbau	3800
5. Stahlerzeugung	7800*

*) bis zur Stillegung des Stahlwerkes Neapel-Bagnoli im Jahr 1981

Quelle: nach CAFIERO 1980a, S. 322.

gesandt werden. Immerhin ist festzuhalten, daß die Branchen Fahrzeugbau, Chemie und Elektronik mit zusammen rund 40000 Arbeitsplätzen einer Mantelbevölkerung von ca. 200000 Personen Erwerb und Existenz bieten. Den Branchen Schiffbau, Schiffsreparaturen und Stahlerzeugung kommt am Golf von Neapel heute nur noch abgeschwächte Bedeutung zu. Die Schiffswerften in Castellammare und in Torre Annunziata sind in ständiger Reduzierung begriffen (MELELLI 1983).

Das Stahlwerk von Bagnoli mit einst 7800 Arbeitsplätzen ist seit 1981 stillgelegt. Zwar bestehen Pläne für eine Wiederaufnahme der Produktion; da jedoch innerhalb des Mezzogiorno Tarent favorisiert wird, ist kurzfristig mit einer Reaktivierung der in Bagnoli verloren gegangenen Arbeitsplätze nicht zu rechnen. Damit stellte die großbetriebliche, moderne Industrie Campaniens bis 1981 trotz dreißigjähriger Subventionierung (RODGERS 1966) nur 11,4 Prozent der gewerblichen Arbeitsplätze im sekundären Sektor, heute (1984) nur noch 10 Prozent. Sie sind überwiegend auf den Großraum Neapel konzentriert (vgl. Tab. 3).

2. *Mittelgroße Industriebetriebe*

Die Verflechtung der großen industriellen Unternehmen zu den übrigen Teilbereichen des sekundären Sektors, also zu den mittelgroßen und kleinen Fabriken ist gering. Diese Tatsache erklärt sich vor allem aus der Branchenaufteilung. Überwiegend konzentrieren sich die mittelgroßen Betriebe auf die Herstellung von Textilien und Lederwaren, auf die Verarbeitung von verschiedenen Metallen zu Gebrauchsgegenständen und auf einfachere Elektroinstrumente. Ist von dieser Produktionsausrichtung bereits kaum eine Verbindung zur Großindustrie zu erwarten, so zeigt der letzte Industriezensus (1981) auch eine andere Entwicklung dieser Betriebsgrößengruppe. Nicht nur in Italien insgesamt, sondern auch im Golfgebiet hat seit 1971 bei gleichzeitiger Reduzierung der Beschäftigten pro Einheit die Anzahl der mittleren und kleineren Betriebseinheiten des industriellen Sektors zugenommen. Offensicht-

Tabelle 3: Area Metropolitana Neapel. Regionale Verteilung von Industriebetrieben mit mehr als 1000 Arbeitsplätzen im Jahr 1980

Gebiet	Betriebe	Beschäftigte
Stadt Neapel	9	24000
Conurbation Neapel	2	3200
Conurbation Caserta	4	8600
Zona Pomigliana	2	17100
Zona Castellammare	1	2400
Zona Aversa	1	2200
Zona Salerno	1	1500
(Abgrenzung der Zonen vgl. Abb. 3)		59000
		= ca. 60000

} plus ca. 120000 Beschäftigte in kleineren Industriebetrieben
+
plus ca. 240000 Handwerker (ohne Schattenwirtschaft)

= ca. 60000 + 360000

Area Metropolitana Neapel	ca. 420000
Rest der Region	ca. 100000
Region Campania insgesamt	ca. 520000 Beschäftigte im sekundären Sektor

Quellen: SVIMEZ, ISTAT

lich hatten diese mittelgroßen Unternehmen weniger als die Großbetriebe unter den seit 1970 erlassenen Arbeitsgesetzen und Sozialauflagen zu leiden. Außerdem war es ihnen leichter möglich, in Produktionszweige und Organisationsformen auszuweichen, die eine Reduzierung der Herstellungskosten erlaubte. Die Zergliederung und Spezialisierung der Arbeitsvorgänge im Rahmen einer Produktionskette auf verschiedene Unternehmen bis hin zur Ausnutzung von Heimarbeit und Aufnahme von Beziehungen zur informellen Wirtschaft (*economia sommersa*) stärkte durch Kostenreduzierung die Leistungsfähigkeit dieser Betriebsgrößengruppe auch während der wirtschaftlichen Krisenperioden der siebziger Jahre. Da die genannten Industriebranchen traditionell am Golf von Neapel, besonders stark in den Altstadtquartieren der Metropole verwurzelt sind, somit also eine spezifische Arbeits- und Organisationserfahrung vorhanden ist, konnte eine Stabilisierung des gewerblichen Sektors gerade innerhalb dieser Betriebe erfolgen. Über ihre quantitative Verteilung nach Branchen und Stadtteilen Neapels gibt die Tab. 4 für Betriebe mit mehr als 10 Arbeitsplätzen Auskunft. Zunächst zeigt sich eine Schwerpunktbildung der **Metallverarbeitung** außerhalb des Zentrums im Westen der Stadt (Bagnoli, Stahlwerk) sowie in den östlichen Quartieren. Dabei handelt es sich um modernere Produktionsformen dieser Branche, deren traditionelle Wurzeln in den noch heute zahlreichen handwerklichen Kleinbetrieben der Altstadt zu sehen sind. Die **Lederbranche** konzentriert ihre Schwerpunkte auf den Rand des historischen Kerns (insbesondere Stella, Avvocato, S. Carlo) mit einem Ausdehnungstrend zur nördlichen Stadtgrenze hin. Eine relativ

Tabelle 4: Neapel. Beschäftigte des produzierenden Gewerbes in Betrieben mit mehr als zehn Arbeitsplätzen nach Stadtteilen in Prozent (1980)

	Soccava und Pianura	Bagnoli	Fuorigrotta	Chiaia und Posillipo	Vomero und Arenella	Stella und Avvocata	S. Ferdinando Montecalvario	Porto Pendino S. Guiseppe Mercato	S. Lorenzo	S. Carlo all'Arena	Miano Secondigliano Chiaiano	Poggireale und Vicaria	Barra und Ponticelli	S. Giovanni	Zona Industriale
Lebensmittel	5,0	0,2	3,7	4,1	7,5	2,9	5,3	2,7	1,3	2,2	3,2	3,5	2,7	2,0	17,7
Chemie, Plastik, Papier	16,6	1,9	7,8	2,7	9,6	6,4	28,8	10,2	9,8	4,3	6,0	3,7	16,9	35,7	8,2
Metallverarbeitung	27,4	89,3	40,0	28,1	29,7	8,9	14,7	50,4	26,1	36,5	37,2	60,1	63,1	46,1	32,7
(*Beschäftigte absolut*)	*(500)*	*(8.600)*	*(1.000)*	*(700)*	*(900)*	*(350)*	*(400)*	*(2.700)*	*(800)*	*(2.400)*	*(2.000)*	*(3.500)*	*(3.000)*	*(3.500)*	*(1.100)*
Leder	16,2	0,5	3,6	5,5	17,5	63,0	11,6	8,7	25,9	32,5	23,3	10,6	3,1	4,0	12,4
(*Beschäftigte absolut*)	*(300)*	*(50)*	*(100)*	*(140)*	*(530)*	*(2.500)*	*(300)*	*(470)*	*(800)*	*(2.150)*	*(1.100)*	*(625)*	*(190)*	*(300)*	*(430)*
Textil	21,3	1,3	13,2	42,7	24,7	11,2	22,8	13,0	26,0	14,5	13,3	8,3	3,4	0,9	3,8
(*Beschäftigte absolut*)	*(370)*	*(120)*	*(340)*	*(1.050)*	*(750)*	*(450)*	*(600)*	*(700)*	*(800)*	*(950)*	*(680)*	*(490)*	*(200)*	*(70)*	*(130)*
Holz	5,6	0,9	1,9	9,7	4,6	3,1	3,1	2,5	4,3	4,8	6,9	1,9	4,3	3,3	5,0
sonstige Güterproduktion	7,9	5,9	29,8	7,2	6,4	4,5	13,7	10,5	6,6	5,2	10,1	11,9	6,5	8,0	20,2
Beschäftigte absolut	1.850	9.500	2.540	2.500	3.060	4.000	2.660	5.410	3.100	6.600	5.110	5.900	7.800	7.490	3.410
Wohnbevölkerung in Tausend	120	31	110	93	170	92	64	58	75	103	137	60	81	34	40

Quelle: CANZANELLI et al. 1981b, S. 22c. – Die Lage der Stadtteile zeigt Abb. 2.

gleichmäßige Verteilung läßt das **Textilgewerbe** erkennen. Betrachtet man die einzelnen **Stadtteile** (vgl. Tab. 4), so fällt die jeweils hohe Bedeutung der Metallverarbeitung auf. Mit Ausnahme des Stahlwerkes handelt es sich dabei um Fertigungsstätten eher handwerklichen als industriellen Charakters, also mehr um technologisch fortentwickelte handwerkliche, weniger um industrielle Massengüterproduktion.

Einige der größeren dieser Unternehmen nutzten die günstigen neuen Verkehrsstandorte in den jüngst errichteten Gewerbegebieten im Norden der Provinz Neapel sowie im Bereich der Provinz Caserta zur Umsiedlung aus der Altstadt, um entsprechende externe Kostenvorteile für sich zu erlangen. Die Branchenvielfalt in den neuen Gewerbegebieten einerseits, das Ineinandergreifen von produzierenden Bereichen und Dienstleistungen, insbesondere dem Reparaturhandwerk zuzuordnenden Unternehmen andererseits, läßt eine enge Verflechtung der einzelnen Betriebszweige erkennen. CANZANELLI et al. (1981b) haben im Rahmen einer Bestandsaufnahme der neapolitanischen Industrie sowie des industriell geprägten Handwerks den generellen Vorschlag einer **Verlagerung** von den zum Teil wenig vorteilhaften Standorten innerhalb Neapels in das verkehrserschlossene Hinterland mit der Aussicht auf dort erreichbare modernisierte Produktionsbedingungen begründet. Auch die Industrie- und Handelskammer Neapels sieht in der Dekonzentration eine Möglichkeit, Fortbestehen und Leistungssteigerung der produzierenden Betriebe mittlerer Größenordnung zu gewährleisten. Insbesondere wird eine branchenmäßige Mischung in den neuen Gewerbegebieten abseits der Küste angestrebt, um mögliche Vorwärts- und Rückwärtskopplungseffekte zu erleichtern, die sich z.B. im Industriegebiet von Bari als erfolgreich erwiesen haben (vgl. WAGNER 1977).

3. Handwerk

Noch deutlicher demonstrierte das traditionelle Handwerk, insbesondere in der Holz-, Leder-, Textil- und Metallverarbeitung, während der siebziger Jahre eine bemerkenswerte Widerstandsfähigkeit gegen die Auswirkungen der Wirtschaftskrise. Zwei Formen sind hierbei allerdings zu unterscheiden: Betriebe handwerklicher Herstellung von einzelnen Produkten bis zur Verbraucherendstufe und solche, die sich durch Spezialisierung auf einen Teilabschnitt des Herstellungsprozesses mit Fertigung jeweils großer Stückzahlen bereits industrieller Organisation genähert haben.

Obwohl auch hierzu keine exakten statistischen Daten vorliegen, wird in den Kernbereichen Neapels die ungebrochene Lebensfähigkeit und Aktivität handwerklicher und kleingewerblicher Betriebe mit geringen Beschäftigtenzahlen sichtbar. Fragt man nach den Ursachen dieser Vitalität, so sind folgende Eigenschaften des traditionellen Handwerkssektors zu nennen: Viele der Betriebe sind hochgradig arbeitsteilig und meist auf nur kurze Abschnitte einer längeren Produktionskette spezialisiert. Weiterhin fällt die Fähigkeit zur schnellen Reaktion auf Nachfrageänderungen auf. Offenbar verfügen die Betriebsinhaber über gute Transparenz ihres naturgemäß begrenzten Marktes und können deshalb auf Absatzschwankungen mit Elastizität antworten. Zweifellos sind diese traditionsreichen Gewerbebereiche nicht mit einer der modernen ökonomischen Standort-Theorien voll erfaßbar. Sicher trifft auch nicht zu, daß sich diese Unternehmen stets nur am optimalen Gewinn orientieren. Vielmehr ist zu vermuten, daß eine Art suboptimalen Verhaltens wichtigste Ursache für ihre Anpassungsfähigkeit ist. Zur Beschreibung der handwerklich organisierten Kleinunternehmen in der Altstadt Neapels ist deshalb die Matrix des „satisfying behaviour", also eines reduzierten Anspruchsniveaus, in besonderer Weise zutreffend (WOLPERT 1970). Allerdings kann nicht übersehen werden, daß die angesprochene Leistungsfähigkeit dieser kleinen Betriebe auf Kosten und zu Nachteilen der Beschäftigten, d.h. der in vielen Fällen im Betrieb tätigen Familienangehörigen geht. Eine weitere Ursache für die beachtliche Vitalität der kleinen Gewerbebetriebe sind jedoch ihre engen Bindungen zur sogenannten Schattenwirtschaft (MONHEIM 1981). Dieser Wirtschaftsbereich ist seit fünfzehn Jahren in ständiger Ausweitung und dürfte im Gesamtbereich des italienischen Staats zu etwa 25 Prozent zum Bruttoinlandsprodukt beitragen. In Neapel und in den übrigen städtischen Siedlungen am Golf hat die *economia sommersa* sicherlich eine noch höhere gesamtwirtschaftliche Bedeutung. Das Kleinhandwerk zieht aus der Verbindung mit der untergetauchten Wirtschaft sicherlich insofern Vorteile, als bestimmte dort angesiedelte Vorproduktionszweige relativ wenig Kosten verursachen und damit eine günstige Ausgangsbasis für die Weiterverarbeitung zu handwerklichen Produkten darstellen. In der Schattenwirtschaft sind Produktion und Dienstleistung zudem oft eng verflochten. Diese Tatsache bedeutet, daß sich die traditionellen Handwerksbetriebe im Altstadtkern von Neapel auch bei der Vermarktung ihrer Erzeugnisse wiederum der Hilfe nicht offiziell in Erscheinung tretender Absatzwege bedienen können. Durch die Ausnützung der Zulieferbeziehungen zur Schattenwirtschaft ist offensichtlich das traditionelle Gewerbe im Golf von Neapel in der Lage, auch gegenüber der Industrie in Ländern der Dritten Welt konkurrenzfähig zu sein. Um diese wechselseitigen Verflechtungen zwischen informeller und offizieller Wirtschaft traditionellen Zuschnitts näher charakterisieren zu können, bedürfte es einer spezifischen Untersuchung, deren Schwierigkeiten allerdings unübersehbar sind.

G. Zusammenfassung

Im Hinblick auf die spezialisierte Fragestellung des Tagungsthemas nach Entwicklungsmöglichkeiten bzw. nach Gefährdungen der Küstenlandschaft am Golf von Neapel müssen zwei Punkte festgehalten werden.

Die Entwicklungspolitik für Süditalien wollte seit dreißig Jahren Fortschritt durch moderne Technologie erreichen. Alle Aktivitäten gingen deshalb an den traditionellen Wirtschaftssystemen vorbei und berührten den Großraum am Golf von Neapel infolgedessen nur geringfügig. Die Erfolgsaussichten dieser Politik werden mehr und mehr in Zweifel gezogen. Dabei sollte jedoch berücksichtigt werden, daß die Bemühungen, einen Industrialisierungsprozeß im Mezzogiorno in Gang zu setzen, nicht an dem relativ kurzen Zeitraum von dreißig Jahren gemessen werden dürfen. Umfassende Industrialisierung hat in allen Regionen der entwickelten Länder stets wesentlich länger gedauert und war besonders in ihren Anfangsphasen stets von Rückschlägen und Fehlinvestitionen belastet.

Zu vermissen ist allerdings in der Förderkulisse für Süditalien eine hinreichende Berücksichtigung des **traditionellen** Wirtschaftssystems, also des Handwerks, der Kleinindustrie und des Handels. Ihre erwiesene Widerstandsfähigkeit im Zeitraum der Wirtschaftskrise seit 1973 zeigt, daß hier offenbar wichtige Ansatzpunkte für die Aktivierung endogener Kräfte liegen. Stärker als bisher müßten also die Möglichkeiten einer „Entwicklung von unten" genutzt werden. Dabei ist nicht notwendigerweise – wie SPOONER (1984) fordert – zunächst und als Voraussetzung die vorhandene Sozialstruktur zu verändern oder zu beseitigen. Eine erfolgreiche Förderung der traditionellen Wirtschaftssysteme im Golf von Neapel (als zweitem Entwicklungsweg) tritt wohl erst durch die Erhaltung der Stabilität vorhandener sozialer Strukturen ein. Damit ist freilich auch eine insgesamt positive Bewertung der Beziehungen zwischen traditionellem Handwerk und *economia sommersa* erforderlich.

Versucht man angesichts der besonderen strukturellen Schwierigkeiten innerhalb des Wirtschafts- und Lebensraumes am Golf von Neapel die jüngsten Trends zu bewerten, so könnte eine im Vergleich zu den ausgehenden sechziger Jahren nicht erhoffbare Hinwendung zur Verbesserung der Gesamtsituation erkennbar sein.

Literatur

Achenbach, Hermann: Nationale und regionale Entwicklungsmerkmale des Bevölkerungsprozesses in Italien. – Kiel 1981 (= Kieler Geographische Schriften, Bd. 54).

Amatucci, Andrea und Hans-Rimbert Hemmer: Wirtschaftliche Entwicklung und Investitionspolitik in Süditalien. – Saarbrücken 1981 (= Schriften des Zentrums für regionale Entwicklungsforschung der Justus-Liebig-Universität Gießen, Bd. 15).

Banco di Roma: Recent economic trends in the Mezzogiorno. – Review of Economic Conditions in Italy, 1983, S. 127–138.

Bottai, M. und Marco Costa: Modelli territoriali delle variazioni demografiche in Italia. – Rivista Geografica Italiana 88. 1981, S. 267–295.

Cafiero, Salvatore: Nota sull'area metropolitana di Napoli. – Informazioni Svimez, N.S., 33 (8). 1980, S. 315–334 (Zit. als 1980 a).

Cafiero, Salvatore: Nuove tendenze dell'urbanizzazione in Italia e nel Mezzogiorno. – Informazioni Svimez, N.S., 33 (4). 1980, S. 95–116 (Zit. als 1980 b).

Cagliozzi, R.: Die Rolle der Infrastrukturen in der Entwicklung des Mezzogiorno. – Vortrag während des Symposions „Entwicklungsperspektiven Süditaliens" des Zentrums für regionale Entwicklungsforschung der Justus-Liebig-Universität Gießen am 12.5.1984.

Canzanelli, G., F.E. Caroleo und A. Corsani: Proposals for redevelopment of land and industry in the Naples area. – In: Mezzogiorno d'Europa. – Isveimer 1981, N° 3, S. 339–355 (Zit. als 1981 a).

Canzanelli, G., F.E. Caroleo, A. Corsani und U. Marani: La struttura industriale a Napoli e nelle zone limitrofe. Problemi e prospettive di una ipotesi di riequilibrio territoriale. – Neapel 1981, (Hrsg. v. Camera Territoriale del Lavoro Napoli) (Zit. als 1981 b).

Cecchini, Domenico: Nota sulle aree urbane meridionali. – Studi Svimez 36 (11/12). 1983, S. 423–430.

Comite, Luigi: Immigrazione di ritorno nelle vecchie zone di emigrazione. – Rassegna Economica 45 (4). 1981, S. 925–949.

Coquery, Michel: Aspects démographiques et problèmes de croissance d'une ville millionaire: le cas de Naples. – Annales de Géographie 72. 1963, S. 573–604.

Dipartimento di analisi economica e sociale del territorio (Istit. univ. di archit. di Venezia): Lineamenti per una azione nel centro storico di Napoli. – Venedig 1983.

Döpp, Wolfram: Die Altstadt Neapels. Entwicklung und Struktur. – Marburg 1968 (= Marburger Geographische Schriften, Bd. 37).

Döpp, Wolfram: Zur Sozialstruktur Neapels. – Marburg 1969, S. 133–184 (= Marburger Geographische Schriften, Bd. 40).

Dolci, Danielo: Umfrage in Palermo. – Freiburg 1959.

Lenti, Libero: Population growth and employment in Italy. – Review of the Economic Conditions in Italy 1979, S. 7–17.

Malfatti, Eugenia: L'evoluzione della popolazione presente nelle regioni del Mezzogiorno nel decennio 1971–1981. – Studi Svimez 35 (10). 1982, S. 377–389.

Marselli, Gilberto-Antonio: Migrationsbewegungen und soziale Struktur Süditaliens. – In: A. Amatucci und H.-R. Hemmer (Hrsg.): Wirtschaftliche Entwicklung und Investitionspolitik in Süditalien. – Saarbrücken 1981, S. 113–128 (= Schriften des Zentrums für regionale Entwicklungsforschung der Justus-Liebig-Universität Gießen, Bd. 15).

Melelli, Alberto: L'industrie italienne des constructions navales: évolution récente, problèmes actuels, perspectives. – Méditerranée 49 (3). 1983, S. 61–68.

Monheim, Rolf: Beobachtungen zur economia sommersa in Italien. – In: Alfred Pletsch und Wolfram Döpp (Hrsg.): Beiträge zur Kulturgeographie der Mittelmeerländer IV. – Marburg 1981, S. 300–321 (= Marburger Geographische Schriften, Bd. 84).

Rodgers, Allan L.: Naples: a case study of government subsidization of industrial development in an underdeveloped region. – Tijdschrift voor Economische en Sociale Geografie 57. 1966. S. 20–32.

Spooner, Derek J.: The southern problem, the Neapolitan problem and Italian regional policy. – Geographical Journal 150. 1984, S. 11–26.

SVIMEZ: Rapporto 1983 sull'economia del Mezzogiorno. – Rom 1983 (= Collana Documenti Svimez, Bd. 22).

Testi, Alfredo: Das territoriale Ungleichgewicht des Mezzogiorno. – In: Andrea Amatucci und Hans-Rimbert Hemmer (Hrsg.): Wirtschaftliche Entwicklung und Investitionspolitik in Süditalien. – Saarbrücken 1981 (= Schriften des Zentrums für regionale Entwicklungsforschung der Justus-Liebig-Universität Gießen, Bd. 15),

Wagner, Horst-Günter: Die Kulturlandschaft am Vesuv. – Hannover 1967 (= Jahrbuch der Geographischen Gesellschaft zu Hannover für 1966).

Wagner, Horst-Günter: Der Golf von Neapel. – Geographische Rundschau 20. 1968, S. 285–295.

Wagner, Horst-Günter: Wandlungen der Bevölkerungsstruktur im Umlandbereich Neapels. – In: Deutscher Geographentag Bad Godesberg 1967. Tagungsbericht und wissenschaftliche Abhandlungen. – Wiesbaden 1969, S. 300–315 (= Verhandlungen des Deutschen Geographentages, Bd. 36).

Wagner, Horst-Günter: Industrialisierung in Süditalien. Wachstumspolitik ohne Entwicklungsstrategien? – In: Carl Schott (Hrsg.): Beiträge zur Kulturgeographie der Mittelmeerländer III. – Marburg 1977, S. 49–80 (= Marburger Geographische Schriften, Bd. 73).

West, Morris L.: Kinder des Schattens. – München 1964.

Wolpert, Julian: Eine räumliche Analyse des Entscheidungsverhaltens in der mittelschwedischen Landwirtschaft. – In: Dietrich Bartels (Hrsg.): Wirtschafts- und Sozialgeographie, – Köln, Berlin 1970, S. 380–387 (= Neue Wissenschaftliche Bibliothek, Bd. 35).

Herbert Popp und Franz Tichy (Hrsg.): Möglichkeiten, Grenzen und Schäden der Entwicklung
in den Küstenräumen des Mittelmeergebietes. Ein Überblick anhand von Beispielen aus zehn Anrainerstaaten.
Erlangen 1985 (= Erlanger Geographische Arbeiten, Sonderbände, Band 17).

Kalabrien – Probleme und Grenzen regionaler Entwicklung im Küstenraum

von

MARCO RUPP und FLAVIO TUROLLA (Bern)

Mit 13 Kartenskizzen und Figuren und 2 Tabellen

A. Kalabrien – ein Entwicklungsland

Kalabrien, die südlichste Festlandregion Italiens, ist nicht nur die ärmste Region des Landes, sondern auch die ärmste Region EG-Europas (für Griechenland liegen zur Zeit noch keine Regionaldaten vor). Kalabrien steht jedoch nicht alleine in seiner Armut da, sondern es ist umgeben von weiteren Regionen mit einem ebenfalls deutlich unter dem Landesdurchschnitt liegenden regionalen Bruttoinlandsprodukt. Dieser Verband von „armen" Regionen hat seinerseits einen reichen Gegenpol im Norden des Landes (vgl. dazu Abb. 1).

Ohne an dieser Stelle auf die komplexen Zusammenhänge, die zu einem solchen ökonomischen Dualismus führen, eingehen zu können, sei lediglich festgehalten, daß dieser Nord-Süd-Gegensatz nicht neu ist, sondern seine Wurzeln in der unterschiedlichen historischen Entwicklung der beiden Territorien hat. Auch die Einigung Italiens vor gut hundert Jahren vermochte die unterschiedliche Entwicklungsdynamik der beiden Landesteile nicht aufzuheben, so daß der Süden bis heute den Entwicklungsrückstand nicht aufholen konnte.

Die bereits Ende des 19. Jahrhunderts zaghaft eingeleiteten Entwicklungsmaßnahmen zugunsten des unterentwickelten Südens fanden jedoch erst in der Nachkriegszeit eine konsequente Anwendung mit eigens dafür geschaffenen Gesetzesgrundlagen und einer staatlichen Entwicklungsorganisation.

B. Rückblick auf dreißig Jahre Entwicklungspolitik

Nach dem Zweiten Weltkrieg begann der Wiederaufbau der italienischen Wirtschaft mit Geldern und Beratern des Marshall-Planes. Die Südfrage wurde von Anfang an als eine nationale Herausforderung betrachtet. Für die Lösung der Entwicklungsprobleme des Mezzogiorno, wie das gesetzlich abgegrenzte Förderungsgebiet Süditaliens genannt wird, wurden dann auch erhebliche Mittel investiert: so betrug das Budget der staatlichen Entwicklungsorganisation „Cassa per il Mezzogiorno (CASMEZ)" von 1950 bis 1980 jährlich jeweils zwischen zwei und fünf Prozent der gesamten Staatsausgaben.

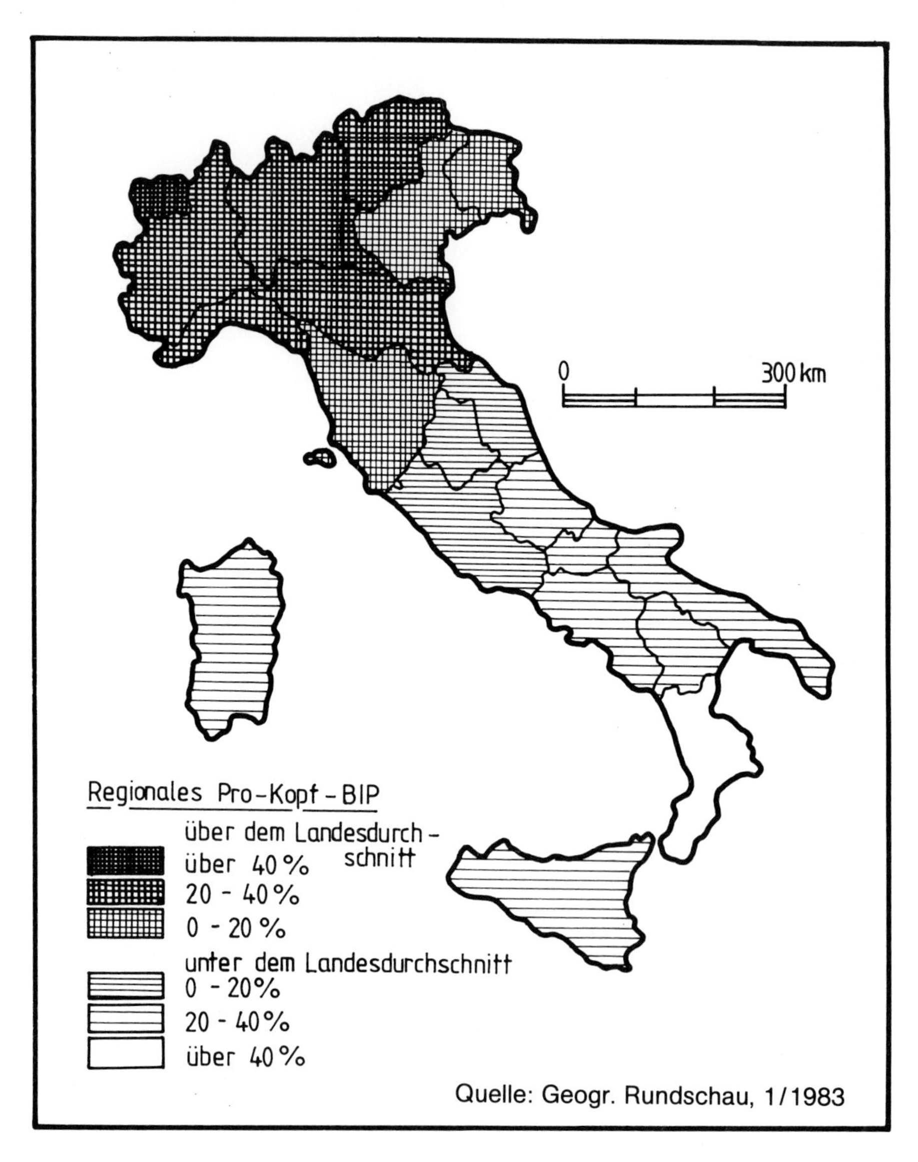

Abb. 1. Regionales Bruttoinlandsprodukt in Italien, 1978

Dabei wurden die Prioritäten des Mitteleinsatzes, um den jeweils veränderten Rahmenbedingungen Rechnung zu tragen, regelmäßig neu gesetzt. Betrachtet man die Entwicklungsbemühungen aus 30 Jahren Entwicklungspolitik, so kann man nach RONZANI/ SANTANTONIO (1981) zwischen mehreren Entwicklungsphasen unterscheiden. In der Tabelle 1 sind stichwortartig die wichtigsten Phasen der Entwicklungspolitik im Hinblick auf die räumliche Entwicklungsstrategie zusammengestellt. Es wird daraus ersichtlich, wie schwierig es im Falle Süditaliens war, die richtige Dosierung von Konzentration oder räumlicher Verteilung der Investitionsprojekte zu finden.

Tabelle 1: Phasen der Wirtschaftsentwicklung in Süditalien 1950 – 1984

Zeitraum	Phase	Entwicklungsziele / -maßnahmen / Prioritäten
1950 – 1956	Präindustrialisation	Hauptmaßnahmen in der Landwirtschaft: Landreform, Infrastrukturausbau
1957 – 1964	Industrieansiedlung	Förderung bestehender und neuausgewiesener Industrieentwicklungsgebiete Etablierung neuer Industrialisierungskerne Zwangsweise Ansiedlung staatlicher Betriebe im Süden
1965 – 1970	Erste Neubesinnung	Konzentration auf die entwicklungsfähigen Gebiete und ihre Integration in die nationale Entwicklungsplanung Industrieagglomerationen, Wachstumspole
1971 – 1975	Konzentration und Dezentralisation	Besondere Aufmerksamkeit für weniger dynamische Industrieagglomerationen und für die Inlandgebiete in Form von konzentrierten Entwicklungsachsen
1976 – 1980	Verstärkte Konzentration	Konzentration auf eine beschränkte Anzahl industrieller Projekte Reduktion der mezzogiorno-internen Entwicklungsunterschiede
ab 1981	Zweite Neubesinnung und Ratlosigkeit	Kritik an bisheriger Mezzogiornopolitik 1984 Auflösung der CASMEZ Regionalisierung der Entwicklungspolitik? Strukturpolitik statt Entwicklungspolitik?

Quelle: RONZANI / SANTANTONIO (1981), ergänzt.

Die hohen staatlichen und privaten Investitionen und Förderungsmittel während drei Jahrzehnten haben, wenn auch nicht im erhofften Maße, Früchte getragen. In der Tat ist heute die Situation des Mezzogiorno, verglichen mit den frühen fünfziger Jahren, deutlich besser geworden (vgl. dazu Abb. 2). Die Produktion pro Kopf hat sich vervielfacht und zwar in stärkerem Maße als im übrigen Italien: 1951 betrug das Pro-Kopf-Produkt der Einwohner Süditaliens nur 54 Prozent des Wertes Norditaliens; 1980 hatte sich dieser Wert um 8 Prozentpunkte auf 62 Prozent erhöht. Abbildung 2 zeigt aber auch, daß diese globalen Werte relativiert werden müssen und daß vielmehr dem Gesichtspunkt der unterschiedlichen mezzogiorno-internen Entwicklungsdynamik vermehrt Beachtung geschenkt werden sollte. Die regionalen Mittelwerte der einzelnen Regionen weisen nämlich erhebliche Schwankungen auf, wobei die Region Kalabrien deutlich das wirtschaftlich schwächste Gebiet geblieben ist, während sich insbesondere die Regionen entlang der Adria (Abruzzen bis Apulien) relativ gut entwickelt haben.

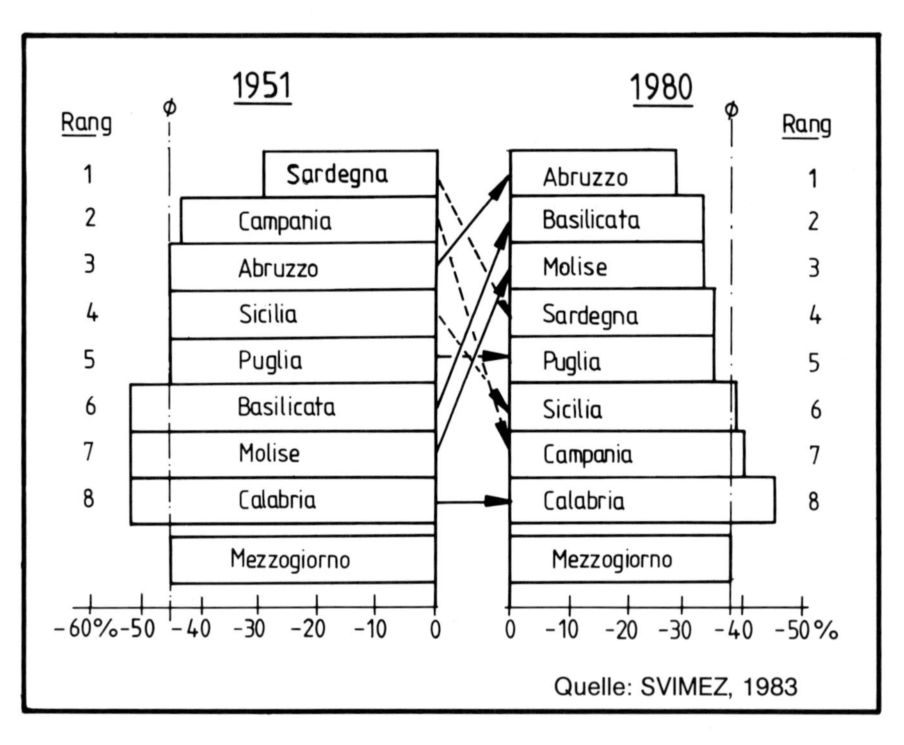

Abb. 2. Pro-Kopf-Produkt im Mezzogiorno 1951 und 1980

Wir werden im folgenden anhand von einigen exemplarischen Beispielen aus verschiedenen Phasen der Entwicklungspolitik zugunsten des Südens der Frage nachgehen, warum die Südpolitik gerade im Falle Kalabriens so offensichtlich versagt hat.

Gemäß der Problemstellung des Symposiums werden wir uns auf die Ebenen und Küstenbereiche beschränken. Es darf jedoch dabei nicht übersehen werden, daß die Probleme Kalabriens vor allem die Probleme eines Berglandes sind (von den rund 15000 qkm Regionsfläche entfallen ca. 85 % auf die Gebirge und Hügelländer mit maximalen Höhen um die 2000 m, vgl. dazu auch Abb. 3).

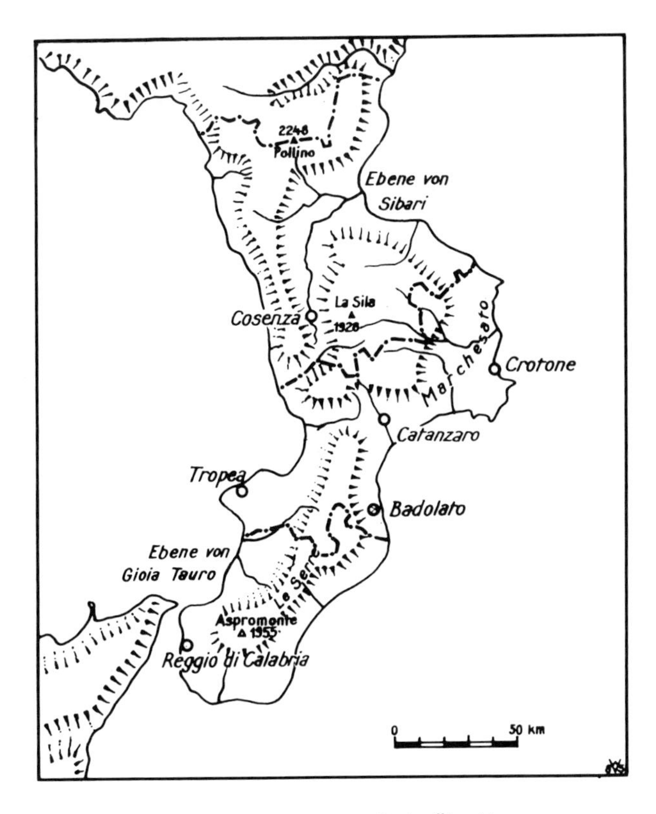

Abb. 3. Kalabrien, geographische Übersicht

C. Die Entwicklung im Agrarsektor

1. Das Versagen der Agrarreform

Als erste staatliche Entwicklungsmaßnahme der Nachkriegszeit wurde im Jahre 1950 eine umfassende Agrarreform in mehreren Gebieten in Mittel- und Süditalien eingeleitet mit dem Ziel, durch Aufteilung des Großgrundbesitzes auf die landlosen Bauern einerseits die brisante soziale Konfliktsituation (Bauernaufstände in Kalabrien) zu entschärfen, aber auch um die Grundlage für eine Produktivitätssteigerung im Agrarsektor zu schaffen. Die Zeitspanne von 1950 bis 1956 wird auch als „Prä-Industrialisierungsphase“ bezeichnet (vgl. Tab. 1). Die Landwirtschaft absorbierte in dieser Periode in der Tat 70 Prozent der bereitgestellten Mittel, 28 Prozent fielen auf die Transportsysteme, die Wasserversorgung und die Abwassersysteme sowie auf touristische Einrichtungen.

Die Ausgaben für direkte Hilfe an die Industrie waren noch so gering, daß sie nicht unter einer eigenen Rubrik aufgeführt wurden. Hauptziel der Förderungsmaßnahmen war die Hebung der Produktivität in der Landwirtschaft, welche durch Verbesserung der Infrastrukturen, der zivilen Lebensbedingungen und der öffentlichen Dienstleistungen erreicht werden sollte. Die Hoffnungen, durch Agrarreform und flankierende Maßnahmen den Teufelskreis der Armut entscheidend zu durchbrechen und dadurch im immer noch „feudalistisch“ orientierten Süden zum raschen sozioökonomischen Umbruch zu gelangen, haben sich jedoch mit Ausnahme einiger Gunsträume außerhalb Kalabriens im ganzen gesehen nicht erfüllt.

a. Das kurzfristige Versagen der Agrarreform im Marchesato

Das Marchesato, ein leichtgewelltes Hügelland an der Ostküste Kalabriens, bildet ein Musterbeispiel eines Reformgebietes, in dem die Landreform von Anfang an fehlgeschlagen ist. In den frühen fünfziger Jahren wurden hier den landlosen Bauern drei bis vier Hektar umfassende ausgesiedelte Betriebe übereignet, doch die Höfe wurden nie oder nur kurze Zeit bewohnt. Man kann viele Gründe für das Versagen der Reformbestrebungen anführen; dabei wird heute mit großer Übereinstimmung insbesondere die Nichtbeachtung des besonderen sozialen Umfeldes im Mezzogiorno als die Hauptursache angesehen. So stellte man zum Beispiel mit Erstaunen fest, daß die in geschlossenen Siedlungen lebenden Familien nicht bereit waren, in Einzelhofsiedlungen umzuziehen. Hinzu kommt, daß die Projekte häufig überstürzt und wenig koordiniert durchgeführt wurden. So besitzen die Reformbetriebe im Marchesato weder fließendes Wasser noch Elektrizität. Andererseits war die zugewiesene agrarische Nutzfläche viel zu klein und eine Alternative zum Getreideanbau gibt es ohne Bewässerungsanlagen in diesem traditionellen Weizenanbaugebiet kaum.

Das Versagen der Agrarreform macht sich auch in der Betriebsgröße bemerkbar (vgl. dazu Abb. 4). Im Jahre 1975 machten beispielsweise in der Gemeinde Isola di Capo Rizzuto die Betriebe zwischen 5 und 20 Hektar fast 70% der Gesamtbetriebszahl aus. Dies deutet darauf hin, daß die kleinen Reformbetriebe von wirtschaftlich stärkeren übernommen worden sind, bis wieder eine lebensfähige Betriebsgröße erreicht wurde. Die freigewordenen Arbeitskräfte mußten, wenn sie nicht in der Industrie des nahen Crotone oder im Baugewerbe Arbeit fanden, auswandern. Man wartet nun im Marchesato auf die geplanten und seit Jahrzehnten versprochenen Bewässerungsanlagen, die der Staat errichten will; ein kleiner Hoffnungsschimmer für jene, die durchgehalten haben.

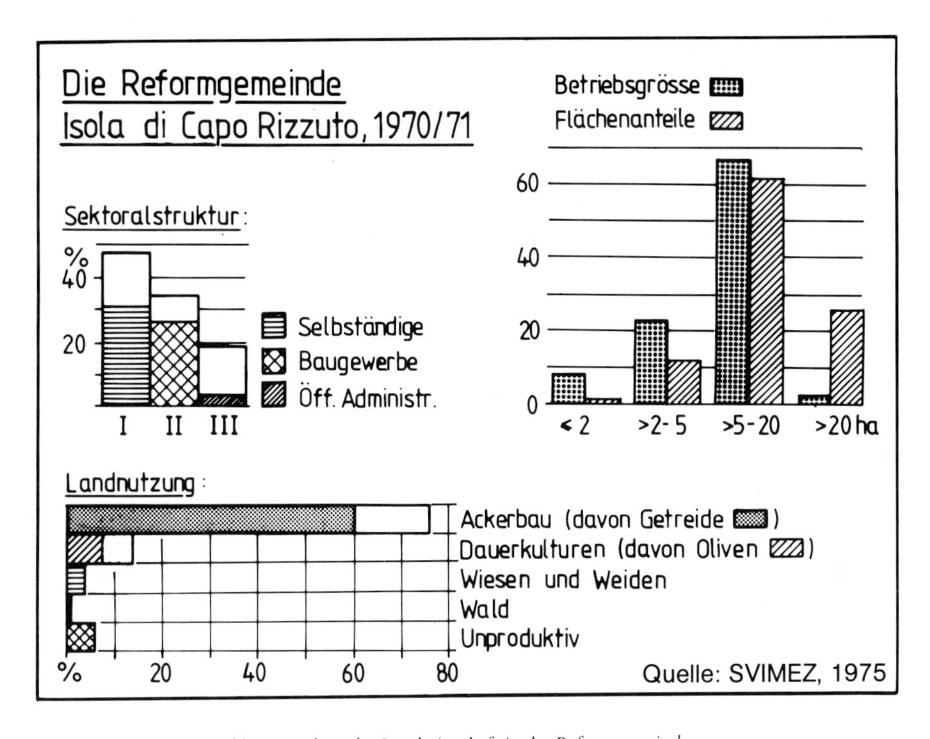

Abb. 4. Struktur der Landwirtschaft in der Reformgemeinde Isola di Capo Rizzuto im Marchesato

b. Das langfristige Versagen der Agrarreform in der Ebene von Sibari

Ein etwas anderes Bild präsentiert sich in der Ebene von Sibari, wo nach Angaben der regionalen Entwicklungsbehörde ESAC die Landreform von Erfolg gekrönt wurde. Betrachtet man jedoch die Nutzungs- und Siedlungsentwicklung der Reformbetriebe von der Gründung Mitte der fünfziger Jahre bis zur Gegenwart, so ist mindestens eine gewisse Skepsis angebracht.

Die ungefähr 3 km von der Cratimündung landeinwärts gelegene Landreformsiedlung „Zona Corsi" umfaßt rund zwanzig Wohnhäuser mit je drei Hektar Betriebsfläche. Trotz ähnlicher Startschwierigkeiten wie im Marchesato überlebten hier die Reformbetriebe und zeichnen sich heute durch intensiven Anbau mit Mehrfach-Mischkulturen aus. Gespräche mit Bauern und weitere beunruhigende Anzeichen

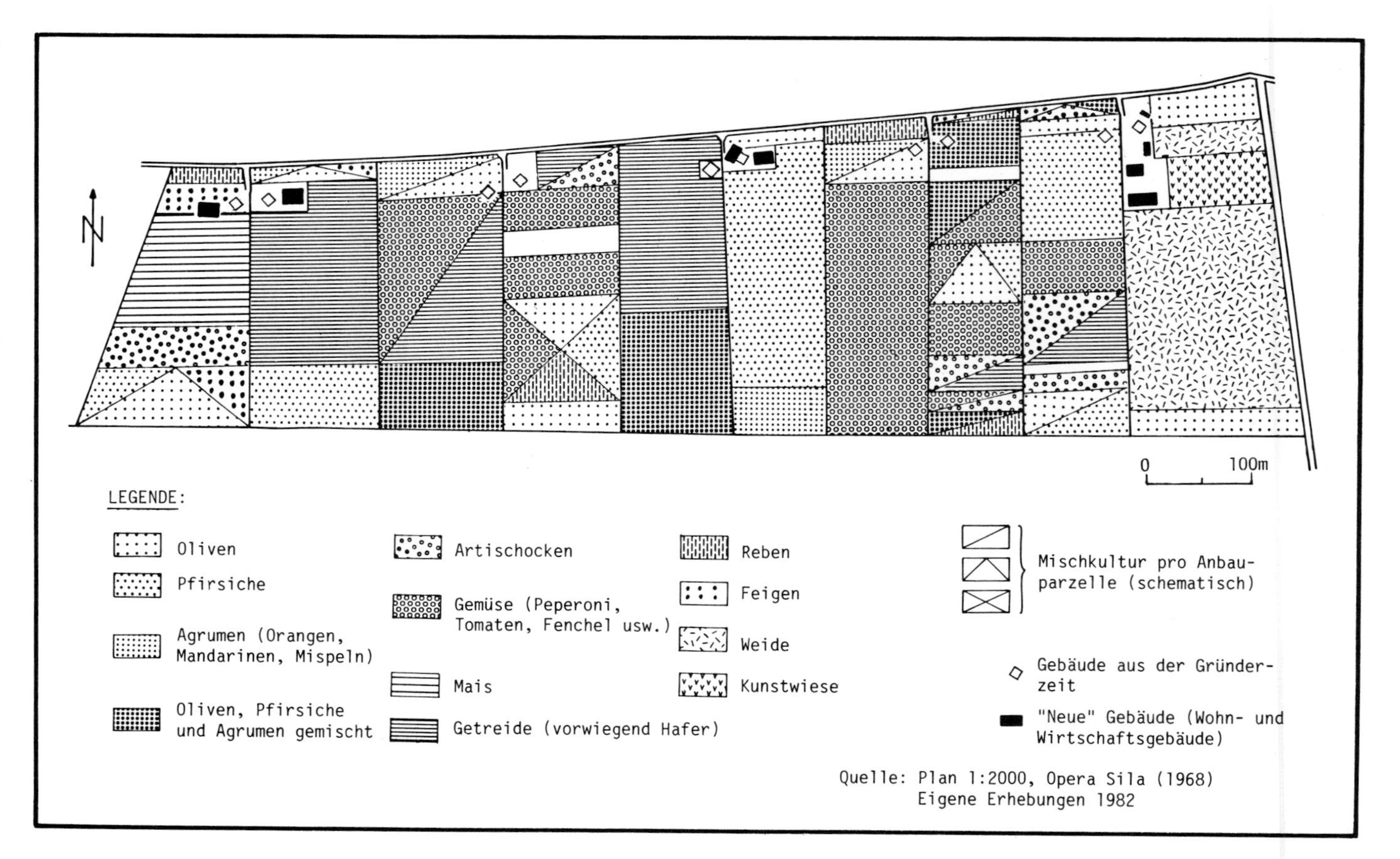

Abb. 5. Nutzungsaufnahme der Landreform - Siedlung „Zona Corsi“ (Teilgebiet, 10 Betriebe) in der Ebene von Sibari, 1982

zeigen jedoch, daß sich heute die wirtschaftlichen und sozialen Konfliktsituationen wieder verschärfen. So ist das Einkommen, das die Siedler trotz intensivem Anbau erwirtschaften können, äußerst gering, weil die Produktepreise nicht zuletzt durch das veraltete Vermarktungssystem, das die Produzenten an die Zwischenhändler bindet, tief gehalten werden. Ein möglicher Ausweg aus diesem Dilemma, die Bildung von Kooperativen – eines der Hauptziele der Landreform – ist in Kalabrien praktisch überall gescheitert, weil die Tradition der kooperativen Arbeit fehlt, bzw. das Vertrauen der Gemeinschaft von Einzelnen häufig mißbraucht wurde.

Neben diesen Problemen, die die Probleme eines großen Teils der kalabrischen Landwirtschaft sind, wird die Siedlung zur Zeit mit einem neuen Problem konfrontiert: Die Übernahme der Betriebe durch die Nachfolger-Generation. Das geschieht in der Regel folgendermaßen: Die neugegründete Familie beschafft den notwendigen Wohnraum dadurch, daß sie auf der elterlichen Parzelle ein weiteres modernes, mehrstöckiges Haus baut. Das Geld dazu wird in der Regel durch temporäre Emigration verdient. Es stellt sich nun die Frage nach den Konsequenzen dieser Entwicklung.

Ein Vergleich der Anbauparzellen mit Luftbildern aus dem Jahre 1955 und eigene Felderhebungen im Jahre 1982 zeigen, daß einerseits die Parzellenzahl pro Betrieb von durchschnittlich zwölf auf fünf Parzellen geschrumpft ist, auf der anderen Seite jedoch erhebliche Unterschiede zwischen den einzelnen Betrieben bezüglich Anbau und Parzellenstruktur bestehen (vgl. dazu Abb. 5).

Tendenziell lassen sich bei den Haushaltsgründungen und beim Hausbau der Kinder sowohl eine Umstellung auf arbeitsextensivere Produkte (beispielsweise Viehzucht, Getreide, Baumkulturen) als auch eine starke Reduktion der Zahl der Anbauparzellen feststellen. Dies deutet darauf hin, daß es nicht zu einer effektiven Realteilung des Landes unter die Kinder kommt, sondern daß die Kinder den Betrieb gemeinsam als Nebenerwerbsbetrieb und mit extensiverem Anbau weiterführen. Eine Führung der Betriebe im Nebenerwerb ist jedoch nur möglich, wenn auch genügend Arbeitsplätze in anderen Wirtschaftssektoren und in vernünftiger Pendlerdistanz vorhanden sind. Bevor wir dieser Frage nachgehen, sei noch festgehalten, daß so oder so die Landreform, deren Zielsetzung die Schaffung lebensfähiger Vollerwerbsbetriebe war, auch in der Ebene von Sibari in absehbarer Zeit Schiffbruch erleiden wird.

2. *Die Situation in der Landwirtschaft*

Im Jahre 1979 war die Landwirtschaft Kalabriens mit einem Beschäftigtenanteil von 29,6 % (Italien 13,9 %) nicht mehr der dominierende Wirtschaftszweig wie noch im Jahre 1951 mit 63,3 % Beschäftigten (Italien 42,2 %). Die Landwirtschaft beschäftigt jedoch in Kalabrien immer noch deutlich mehr Personen als die Industrie mit 26,4 % (Italien 36,9 %). Dabei hat sich in den letzten Jahren der Anteil der Beschäftigten noch „zugunsten“ des Agrarsektors verschoben!

Abbildung 6 zeigt die Veränderungen der Beschäftigtenzahl im primären Sektor zwischen 1970 und 1979. Es lassen sich zwei Trends der Entwicklung festhalten: eine starke Abnahme bis 1975, die danach mit der einsetzenden allgemeinen wirtschaftlichen Rezession wieder in eine Zunahme übergeht. Diese Phase der Zunahme der Beschäftigten in der Landwirtschaft geht ihrerseits einher mit einer Zunahme des Anteils selbständiger Bauern. Andererseits ist die Beschäftigtenzahl im Primärsektor negativ korreliert mit der Beschäftigtenzahl im sekundären Sektor.

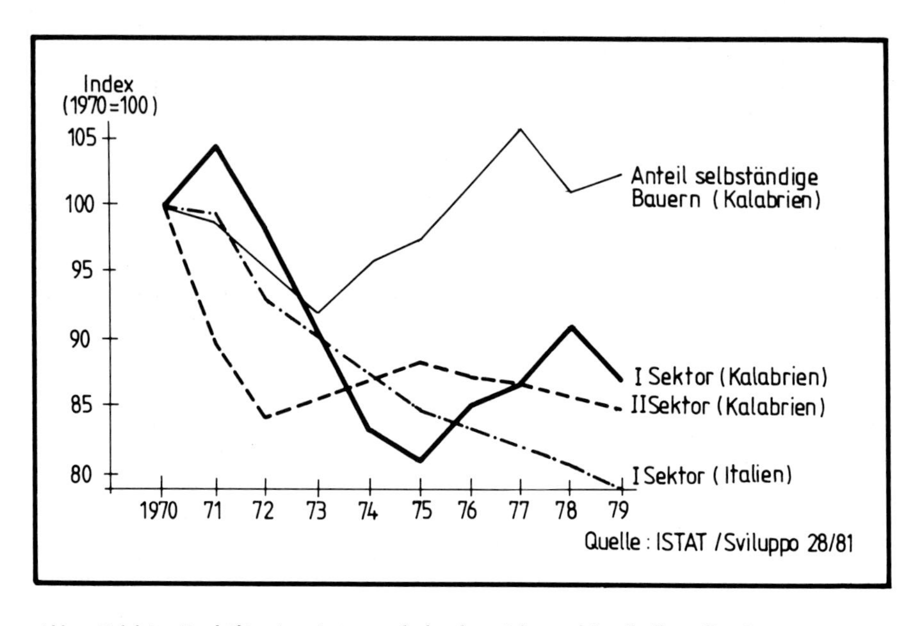

Abb. 6. Kalabrien. Beschäftigte im primären und sekundären Sektor und Anteil selbständiger Bauern 1970–1979

Die Schlußfolgerungen: Statt Arbeitskräfte abzugeben, ist die Landwirtschaft in neuerer Zeit dazu übergegangen, die überschüssigen Arbeitskräfte eines schrumpfenden Industriesektors aufzunehmen. Die generelle Tendenz geht also nicht in Richtung Nebenerwerbsbetriebe, sondern eher in Richtung Vollerwerbsbetriebe, wobei diese Betriebe nicht viel mehr als aufgewertete Familiengärten sind. Daß dem so ist, wird auch durch die regionale Betriebsstruktur dokumentiert. So macht zum Beispiel in der Provinz Reggio der Anteil der Betriebe unter einem Hektar Größe fast 60 % aus, ihr Flächenanteil jedoch nicht ganz 10 % (vgl. dazu Abb.7). Daß solche Betriebe weder eine Existenzgrundlage bieten, noch entwicklungsfähig sein können, liegt auf der Hand.

Während in Kalabrien die Klein- und Mittelbetriebe gezwungen sind, ihre Anbauflächen so intensiv wie möglich zu nutzen, können bei Großbetrieben (die Betriebe

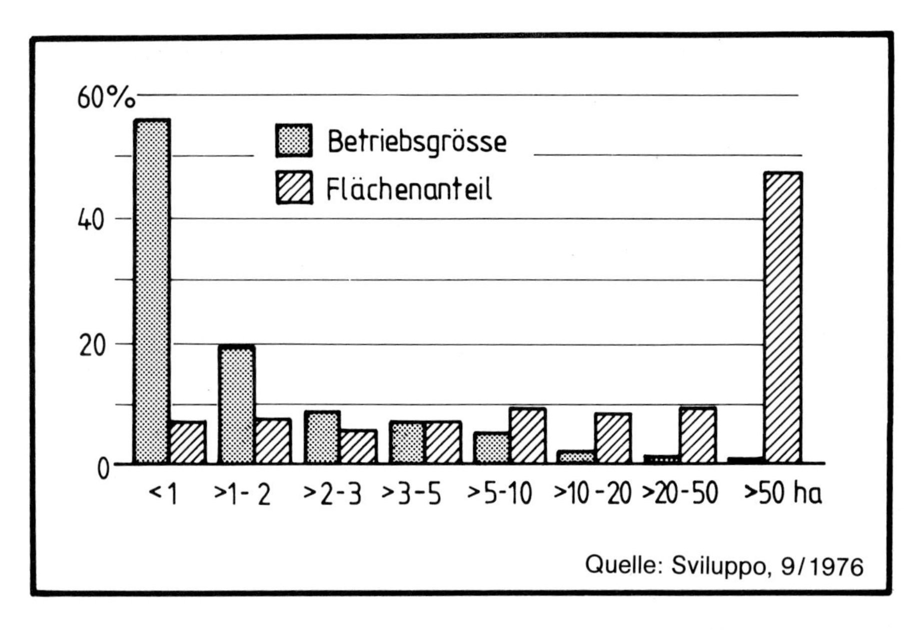

Abb. 7. Landwirtschaftliche Betriebsstruktur in der Provinz Reggio di Calabria, 1970

über 50 Hektar, d.h. 2% aller Betriebe, bearbeiten über 40% der Anbaufläche), zwei diametral entgegengesetzte Tendenzen beobachtet werden; wobei das „klassische" Verhalten der Großgrundbesitzer (um Lohnkosten zu sparen, extensivere Bewirtschaftung als es die natürlichen Grundlagen ermöglichen) in den Ebenen kaum noch beobachtet werden kann. Hingegen trifft man bei vielen Großbetrieben, sowohl in den Ebenen als auch im Gebirge, einen massiven Einsatz von Investitions- und Risikokapital an. Diese Tendenz zu rentablen Produktionsanpassungen wie Anbauumstellungen, Mechanisierung und Intensivierung durch Bewässerung wird auch von der gegenwärtigen EG-Landwirtschaftspolitik mit ihrem auf Großbetriebe zugeschnittenen Förderungsinstrumentarium vorangetrieben.

Eine starke Nutzungsintensivierung, wie sie vor allem in den naturräumlich bevorzugten Küstenebenen beobachtet wird, kann, wie das folgende Beispiel aus der Ebene von Sibari zeigt, auch problematisch sein, sind doch die Grenzen ökologischer Belastbarkeit rascher erreicht, als man denkt.

3. Ökologische Probleme durch Nutzungsintensivierung

Von den Niederschlägen her betrachtet gehört die Ebene von Sibari mit knapp einem halben Meter Niederschlag pro Jahr zu den trockensten Gebieten Kalabriens.In den Monaten Juni bis August ist intensive Landwirtschaft auf den aus-

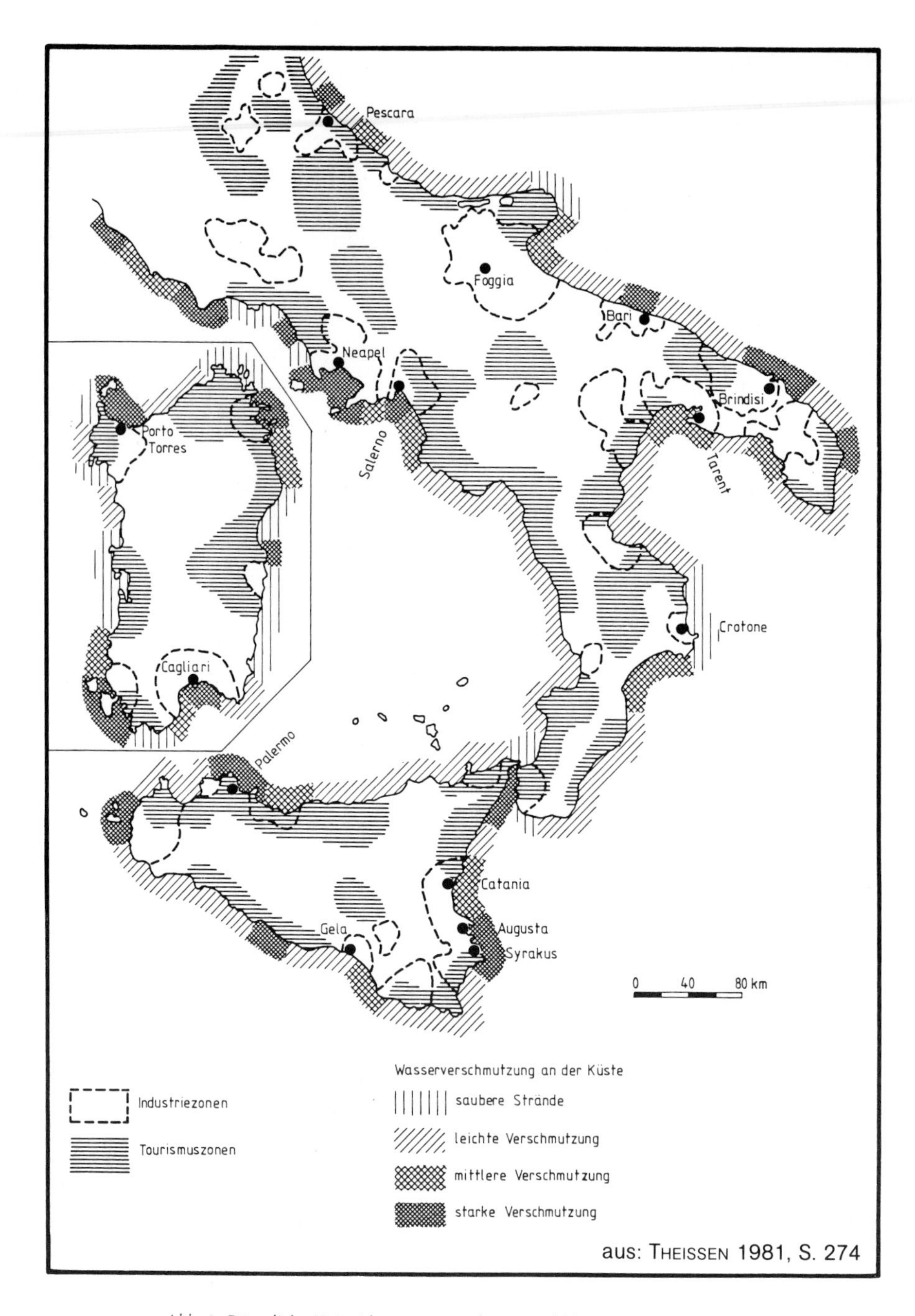

Abb. 8. Räumliche Koinzidenzen von Industrie und Tourismus im Mezzogiorno

gezeichneten Böden ohne Bewässerung unmöglich. Weil aber die Grundwassernutzung in den letzten Jahren drastisch erhöht wurde, findet neben einer kontinuierlichen Absenkung des Grundwasserspiegels auch eine zunehmende Versalzung von Grundwasser und Boden statt (AERNI / NAEGELI et al., 1982). Dieses Phänomen wird nicht nur durch den hohen Gehalt an gelösten Ionen im Grundwasser dokumentiert, sondern es manifestiert sich bereits in Schäden an den Kulturen.

Eine weitere Versalzung des Grundwassers hätte aber auch zur Folge, daß es nicht mehr als Trinkwasser genutzt werden kann. Es ist nämlich zu bemerken, daß nach schweizerischer Norm der Chloridgehalt des Grundwassers mit 145 bzw. 195 mg/l bereits kritisch ist. Auf dieses Grundwasser ist jedoch beispielsweise das „Centro Nautico dei Laghi di Sibari" angewiesen. Das Centro ist eine Touristiksiedlung, die nach französischem Muster von einem norditalienischen Konsortium an der Cratimündung erstellt wird und im Endausbau 1500 Appartements, ein Hotel und 2000 Bootsanlegeplätze umfasssen wird.

Mit diesem Beispiel sind wir zu einem der Hauptprobleme der Mezzogiornopolitik gelangt: Die räumliche Koinzidenz von agrarischen Gunsträumen sowie industriellen und touristischen Entwicklungsgebieten mit den daraus resultierenden Nutzungskonflikten, welche sich lähmend auf die Entwicklung auswirken müssen (vgl. dazu Abb. 8).

D. Industrieentwicklung am Beispiel von Gioia Tauro

1. Einleitung

Die räumliche Koinzidenz von Landwirtschaft, Industrie, Tourismus und Siedlung ist in Kalabrien neu. Die großen Ebenen im Küstenbereich (Sibari, S. Eufemia und Gioia Tauro-Rosarno), ja selbst die restlichen flachen Küstenstreifen waren bis weit in die zwanziger Jahre dieses Jahrhunderts frei von jeglicher menschlicher Nutzung. Eigentlich wäre diese Ausgangslage eine Chance gewesen, den Küstenbereich nach den Vorstellungen der Region zu entwickeln. Wie diese verpaßt wurde, soll an zwei Fallbeispielen aus den Bereichen Industrie und Siedlung gezeigt werden.

Die Idee, Kalabrien industriell zu entwickeln, stammt aus dem Ende der fünfziger Jahre. Politisch wurde die Idee von den italienischen Linksparteien getragen, die sich in dem von der DC (Democrazia Cristiana) beherrschten Süden eine Stärkung der sozialistischen Parteien versprachen. Zum besseren Verständnis des Industrieprojektes von Gioia Tauro sei zunächst mit einigen Stichworten auf die Struktur der bestehenden kalabrischen Industrie eingegangen (vgl. Tab. 2).

Tabelle 2:

Sekundärer Sektor (Industrie, Bergbau, Baugewerbe & Energiewirtschaft):

Einige Strukturdaten

	1961	1961-71	1971-79
Beschäftigung:	72'000	-30 %	-16%

	1961	1971
Durchschnittliche Betriebsgrösse:	3,3 Pers.	2,7 Pers.

Branchenstruktur innerhalb des sekundären Sektors

	Bergbau	Industrie	Baugew.	Energiegew.	**TOTAL**
Beschäftigte in % Anteile 1971	1	70	27	2	100
BSP in % (1971), nur Betriebe mit mehr als 20 Beschäftigten	it 2 kal 2	it 80 kal 34	it 10 kal 34	it 9 kal 30	100 100
BSP in %, Veränderungstendenz 1971–78	→	↗	↘	→	-
BSP in %, Anteile 1978	1	40	28	31	100
Beziehung zwischen regionalem BSP und Einwohnerzahl (1969); Italien = 100 %	19	7	62	51	17

Quelle: ISTAT

- Während die Beschäftigtenzahl in Italien im Zeitraum zwischen 1961 und 1971 noch um 16 % zunimmt, vermindert sich die Zahl der Beschäftigten in Kalabrien (Abwanderung der im erwerbsfähigen Alter stehenden Jahrgänge, Überalterung).
- Die durchschnittliche Betriebsgröße nimmt ebenfalls ab. 97 % der Betriebe sind Kleinstbetriebe, die sich kaum von einem Handwerksbetrieb unterscheiden. Es gibt in Kalabrien nur drei Betriebe mit mehr als 500 Beschäftigten, aber keinen einzigen mit über 1000 Arbeitsplätzen. Wenn wir zudem die geographische Lage der Industriebetriebe betrachten, so können wir feststellen, daß alle drei Großbetriebe im Küstenbereich (Kroton und Reggio di Calabria) liegen; die Mittelbetriebe, meist Vertreter der Agroindustrie, befinden sich in Küstenebenen, und die Kleinbetriebe konzentrieren sich auf die Bevölkerungsschwerpunkte.
- Die vier oben genannten Wirtschaftssektoren entwickelten sich in den siebziger Jahren in Italien insgesamt gesehen stärker als in Kalabrien, was zu einer weiteren Erhöhung des Wohlstandsgefälles zwischen Nord und Süd geführt hat.

- Der leichte Aufschwung innerhalb der Industrie im engeren Sinne zu Beginn der siebziger Jahre ist in sich zusammengebrochen. Die Produktivität ist außerordentlich gering.

2. *Der Fall Gioia Tauro*

Die Ebene von Gioia Tauro liegt ungefähr 50 km NNE von Reggio di Calabria in der gleichnamigen Provinz und war bis Mitte der siebziger Jahre eines der wichtigsten Anbaugebiete für Agrumen und Oliven in Kalabrien. Pläne für das fünfte Stahlzentrum Italiens gehen auf das Ende der sechziger Jahre zurück und waren eine Folge der steigenden Stahlimporte. Diese stiegen von 500000 t im Jahre 1966 auf 3,8 Mio. t im Jahre 1970. Die gesetzliche Grundlage für die Planung bildete die „Legge Speciale". Die Planung selbst war bezüglich der Finanzierung in zwei voneinander unabhängige Teilbereiche gegliedert, nämlich in die Industrieprojekte (insbesondere das Stahlzentrum und in die Infrastrukturanlagen (insbesondere die Hafenanlage).

Die Standortwahl war ganz klar eine politische Entscheidung nach dem Gießkannenprinzip: Cantazaro wurde zur Regionshauptstadt ernannt, die Provinz Cosenza erhielt die Universität und die Provinz Reggio di Calabria das Stahlzentrum. Die einzige räumliche Bedingung, die an das Projekt geknüpft wurde, war die Lage in einer Ebene im Küstenbereich (zum Abtransport der Erze und der Kohle per Schiff).

Die geographischen und wirtschaftlichen Standortfaktoren für eine ausgedehnte industrielle Entwicklung in der Ebene von Gioia Tauro sind aber ungünstig:

- Es besteht die Konkurrenz mit einer intensiven Landwirtschaft. Somit erfolgt ein Verlust an landwirtschaftlicher Fläche ausgerechnet in einem Gebiet, das mit 200 Olivenbäumen pro Hektar zu einer der agrarisch am intensivsten genutzen Zonen in ganz Kalabrien gehört.
- Außerdem ergibt sich eine Behinderung einer möglichen Entwicklung des touristischen Sektors.
- Zudem fehlt das notwendige Brauch- und Trinkwasser, nicht zuletzt auch für eine urbane Entwicklung.

Das ursprüngliche Projekt stammt aus dem Jahre 1971 und sah auf einem Areal von 4,8 km^2 ein integriertes Stahlwerk (von der Kokerei bis zur Stahlbereitung) mit einem Jahresausstoß an Stahl von 4,5 Mio. t und einem Arbeitsplatzangebot von 7500 Stellen vor. In den nachfolgenden Jahren wurde das Projekt mehrmals modifiziert und reduziert, bis 1977 nur noch ein Kaltverarbeitungswerk mit 500 Arbeitsplätzen übrigblieb. Schließlich wurde 1979 aufgrund der veränderten, d.h. angespannten Situation auf dem europäischen Stahlmarkt das Projekt eines fünften Stahlzentrums in Italien endgültig fallen gelassen.

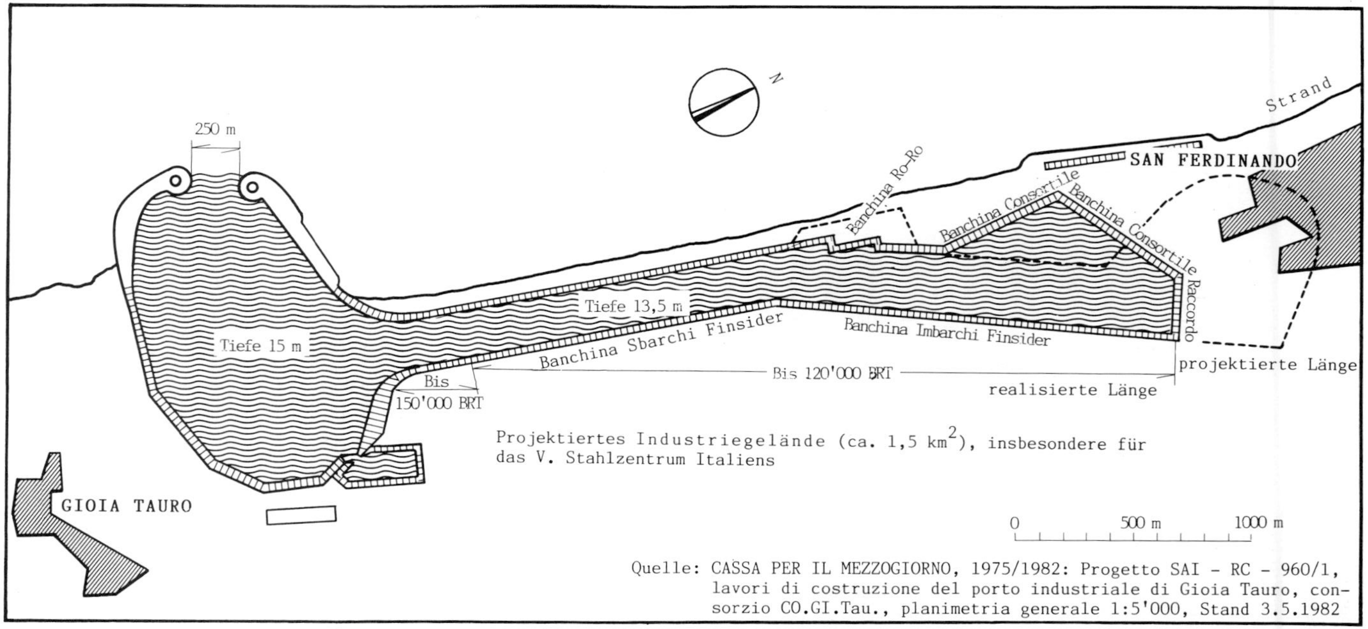

Quelle: CASSA PER IL MEZZOGIORNO, 1975/1982: Progetto SAI - RC - 960/1, lavori di costruzione del porto industriale di Gioia Tauro, consorzio CO.GI.Tau., planimetria generale 1:5'000, Stand 3.5.1982

Abb. 9. Der Hafen von Gioia Tauro (Grundriß-Skizze)

Demgegenüber wurde der Hafen, wenn auch in reduzierter Größe und mit geringerer Beckentiefe, gebaut (Abb. 9). Die finanziellen Mittel stellte die „CASMEZ", gestützt auf das „Progetto Speciale" No. 22 von 1974, zur Verfügung. Da man bei der Planung in erster Linie nur die technische Machbarkeit berücksichtigte, muß man heute mit einer Kostenüberschreitung von 100% rechnen. Schwierigkeiten gab es vor allem bei der Landumlegung und bei der Evakuierung des Dorfes Eranova, dessen Bewohner den Nutzen des Projektes bezweifelten.

Fazit: Die vorangehend geschilderten Ereignisse führten zu der Errichtung von großangelegten Infrastrukturanlagen, die bis heute und wohl auch in Zukunft nicht ausgelastet werden. Was bleibt, sind die Kosten von 120 Mrd. Lire (die Kostenüberschreitung nicht gerechnet), 600 Hektar gerodete Fläche (deren Wiederaufforstung zur Zeit in Angriff genommen wird), die Hypothek einer erschwerten Tourismusentwicklung sowie der zu einem Teil irreversible Verlust von 2000 Arbeitsplätzen in der Landwirtschaft. Nebenbei sei noch bemerkt, daß der Bau des Hafens nur ca. 600 Arbeiter benötigt hat und dies nur relativ kurzfristig. Die Lage auf dem kalabrischen Arbeitsmarkt ist angespannt: Zwischen 1970 und 1977 verlor Kalabrien alleine 27000 Arbeitsplätze im Bereich der Landwirtschaft und 25000 Arbeitsplätze im Bereich des Baugewerbes.

Es ist natürlich aus unserer ausländischen Sicht einfach, die Vorgänge in Gioia Tauro zu werten; die politische, gesellschaftliche und wirtschaftliche Realität ist sehr komplex. Doch eines kann gesagt werden: Die industrielle Entwicklung des Südens kann sich nicht nur an ökonomischen Kriterien orientieren, da sie regionalen, gesellschaftlichen und politischen Sachzwängen unterliegt. Somit wird auch klar, daß der italienische Zentralismus zwar „de jure" große Planungen auslösen, sie aber in Kalabrien nicht durchsetzen kann.

E. Siedlung und Siedlungsentwicklung als sozioökonomisches Abbild

Idyllisch wie im Ferienprospekt blickt uns der mittelalterliche Ort Badolato Superiore entgegen (Abb. 10). Doch der Schein trügt: Viele alte kalabrische Siedlungen sind vom Verfall bedroht. Dies deshalb, weil die Standortfaktoren der historisch gewachsenen Siedlungen nicht mit den Standortfaktoren der modernen Siedlungen übereinstimmen (Abb. 11). Nur die Griechen bauten im 6. Jahrhundert vor Christus ihre Siedlungen direkt ans Meer, danach entstanden die Siedlungen bis zu Beginn des 20. Jahrhunderts im Landesinnern. Im wesentlichen können für die Verlagerung der Siedlungsschwerpunkte ins Hinterland zwei Gründe aufgeführt werden:

1. Wie die Grabungen in Metapont (Basilicata) zeigen, kämpften bereits die Griechen gegen einen zu hohen Grundwasserspiegel. Die Hebung des Grundwasserspiegels wurde durch eine verstärkte Geschiebeakkumulation im Küstenbereich hervorgerufen, die ihrerseits auf eine Destabilisierung des Wasserhaushaltes durch Abholzen

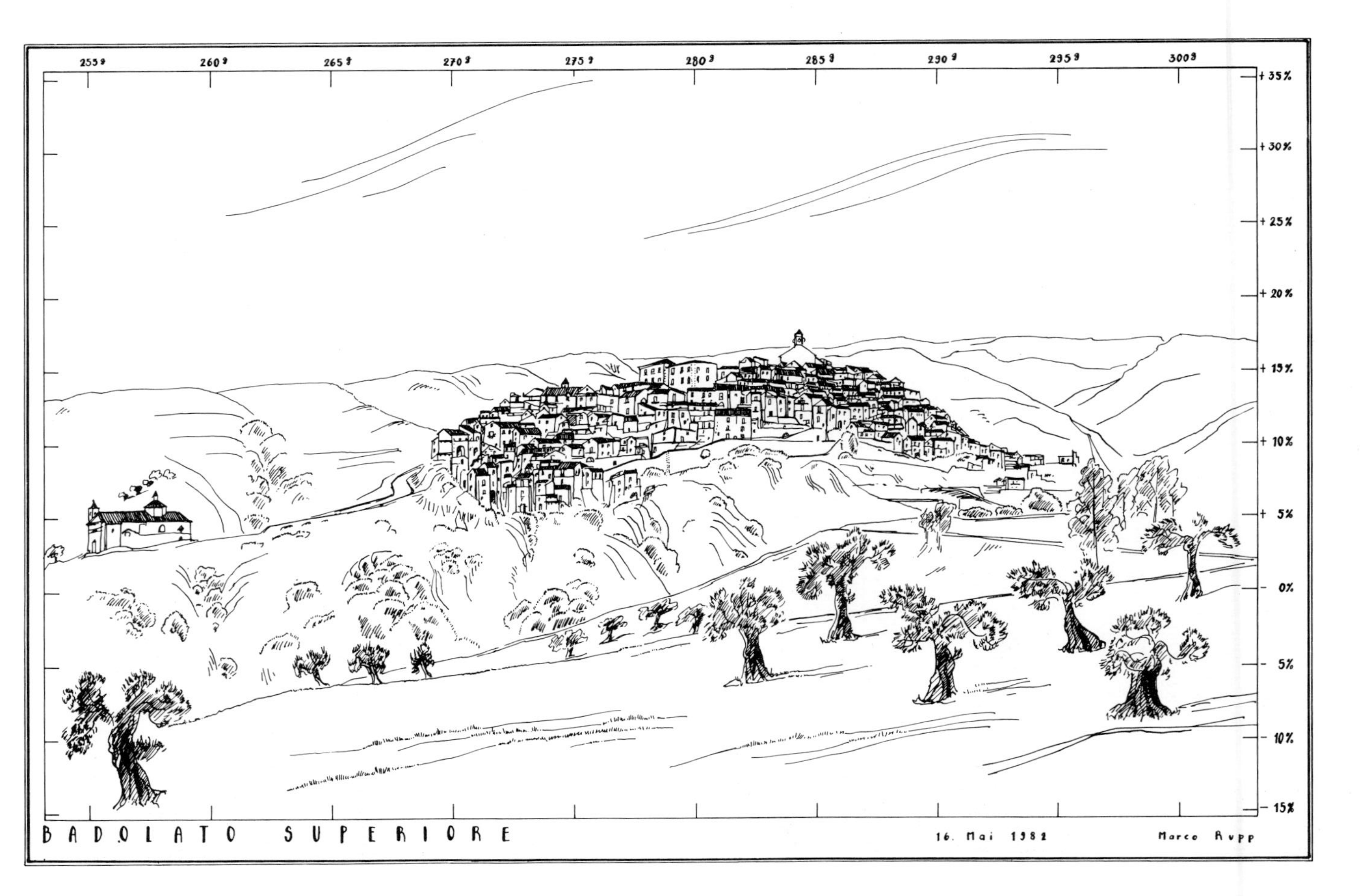

Abb. 10. Badolato Superiore (Ansichts-Skizze)

der küstennahen Wälder zurückging. Noch zur Zeit Mussolinis galten die Küstengebiete als malariaverseucht und auch heute bieten die „torrenti“ immer noch Probleme.

2. Im Mittelalter bot die Hügellage zudem Schutz gegenüber plündernden Seefahrern.

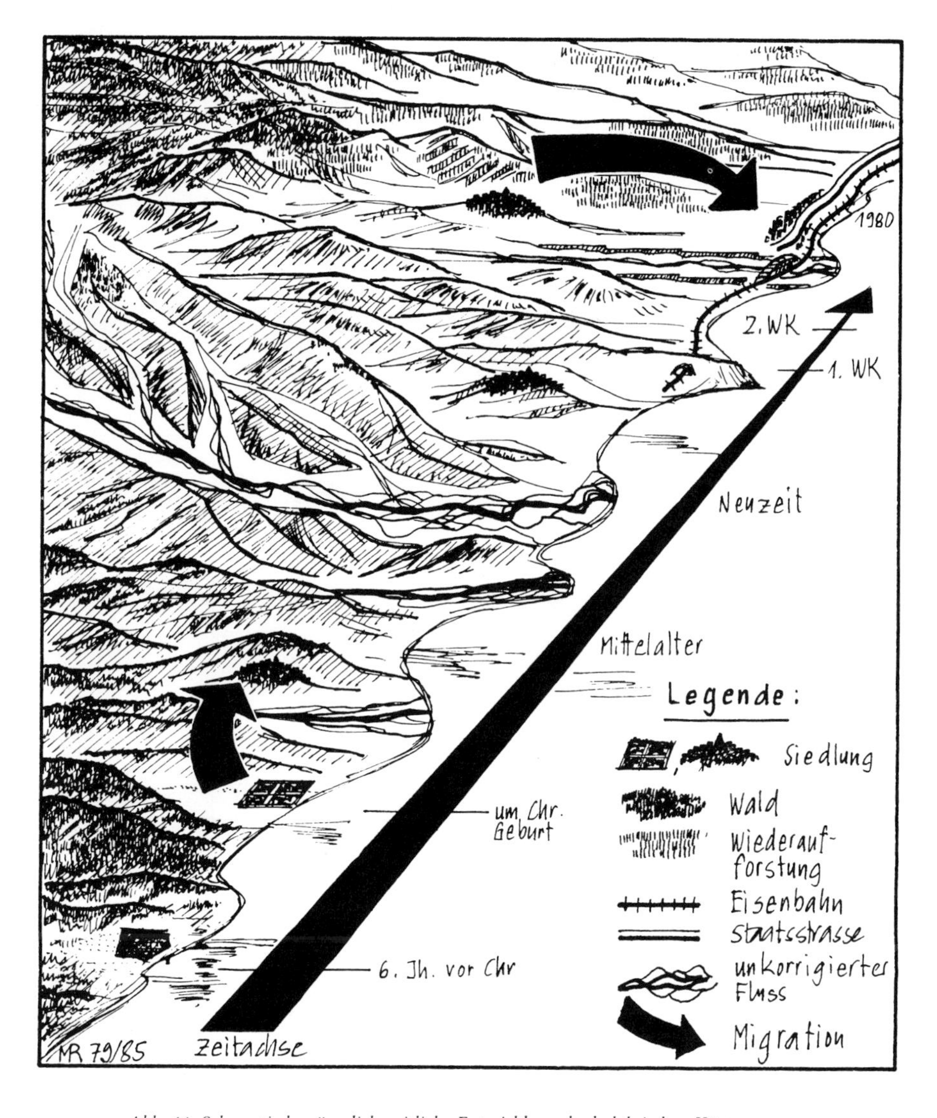

Abb. 11. Schematische räumlich-zeitliche Entwicklung des kalabrischen Küstenraumes

Wenn wir die heutige Siedlungsverteilung betrachten, so fallen folgende Punkte auf (Abb. 12):

- Die vier größten Städte sind die drei Provinzhauptstädte Reggio di Calabria (griechischen Ursprungs), Catanzaro (heute Verwaltungszentrum der Region) und Cosenza (Zentrum des Cratitals und bereits in römischer Zeit Verkehrsknotenpunkt) und dazu noch Kroton (ebenfalls griechischen Ursprungs), die einzige Stadt in Kalabrien, die den Namen Industriestadt verdient.
- Die mittelalterlichen Zentren oder Plangründungen des 18. Jahrhunderts wie z.B. Nicastro oder Cittanova.
- Schließlich die aufkommenden Klein- bis Mittelzentren entlang der Küste, meist mit einer Muttersiedlung im Hinterland.

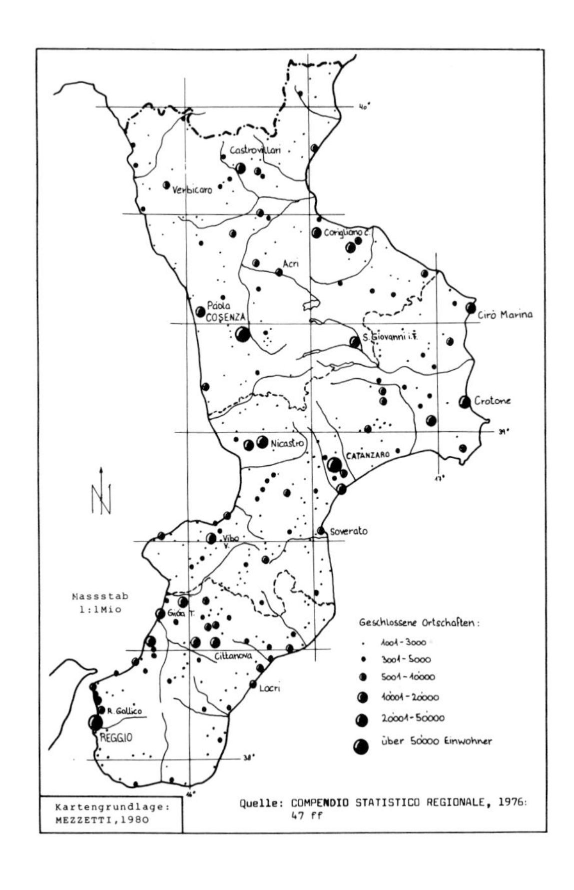

Abb. 12. Die Siedlungsgrößen in Kalabrien 1971

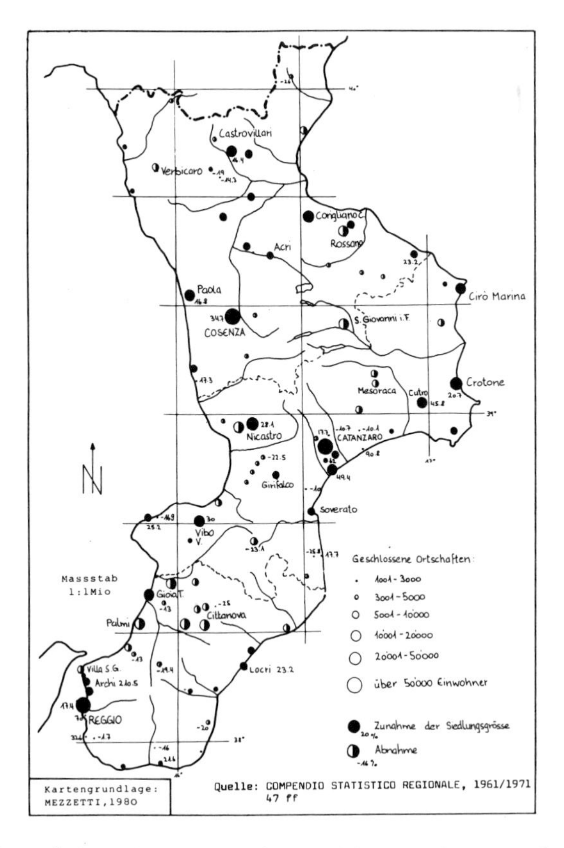

Abb. 13. Änderung der Siedlungsgrößen in Kalabrien zwischen 1961 und 1971

Demgegenüber zeigt die Siedlungsveränderung zwischen 1961 und 1971 klar zwei Trends der Bevölkerungsverschiebung (Abb. 13):

- Der Trend in die Provinzhauptstädte als Verwaltungs- und Handelszentren oder allgemein der Trend in die großen Siedlungen.
- Der Trend an die Küste, der zwar ebenso wichtig ist, aus zwei Gründen jedoch nicht so stark auffällt: Erstens wandert die Bevölkerung nicht nur in die wenigen größeren Zentren an der Küste, sondern zu einem großen Teil in die vielen kleinen Küstensiedlungen; zweitens umfassen viele Gemeinden ein Gebiet von der Küste bis weit ins Landesinnere, so daß ein Teil der Migration innerhalb der Gemeinde stattfindet und so statistisch nicht erfaßt wird.

Ein solches Beispiel ist die Gemeinde Badolato an der Ostküste Kalabriens, die bereits 1970 von Prof. Rolf Monheim (MONHEIM 1977) kartiert wurde. 1979 und 1982 wurde diese Gemeinde von unserem Institut erneut kartiert, so daß sich nun die neueste Entwicklung darstellen läßt. Wie viele Gemeinden an der Küste

Kalabriens weist auch Badolato zwei Siedlungskerne auf: Der alte, ursprünglich im Landesinnern gelegene Ort (Abb. 10) und die junge Marina an der Küste. Badolato Superiore, also die alte Muttersiedlung, hat neben einem starken Bevölkerungsverlust einen verhältnismäßig noch stärkeren Verlust an zentralen Diensten aufzuweisen, die sich nunmehr nur noch auf die Hauptachse konzentrieren. Demgegenüber ist in der Marina eine starke Zunahme der zentralen Dienste festzustellen, welche die Verluste der Höhensiedlung sogar etwas mehr als kompensiert. Vergleicht man allerdings die Kartierung von 1979 mit der Kartierung von 1982, so stellt man fest, daß in dieser relativ kurzen Zeitspanne sowohl in der Höhensiedlung als auch in der Marina starke Verluste an zentralen Diensten eingetreten sind. Dies beruht auf folgendem Grund: Viele Emigranten sind zu Beginn beziehungsweise Mitte der siebziger Jahre im Zuge der Rezession aus den mitteleuropäischen Ländern und Norditalien zurückgekehrt. Sie eröffneten damals mit dem gesparten Kapital einen Handwerks- oder kleinen Dienstleistungsbetrieb. Dieser Vorgang wurde 1979 kartiert. Es hat sich jedoch gezeigt, daß die Nachfrage nach Gütern und Dienstleistungen zu gering gewesen ist, so daß viele Einrichtungen wieder verschwunden sind. In diesem Sinne möchten wir die Meinung von Prof. Monheim teilen, daß die Marina-Siedlungen nur relative Aktivräume sind; relativiert sowohl durch die hohen Mengen an zurückfließenden Emigrantengeldern als auch durch ein räumlich beschränktes Hinterland, das nur die Muttersiedlung umfaßt.

Auch der Tourismus wird an dieser Situation nichts ändern, denn der italienische Norden ist nicht nur industriell, sondern auch touristisch stärker entwickelt. Kalabrien ist nicht für den Massentourismus eingerichtet, dafür fehlen (trotz staatlicher Tourismusförderung) organisatorisches „Know-How" und die für den Massentourismus nötige Infrastruktur. Das Preisniveau ist demgegenüber mit dem norditalienischen vergleichbar. Die Folge ist, daß sich die kalabrischen Strände nur im August füllen, wenn das norditalienische Faß voll ist und überschwappt. Im Gegensatz zu Sizilien hat Kalabrien auch nicht das Image eines Ferienlandes, darüber vermögen auch die vielen Ferienhäuser entlang der Küste Kalabriens nicht hinwegzutäuschen, bei denen es sich zu einem großen Teil um Zweitwohnungen von Einheimischen handelt und die als Kapitalanlage gedacht sind.

F. Schlußbemerkungen

Die Geschichte Kalabriens spielt sich seit der römischen Zeit im wesentlichen im Landesinnern ab. Eine Ausnahme bildete Reggio di Calabria als Brückenkopf zu Sizilien. Erst in den letzten 50 Jahren hat sich mit den Entsumpfungsmaßnahmen die Standortgunst der Küstenbereiche verbessert. Dies führte zu einem starken Druck (Bevölkerung, Landwirtschaft, Industrieansiedlungen, Touristikanlagen) auf die neuen Gunsträume, bei einer gleichzeitigen Entleerung und wirtschaftlichen Schwächung des Hinterlandes. Die Konzentration so vieler Nutzungen auf den Küstenbereich bei einer gleichzeitig fehlenden Raumordnungspolitik führte zu einer unkoordinierten Entwicklung, bei der sich die Nutzungskonflikte lähmend auf die Entwicklung der Region auswirkten.

Die Ergebnisse einer Entwicklungpolitik, die lange Zeit auf dem Gießkannenprinzip beruhte, das heißt ohne Rücksicht auf die regionalen Ressourcen und ohne Ausscheidung von sektoralen Vorrangflächen, sind ernüchternd und zeigen, daß Entwicklungspolitik ohne raumordnungspolitische Zielsetzungen kaum Ergebnisse liefert.

Die fehlenden raumordnungspolitischen Zielsetzungen (in der Kompetenz der Region) weisen auf verschiedene gesellschaftliche Probleme Kalabriens hin. Seit der Inbesitznahme Süditaliens durch die Griechen um 700 vor Christus bis zur Einigung Italiens um 1860 befand sich Kalabrien stets in gesellschaftlicher und politischer Abhängigkeit. Der Schritt von der gesellschaftlich, wirtschaftlich und politisch abhängigen zur selbstbewußten und eigenständigen Region fand aber auch nach der Einigung Italiens nicht statt – zu stark war die Dominanz des Nordens. Aus dieser Sicht verwundert es nicht, daß auf der einen Seite die raumordnungspolitischen Ziele von der Region nicht gesetzt bzw. gegenüber nationalen Interessen nicht durchgesetzt werden können und auf der anderen Seite die übergeordnete staatlich zentralistische Entwicklungspolitik mangels gesellschaftlichem Konsens nicht akzeptiert wird.

Es bleibt die Hoffnung, daß Italien sich der oben geschilderten Problematik bewußt ist: Die „CASMEZ" ist 1984 aufgelöst worden, an ihre Stelle sollen andere, feingliedrigere Instrumente treten. Die Regionen sollen zudem mehr Kompetenzen im Bereich der Entwicklungspolitik erhalten, was eine verstärkte Koordination mit der Raumordnungspolitik und so eine harmonischere Entwicklung ermöglichen würde.

Literatur

Aerni, K., R. Naegeli, M. Rupp und F. Turolla: Kalabrien, Randregion Europas, Bern 1982.

ISTAT (Istituto Centrale di Statistica), Hrsg.: Verschiedene Statistiken, Roma 1961 ff.

Monheim, R.: Marina-Siedlungen in Kalabrien, Beispiele für Aktivräume? In: Düsseldorfer Geographische Schriften 1977, Heft 7, S. 21–37.

Ronzani, S., Santantonio: The Role of Intermediate Government Institutions in the Balanced Development Policy of Italy, Roma 1981.

Sviluppo: Rivista di studi e ricerche della Cassa di Risparmi di Calabria e Lucania, Cosenza 1975 ff.

Svimez (Sviluppo Mezzogiorno), Hrsg.: Verschiedene Statistiken, Roma 1975 ff.

Theissen, U.: Der Mezzogiorno – Italiens unterentwickelter Süden. In: Geographie im Unterricht, H. 6/81, S. 268–278.

Unione delle Camere di Commercio Industria Artigianato e Agricoltura (Hrsg.): Compendio statistico regionale, Catanzaro 1976.

Herbert Popp und Franz Tichy (Hrsg.): Möglichkeiten, Grenzen und Schäden der Entwicklung in den Küstenräumen des Mittelmeergebietes. Ein Überblick anhand von Beispielen aus zehn Anrainerstaaten. Erlangen 1985 (= Erlanger Geographische Arbeiten, Sonderbände, Band 17).

Der Litoralisierungsprozeß in Jugoslawien

Vollzug, Auswirkungen, Probleme

von

HERBERT BÜSCHENFELD (Münster/Westf.)

Mit 11 Kartenskizzen und 6 Fotos

A. Ausgangssituation

Jugoslawien hatte sich bis in die Nachkriegszeit vor allem als „pannonisches" Land begriffen und den Blick kaum auf seinen durch das Dinarische Gebirge isolierten Küstensaum gerichtet. Der langgestreckte, ausgesprochen schmale, intern fragmentierte, verkarstete, nur gelegentlich durch eingeschaltete Flyschzonen begünstigte, dünn besiedelte Küstenstreifen fristete bis dahin mehr schlecht als recht ein in sich ruhendes Eigendasein. Zumal er auch verkehrsmäßig kaum mit dem Binnenland verbunden war (vgl. Abb. 1), blieb er auf seine traditionellen Wirtschaftsgrundlagen angewiesen: auf Fischfang und Landwirtschaft.

Die Kulturlandschaft strukturierten zwei Siedlungsreihen: Fischersiedlungen direkt am Meer, angelehnt an Miniaturhäfen, und Bauernsiedlungen am oberen Rand der terrassierten Hangschleppe des mauerartig aufsteigenden Dinarischen Gebirges (vgl. Abb. 2), orientiert an einem Quellhorizont an der Kalk/Flysch-Grenze. Mischkulturen dalmatinischen Typs kennzeichneten das Nutzungsgefüge. Komplettiert wurde das Siedlungsraster durch eine Anzahl alturbaner Küstenstädte geringer Ausstrahlungskraft, die u.a. den kösteninternen Längsverkehr auf dem Wasserweg abwickelten, da keine durchgehende Straße mit fester Decke existierte; allenfalls gab es abschnittsweise Verbindungen mit Hartbelag. In Anbetracht der begrenzten Tragfähigkeit hatte am Vorabend des Ersten Weltkrieges eine bis nach dem Zweiten Weltkrieg anhaltende Bevölkerungsemigration nach Übersee, und zwar insbesondere nach Nord- und Südamerika sowie Australien, eingesetzt. Demgemäß stellte sich der adriatische Küstensaum noch Anfang der fünfziger Jahre als ausgesprochener Passivraum dar, der innerhalb Jugoslawiens wenig Beachtung fand und eher als rückständig galt.

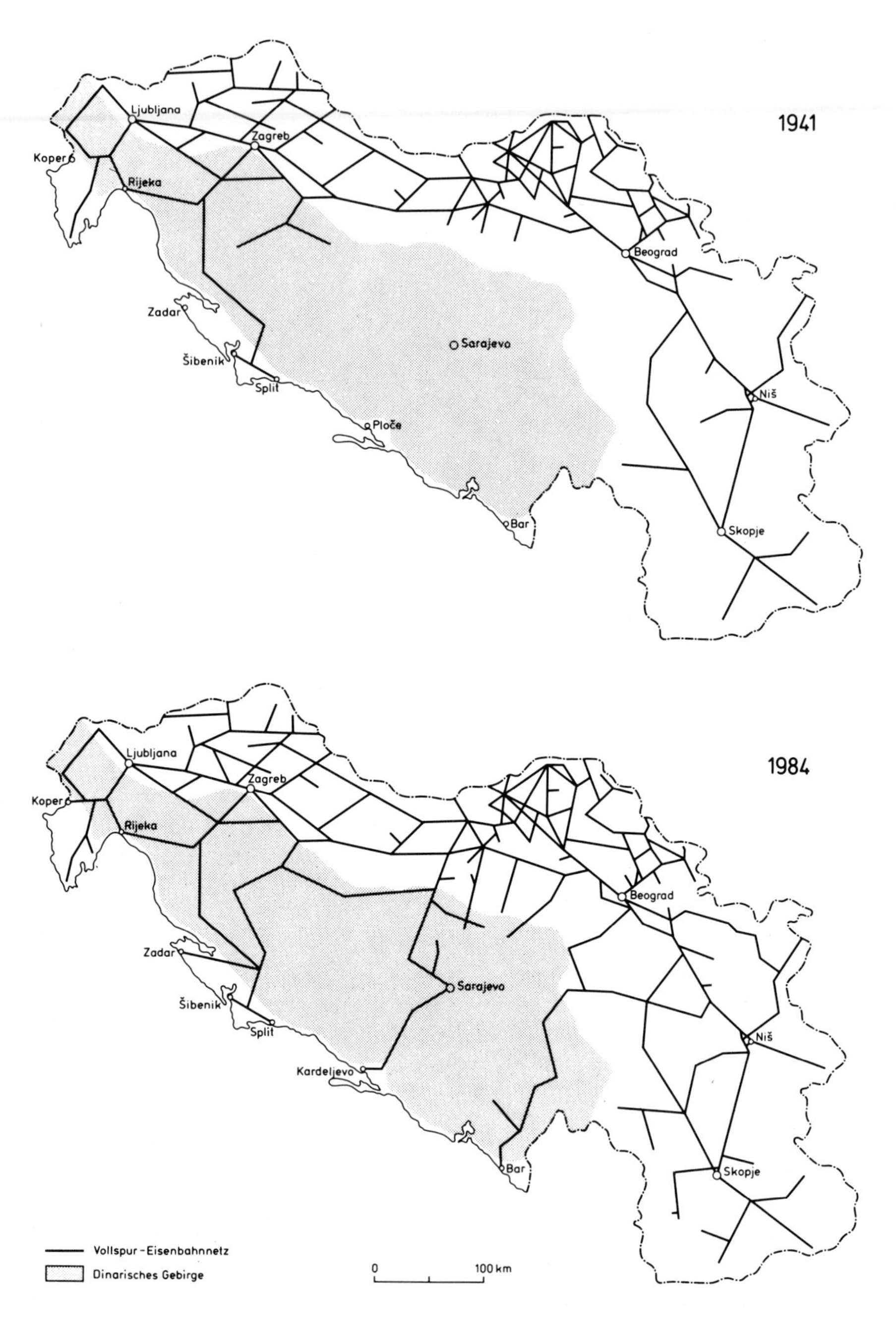

Abb. 1. Eisenbahnnetz Jugoslawiens (nach MÄRZ 1953; Statistički bilten 1360, 1983)

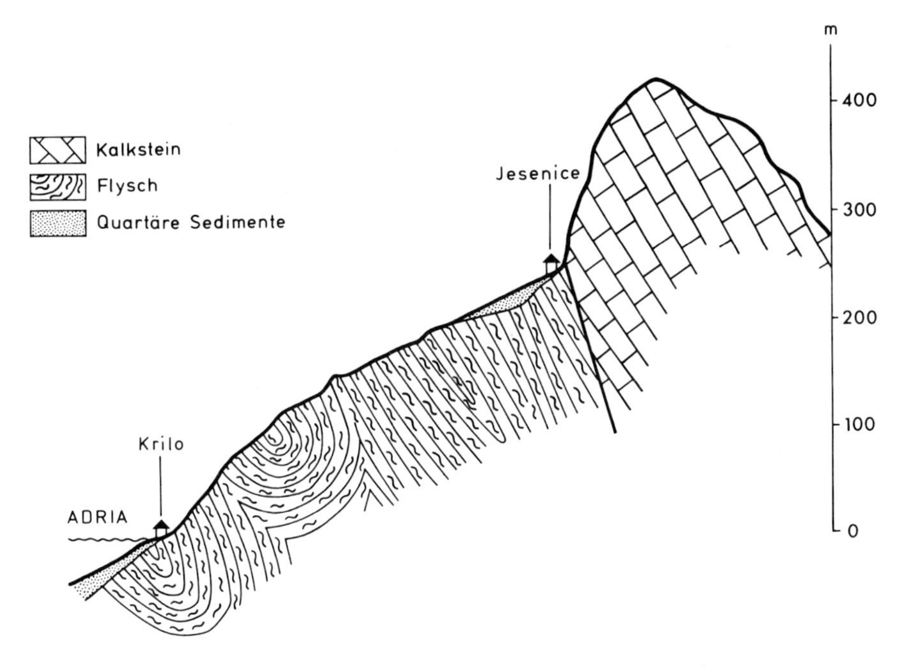

Abb. 2. Profil durch den Küstensaum bei Omiš (nach BAUČIĆ/BIEGAJLO/CRKVENČIĆ 1967; verändert)

B. Litoralisierungsprozeß

In bemerkenswert kurzer Zeit sollte dieser Zustand einen fundamentalen Wandel erfahren, denn während der fünfziger Jahre „entdeckt" Jugoslawien gleichsam die Potentiale seines maritimen Saums; es verändert sich die Einstellung zum Küstenstreifen, eine Art „Küstenperspektive" tut sich auf. Sie löst einen – wie es die jugoslawischen Geographen auszudrücken pflegen – „Litoralisierungsprozeß" aus, der zu einer Aufwertung und weitgehenden Umgestaltung des Küstensaums führt, wie sie sich in ähnlich umfassender und vor allem auch tiefgreifender Weise sonst nirgendwo in Jugoslawien vollzogen hat, trotz landesweiter einschneidender Veränderungen im Zeichen eines Sozialismus eigener Prägung. Träger des Aufschwungs sind zum einen Industrie und Häfen, zum anderen – und vor allem – der Fremdenverkehr.

Eingeleitet wird der Wertwandel durch Industrieansiedlung. Diese ist allerdings zunächst noch keineswegs Ausdruck bewußter Küstenausrichtung, sondern eingebunden in einen landesweiten Industrialisierungsprozeß. Wie alle sozialistischen Staaten, so initiierte auch die neukonstituierte Volksrepublik Jugoslawien, wie sie damals noch hieß, ein ehrgeiziges Industrialisierungsprogramm unter vorrangiger Berücksichtigung rückständiger Landesteile. Im Rahmen dieser Strategie findet u.a. auch der Küstensaum Berücksichtigung.

Teils unabhägig davon, teils verknüpft damit erfolgt der Ausbau von Häfen, der in starkem Maße durch das Eigeninteresse der einzelnen jugoslawischen Teilrepubliken bestimmt ist. Deren Egoismus führt zu einem wahrhaft anspruchsvollen Hafenprogramm; denn obwohl Jugoslawien aus der Vorkriegszeit sechs etablierte, wenn auch keineswegs zeitgemäßen Ansprüchen genügende Häfen zur Verfügung hat, wird der Bau von drei neuen Seehäfen betrieben. Die Tatsache nämlich, daß der überkommene Bestand ausschließlich auf kroatischem Territorium liegt, veranlaßt Slowenien, Bosnien-Herzegowina und Montenegro im Verein mit Serbien, nach eigenen „Toren zur Welt" (Koper, Ploče = Kardeljevo, Bar) zu streben. Alle neuen Hafenplätze sind mithin „politische Häfen". Überdies wird keineswegs eine Arbeitsteilung angestrebt, es erfolgen im Gegenteil Duplizierungen teurer Spezialanlagen, die meist in keinem Verhältnis zu den anfallenden oder abzusehenden Aufgaben stehen. Die Entwicklung der Umschlagzahlen spricht denn auch eine deutliche Sprache (vgl. Abb. 3): Obwohl sich die bewegte Gütermenge gegenüber der Vorkriegszeit auf das 15-fache erhöht hat, zeichnet sich in den meisten Häfen eine nur mäßige Steigerung, wenn nicht gar Stagnation ab. Dem steht die fortschreitende Konzentration auf einen einzigen Hafen, Rijeka, gegenüber, das sich anschickt, Solitärrang einzunehmen. Es schlägt mehr als die gleiche Gütermenge um wie sämtliche anderen jugoslawischen Häfen zusammengenommen. Sofern andere Häfen daneben noch ein Mittelmaß behaupten können, beruht dieses auf der Übernahme spezieller oder regional gebundener Funktionen.

Wie diejenigen der Industrie, so wirken sich auch die von den Hafenplätzen ausgehenden Impulse stets nur auf eng begrenzte Küstenabschnitte aus. Sie zeitigen lediglich eine zellenartige Aktivierung des Küstensaums. Auf voller Breite vollzieht sich dessen Vitalisierung hingegen erst unter dem Einfluß des Fremdenverkehrs. Dieser kann zwar an der sog. „Kvarner Riviera" mit Opatija als Mittelpunkt bereits auf eine 100jährige Tradition zurückblicken, massiv indessen wird die jugoslawische Adriaküste jedoch erst während der sechziger Jahre vom Tourismus erfaßt. Immerhin aber erkennt Jugoslawien als erstes sozialistisches Land dessen Bedeutung als Entwicklungsfaktor und vor allem als Devisenbringer. Neben administrativen Maßnahmen, wie der Liberalisierung der Grenzformalitäten und der Einführung multipler Wechselkurse, initiierte man einen vehementen Ausbau der Infrastruktur, vorrangig der Verkehrsbedingungen, der Wasserversorgung und natürlich des touristischen Angebots. Herausragende Bedeutung kommt dem Bau der Adria-Magistrale, der mehr als 1000 km langen, von der italienischen bis fast zur albanischen Grenze reichenden zweispurigen Panoramastraße, und der Anlage von fünf Flughäfen, vorwiegend für den Charterflugverkehr, zu.

Innerhalb des jugoslawischen Tourismusbereichs muß man zwischen einem gesellschaftlichen und einem privaten Sektor unterscheiden:

– Der gesellschaftliche Sektor erstreckt sich ausschließlich auf Großobjekte: Hotel-

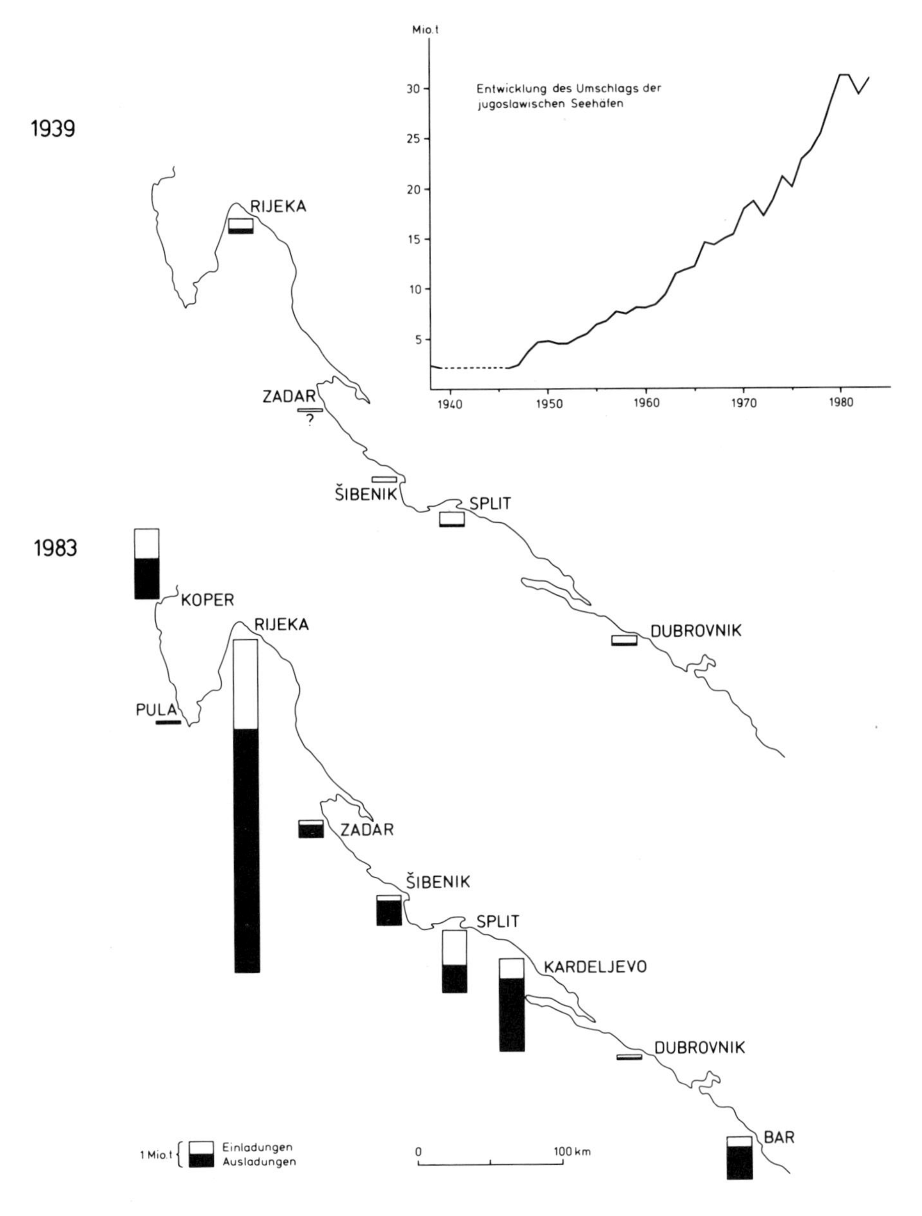

Abb. 3. Umschlag der jugoslawischen Adriahäfen 1939 und 1983 (nach MARKERT 1954; Jugoslavija 1945–1964-Statistički pregled 1965; Statistički godišnjak SFRJ 1975–1984)

komplexe, Touristendörfer, FKK-Reservate und Einrichtungen des Sozialtourismus, wie Erholungsheime für Kriegsteilnehmer, Betriebsangehörige, Jugendliche und Kinder. Dank überwiegend gelungener architektonischer Gestaltung unter geschickter Einbettung in den mediterranen Vegetationsmantel ist es trotz der boomartigen Vermehrung der Komplexe weithin gelungen, einigermaßen landschaftsgerechte Lösungen zu finden – was allerdings durch die Kulisse der Hochkarstmauer erleichtert wird. In der Regel erfolgte die Erstellung touristischer Objekte distanziert von vorhandenen Ortschaften, so daß vielfach ausgesprochene Doppelsiedlungen entstanden (vgl. Foto 1).

– Das gesellschaftliche Fremdenverkehrsangebot wird durch das des privaten Sektors ergänzt, denn im sozialistischen Jugoslawien ist ein – wenn auch eng bemessener – individueller Entfaltungsspielraum eingeräumt, der häufig in ausgesprochen findiger Weise genutzt wird. Unter Einsatz angesparter Gastarbeitermittel und erheblicher Eigenleistung werden Neubauten in Abmessungen hochgezogen, die den Familienbedarf bei weitem überschreiten und sich zu Pensionen oder gar regelrechten Kleinhotels entwickeln. Privates und gesellschaftliches Bettenangebot verhalten sich inzwischen beinahe wie 1 : 2. Gastarbeiterrücklagen bilden überdies die Grundlagen weiterer individueller Erwerbsquellen vom Autoreparaturbetrieb bis zum Surfbrett-Verleih, für Dienstleistungen also, die bei Urlaubern gefragt sind und Lücken im gesellschaftlichen Angebot ausfüllen, das – wie gesagt – ausschließlich auf Großobjekte ausgerichtet ist.

Parallel zur fortschreitenden Verwirklichung des großangelegten Tourismuskonzepts bewegt sich die Kurve der Übernachtungen steil in die Höhe (vgl. Abb. 4). Sie kulminiert 1981 mit 62 Mio. Übernachtungen. Der dynamische Anstieg ist zunächst dem Zustrom ausländischer Gäste zuzuschreiben, der 1973 mit knapp ⅔ aller Urlauber seinen Höhepunkt erreicht und derzeit (1983) bei 50% liegt. In der aus diesen Quoten ersichtlichen Zunahme des inländischen Anteils während des letzten Jahrzehnts drückt sich der wachsende Urlaubsanspruch im Gefolge des fortschreitenden Umwandlungsprozesses einer agrarorientierten in eine industriell geprägte Gesellschaft aus. Hauptproblem ist die limitierte Beschäftigungsdauer im Fremdenverkehr, da neben der zweimonatigen Hochsaison – auf die Monate Juli/August entfallen 70–80% aller Übernachtungen – trotz massiver Preisreduzierungen eine Vor- und Nachsaison kaum ausgebildet ist. So ergibt sich im Jahresdurchschnitt eine Auslastung der Hotelbetten von 33%, der Privatbetten von 14%, und außerhalb der Saison herrscht eklatanter Beschäftigungsmangel.

C. Auswirkungen

Indem Industrieansiedlung, Hafenausbau und insbesondere der Fremdenverkehr der Bevölkerung völlig neue Lebensgrundlagen bieten, haben sie naturgemäß im Kü-

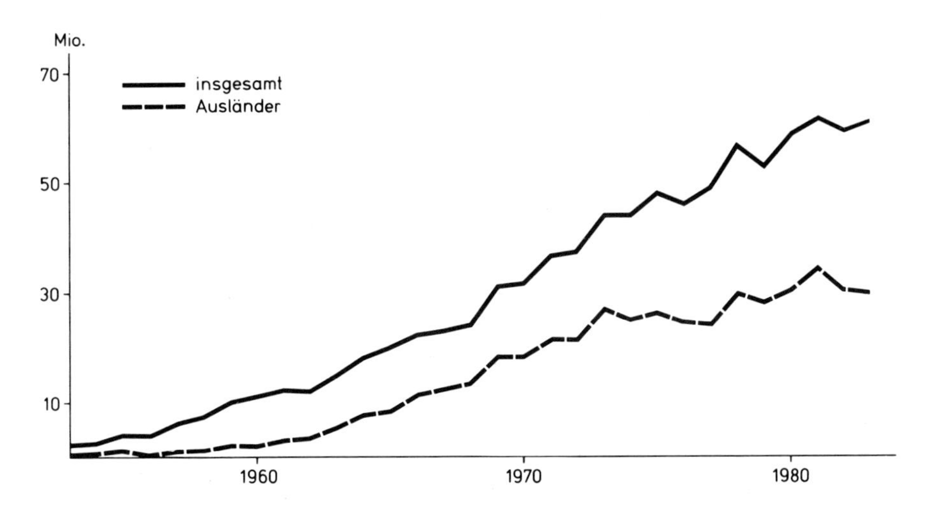

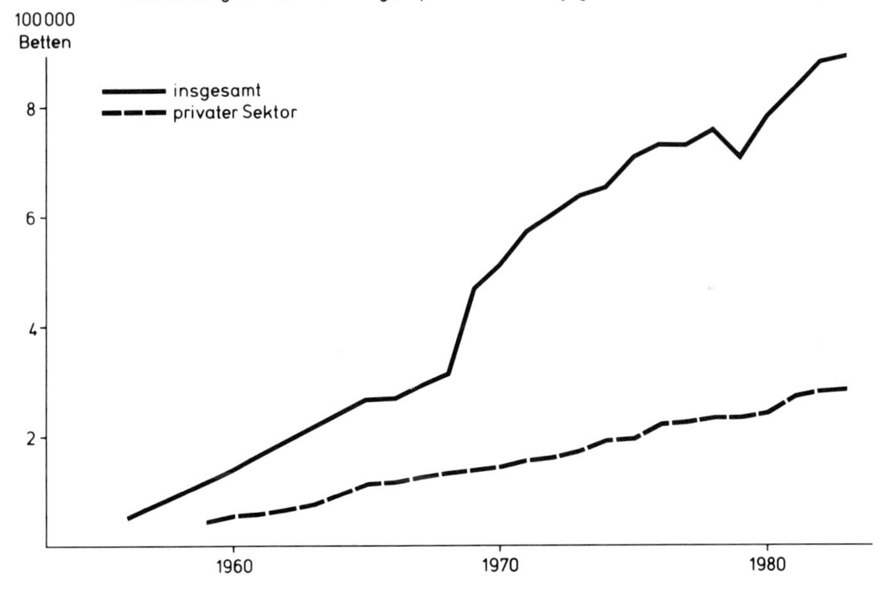

Abb. 4. Entwicklung der Touristen-Übernachtungen und der Übernachtungskapazitäten an der jugoslawischen Adriaküste (nach Statistički godišnjak SFRJ 1954–1984; Statistički bilteni: Ugostiteljstvo i turizam 1959–1982)

stensaum tiefgreifende Veränderungen hervorgerufen. Bezeichnend sind vor allem die folgenden Tatbestände:

- Erstens hat eine völlige Umschichtung der Erwerbsstruktur stattgefunden. Denn wiesen primärer, sekundärer und tertiärer Sektor in der Vorkriegszeit eine Relation von 80 : 10 : 10 auf, so verhalten sie sich heute wie 30 : 30 : 40.
- Zweitens hat das sprunghaft gestiegene Arbeitsplatzangebot nicht nur die eingesessenen Küstenbewohner mobilisiert, sondern auch eine starke Sogwirkung auf die unterbeschäftigte Agrarbevölkerung vor allem der angrenzenden Flankenbereiche ausgeübt. Im küstennahen Hochkarstbereich wird durch die Abwanderung (vgl. Abb. 5) zumindest der seit jeher hohe Geburtenüberschuß aufgezehrt, auf den

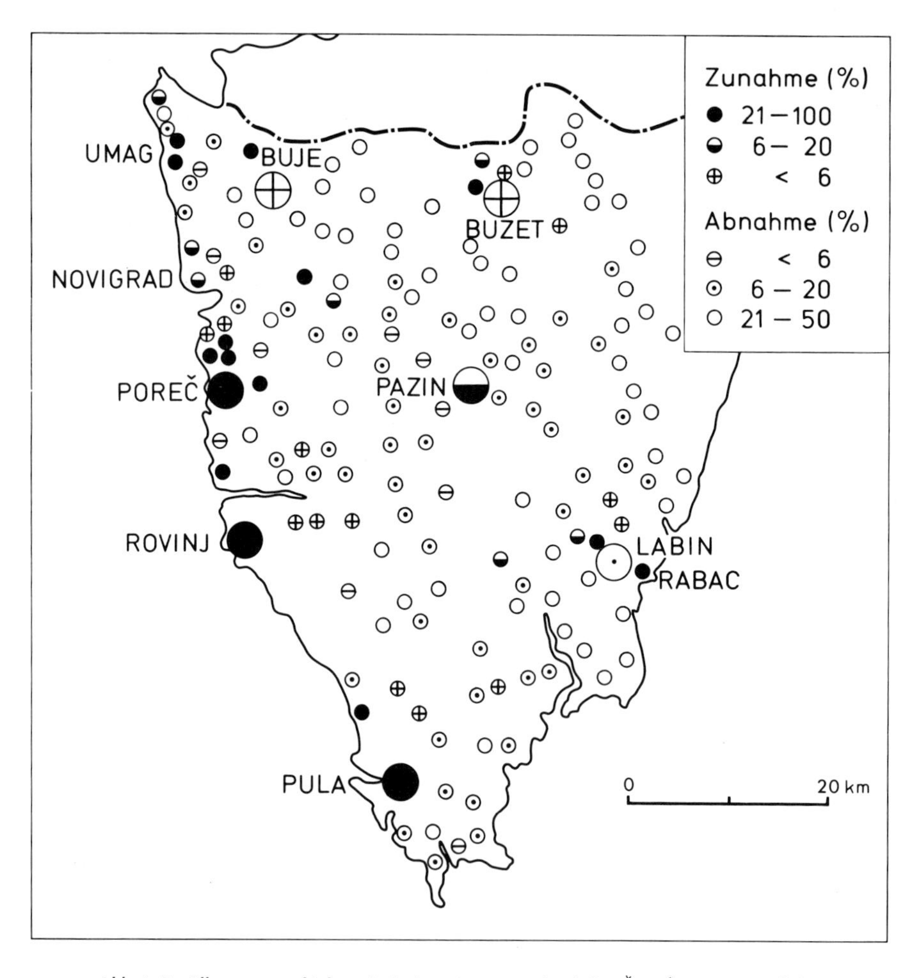

Abb. 5. Bevölkerungsverschiebung in Istrien 1961–1971 (nach BLAŽEVIĆ 1980; vereinfacht)

vorgelagerten Inseln sind sogar starke absolute Verluste zu verzeichnen, und erst in jüngster Zeit konnte in einigen wenigen, durch den Fremdenverkehr erfaßten Fällen der Exodus gestoppt werden (vgl. Abb. 6). Beide Flankenbereiche sind zu Arbeitskraftzubringern für die Küstenzone geworden. Zwischenstadium ist meist die Pendelwanderung (vgl. Abb. 7), häufig auch Gastarbeit im Ausland, um Mittel für die Lösung des Wohnungsproblems zu akkumulieren, das stets das Hauptthindernis der Übersiedlung an die Küste darstellt.

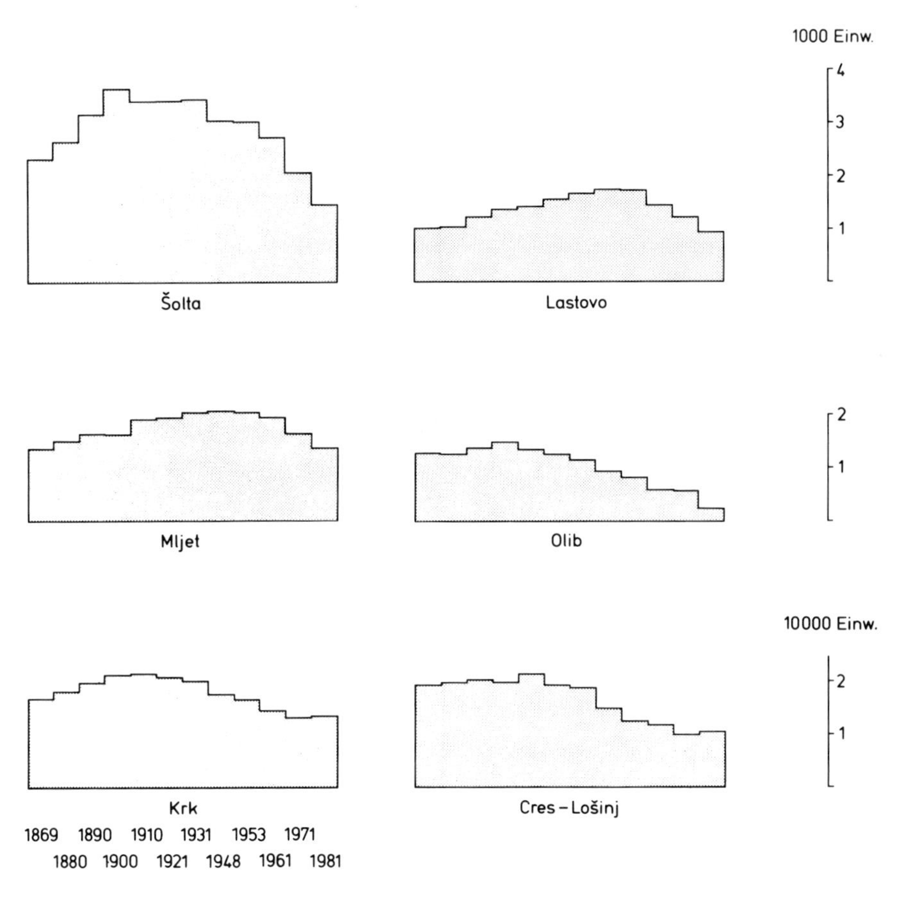

Abb. 6. Bevölkerungsentwicklung ausgewählter jugoslawischer Adriainseln 1869–1981 (nach KORENČIĆ 1979; Republički zavod za statistiku SR Hrvatska: Stanovništvo 1982)

– Drittens zielt die Zuwanderung primär auf die Küstenstädte, die ein rapides Anwachsen ihrer Einwohnerzahlen verzeichnen können. Ihre Bevölkerung hat sich in der Nachkriegszeit durchweg verdrei-, wenn nicht vervierfacht. Ihren Habitus kennzeichnen scharfe Kontraste zwischen den mediterran geprägten Altstadtker-

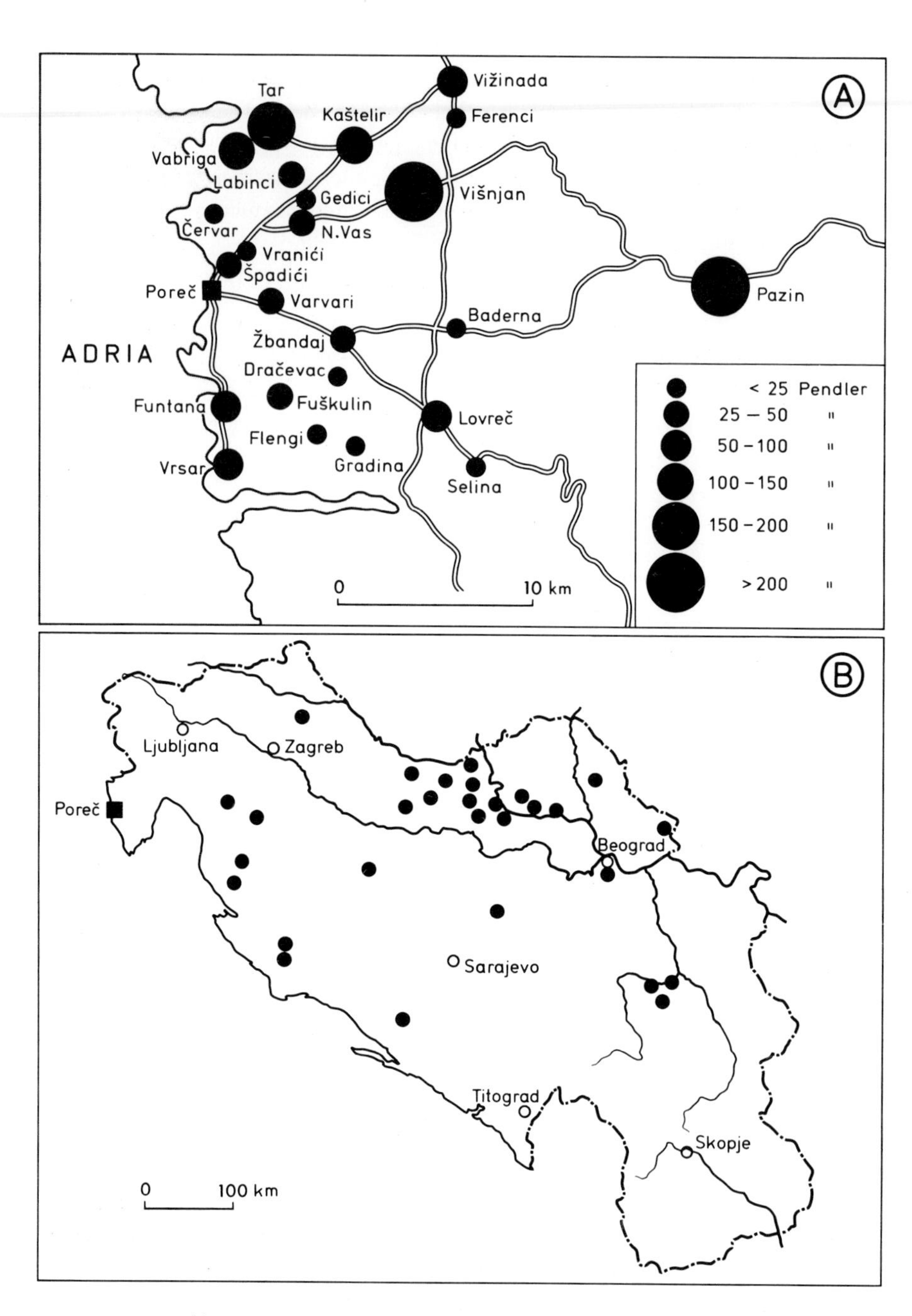

Abb. 7. Einzugsbereich der Tages- (A) und Saisonpendler (B) nach Poreč (nach BLAŽEVIĆ 1980/1983)

nen und sich ausweitender moderner hochgeschossiger Bebauung mit fortlaufend zunehmender Vertikalisierungstendenz (vgl. Foto 2). Da trotz forcierter Bautätigkeit kein Schritthalten mit der Wohnraumnachfrage erreicht werden kann, treten im städtischen Vorfeld in tropfenförmiger Manier verbreitet illegale Behausungen äußerst heterogenen Charakters auf, die ein geordnetes Siedlungswachstum ungemein erschweren und auf Grund entgegenstehender Familienschutzgesetze nicht beseitigt werden dürfen.

- Viertens hat die bäuerliche Bevölkerung den angestammten Kalk/Flysch-Kontaktbereich am Hang sukzessive verlassen und sich längs der Adria-Magistrale im Anschluß an die ehemaligen Fischerorte niedergelassen und diese in Form küstenparalleler Einfamilienhausreihen beträchtlich erweitert. Die terrassierten Hänge überwuchern Macchie, die Gebäude verfallen, weitflächig verödete Areale bezeugen den vollzogenen Deagrarisierungsprozeß (vgl. Foto 3).
- Fünftens bemerkt man andererseits – räumlich allerdings ziemlich eingegrenzt – Intensivierungserscheinungen (vgl. Foto 4). Die dazu notwendigen Bewässerungsanlagen werden in der Regel ebenso aus Gastarbeitersparnissen bestritten wie der Kleintraktor und der Lieferwagen. Und damit ist bereits zum Ausdruck gebracht, daß es sich um Marktanbau für die städtische Bevölkerung und die Touristen handelt, wobei alle sich bietenden Absatzchancen genutzt werden, sei es, daß man en gros Hotels beliefert, sei es, daß man en détail, u.U. am Straßenrand, an Touristen verkauft.
- Sechstens veranlaßt der Kontakt der ländlichen Bevölkerung mit städtischen Lebensformen und den Touristen zur schrittweisen Adaption von deren Wertvorstellungen, Gewohnheiten und Konsumnormen, so daß der Küstengürtel einem rasch fortschreitenden Urbanisierungsprozeß nicht nur in seiner materiellen Beschaffenheit, sondern auch im Lebensstil seiner Bevölkerung unterliegt.
- Siebtens schließlich besteht eine sehr verbreitete Tendenz zur Errichtung sogenannter Vikendice, Freizeithäusern. Der bei weitem überwiegende Teil dieser Baulichkeiten, deren Spannbreite von der einfachen Holzbude über zweckentsprechend umgebaute ehemals landwirtschaftliche Gebäude bis hin zum komfortablen Bungalow reicht, wird nur im Urlaub genutzt, weil die Eigentümer vorzugsweise Großstädter aus dem Landesinnern sind (vgl. Abb. 8). Die Zahl der Vikendice wächst außerordentlich rasch, da der Besitz einer Vikendica heute als primäres Statussymbol gilt.

Der in erster Linie in diesen Komponenten sich widerspiegelnde Litoralisierungsprozeß hat den jugoslawischen Küstensaum in eine prosperierende Aktivlandschaft verwandelt. Zwar setzt sich dieser Prozeß nach wie vor fort, in den letzten Jahren allerdings unter gewissen Einschränkungen bzw. unter veränderter Akzentsetzung.

Foto 1. Doppelsiedlung (Primošten)

Foto 2. Altstadtkern und vielgeschossige moderne Bebauung in Split

Foto 3. Aufgelassene Anbauterrassen am Flysch-Hang. Im Hintergrund das Biokovo-Gebirge, ein Hochkarstteil

Foto 4. Agrare Intensivierung (Tafeltrauben)

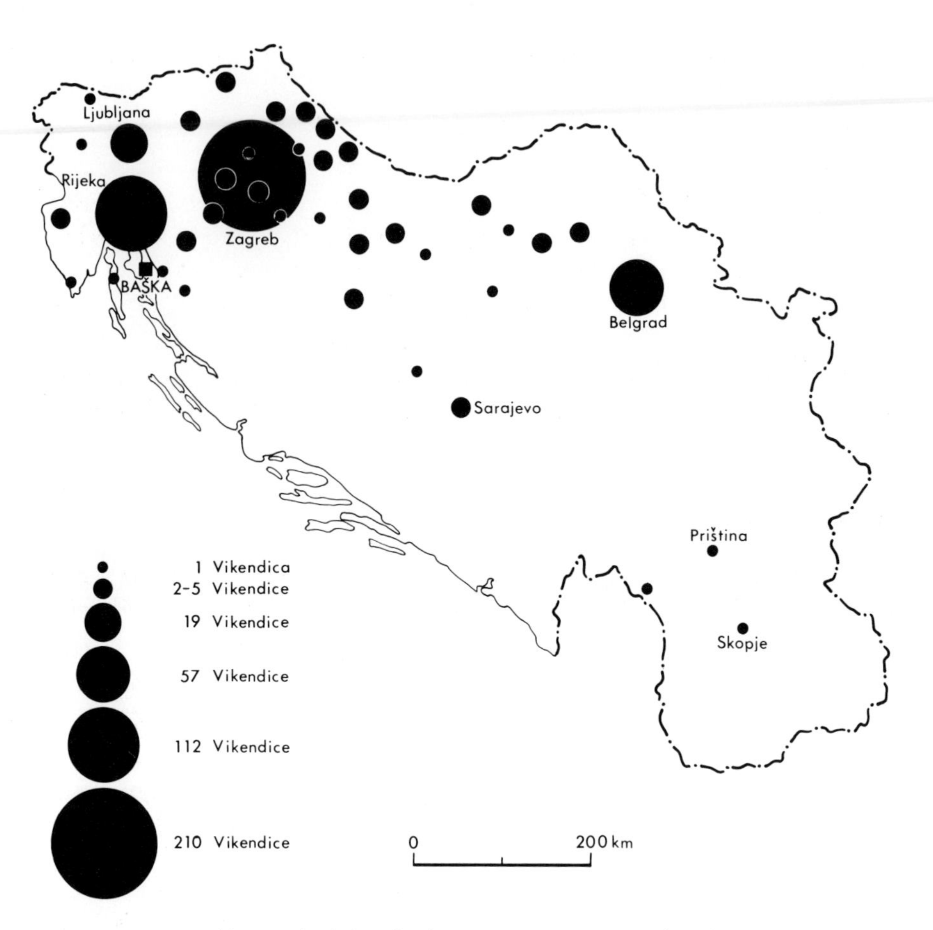

Abb. 8. Herkunft der Vikendice-Eigentümer im Raum Baška/Krk (nach NOVOSEL/ŽIC 1978; vereinfacht)

- Die Erstellung neuer Hotelkomplexe ist nämlich weitgehend eingestellt worden. Lediglich im montenegrinischen Küstenabschnitt, wo durch das Erdbeben von 1979 rund 50 % der touristischen Substanz zerstört wurden, hat man zwischenzeitlich die Hotels bzw. – und das ist ein neuer Trend – an ihrer Stelle Touristendörfer wieder aufgebaut. Nennenswerte Erweiterungen der touristischen Infrastruktur erstrecken sich im übrigen lediglich auf Boots- und Yachthäfen, da nach wie vor eine ungestillte Nachfrage nach Liegeplätzen besteht.
- Auch der Industrie- und Hafenausbau schleppt sich derzeit dahin. Das gilt selbst für das Prioritätsprojekt, den begonnenen Ausbau Rijekas zum Erdölhafen des westlichen Donauraums in Verbindung mit der Erstellung eines gewaltigen petro-

chemischen Kombinats auf der Insel Krk. Ursache der Stagnation ist die Finanzmisere Jugoslawiens.

- Unvermindert hingegen hält die Zuwanderung in den Küstenstreifen an, und zwar sogar in sich verstärkendem Maße.
- Ebenso ungebrochen ist der Bauboom, soweit es die private Bautätigkeit angeht, seien es nun permanent bewohnte Eigenheime, seien es – und das vor allem – Freizeithäuser, die angesichts der galoppierenden Inflation derzeit die sicherste Kapitalanlage darstellen. Erst in allerletzter Zeit hat eine stärkere Besteuerung der Vikendice leicht dämpfend gewirkt.

Mithin manifestiert sich der Litoralisierungsprozeß gegenwärtig in zunehmender Bevölkerungsverdichtung und fast hektisch zu nennender individueller Bautätigkeit.

D. Probleme

Unter den Problemen, die sich im Zuge des fortschreitenden Litoralisierungsgeschehens immer deutlicher herausschälen, stehen die folgenden ganz im Vordergrund:

1. In Anbetracht der mit der anhaltenden Aktivierung des Küstensaums naturgemäß wachsenden Raumansprüche der verschiedenen Träger seiner Aufwertung treten immer häufiger Unvereinbarkeiten, Interessengegensätze und Rivalitätsverhältnisse, also Raumnutzungskonflikte auf. Antipoden sind selbstverständlich Häfen und Industrie auf der einen Seite, der Fremdenverkehr auf der anderen.

Vor allem ist es die Wasserverschmutzung, die sich inzwischen streckenweise zu einer ernstlichen Bedrohung des Fremdenverkehrs entwickelt hat. Daß die häufig kolportierte Behauptung vom sauberen Adriawasser vor der jugoslawischen Küste nur noch partiell Gültigkeit beanspruchen kann, zeigt Abb. 9. Kritisch ist die Situation inzwischen vor allem an zwei Küstenabschnitten: am inneren Kvarner (= Bucht von Rijeka) und an der Bucht von Kaštela/Split. Die Meeresverschmutzung wird vorwiegend durch organische Substanzen hervorgerufen, die zu 78 % aus industriellen Quellen, zu 22 % aus kommunalen Abwässern stammen (err. n. AUGSTEIN 1980, S. 133). Das Volumen der letztgenannten gewinnt allerdings in den Sommermonaten infolge der dann eintretenden ungefähren Verdopplung der Menschenzahl an Gewicht. Als Mittelwert der organischen Belastung ergibt sich zwar lediglich ein Betrag von 123 t pro Küsten-km und Jahr (err. n. SEKULIĆ/JEFTIĆ 1977, S. 157; AUGSTEIN 1980, S. 133), bedrohlich indessen sind naturgemäß die an den beiden erwähnten Abschnitten auftretenden Extremwerte. Fast sämtliche Abwässer werden ungereinigt in die Adria emittiert. An der gesamten jugoslawischen Küste gibt es nämlich nur eine einzige effizient arbeitende Kläranlage. Im übrigen existiert lediglich die Vorschrift, daß Abwässer mindestens 150 m vom Strand entfernt eingeleitet werden müssen, aber selbst diese Minimalauflage wird nur in den seltensten Fällen erfüllt.

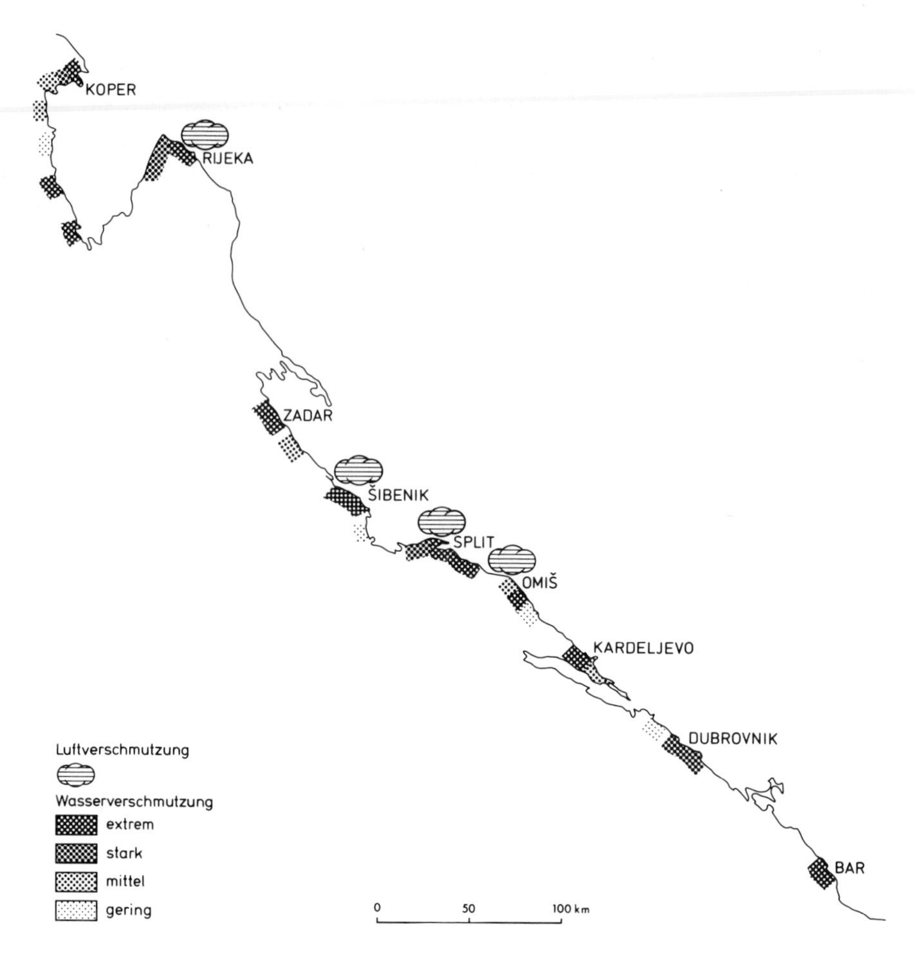

Abb. 9. Luft- und Wasserverschmutzung an der jugoslawischen Adriaküste (nach Jugoslovenski institut za urbanizam i stanovanje 1973 und anderen Quellen)

Hausabwässer verschwinden meist über Senkgruben in den Karstgefäßen, Vikendice ihrerseits verfügen im allgemeinen noch nicht einmal über Senkgruben. Kontrollen finden kaum statt, denn zum einen werden Aufwendungen für Reinigungsanlagen allenthalben als unrentierliche Kosten angesehen, zum anderen widerstrebt es staatlichen Instanzen, gesellschaftliche Unternehmen, die Hauptverursacher, mit Sanktionen zu belegen. Der Abbau der organischen Substanzen durch die Selbstreinigungskraft des Meeres wird dadurch wesentlich beeinträchtigt, daß der vorgelagerte Inselarchipel einen zügigen Austausch des belasteten Küstenwassers mit sauerstoffreichem Wasser der offenen Adria behindert. Die küstennahe jugoslawische Adria ist zum überwiegenden Teil als ein zumindest halbgeschlossenes aquatisches System mit entsprechend geringer Wasserzirkulation anzusehen, so daß der für die Zersetzung erforderliche biochemische Sauerstoffbedarf auch nicht annähernd gedeckt werden kann.

Betrachtet man die Wasserverschmutzung unter dem Aspekt des Badetourismus, dann muß darauf verwiesen werden, daß beispielsweise im Kvarner bereits Mitte der siebziger Jahre 5000 Koli-Keime/Liter festgestellt worden sind (vgl. Abb. 10). Bei 10000 Koli-Keimen wird üblicherweise ein Badeverbot ausgesprochen, da Infektionsgefahr besteht. Zumindest an den beiden als besonders gefährdet bezeichneten Küstenabschnitten dürfte dieser Grenzwert inzwischen erreicht, wenn nicht überschritten sein. An der gesamten jugoslawischen Küste sehen sich längst immer mehr Hotels genötigt, Swimming-pools oder -hallen direkt neben dem Meer zu erstellen.

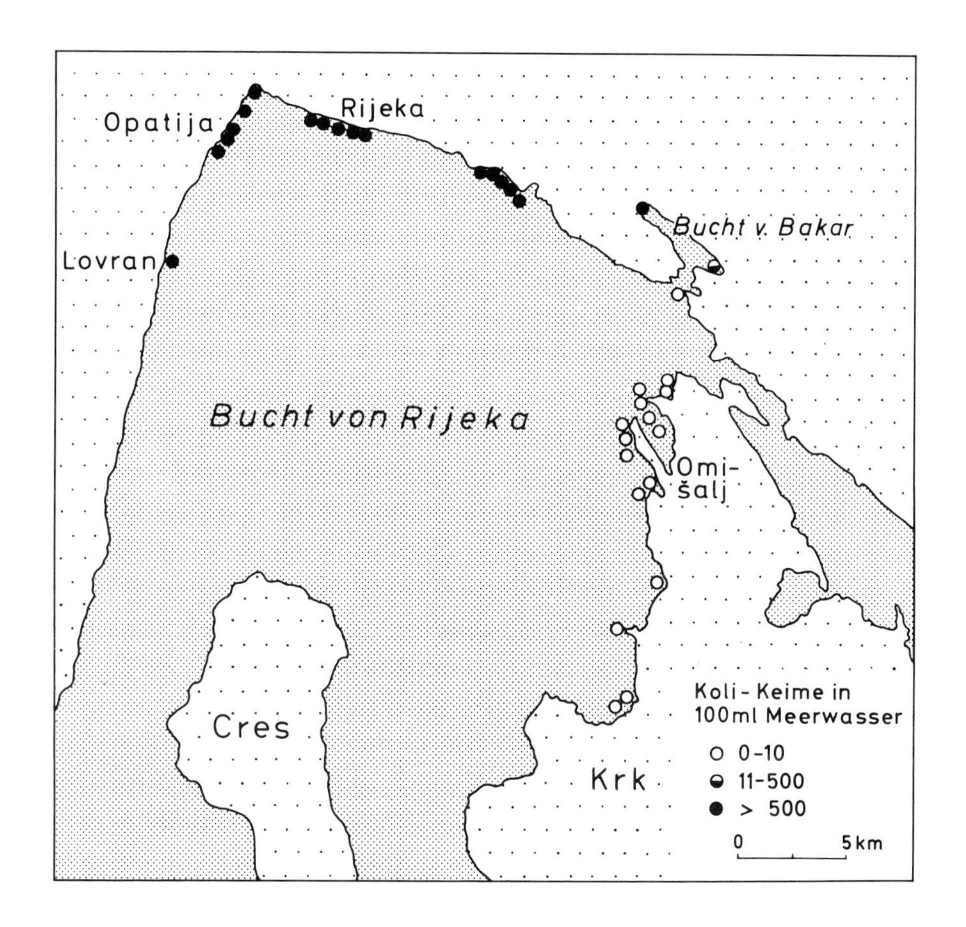

Abb. 10. Der hygienische Zustand des inneren Kvarner (nach SEKULIĆ/JEFTIĆ 1977; vereinfacht)

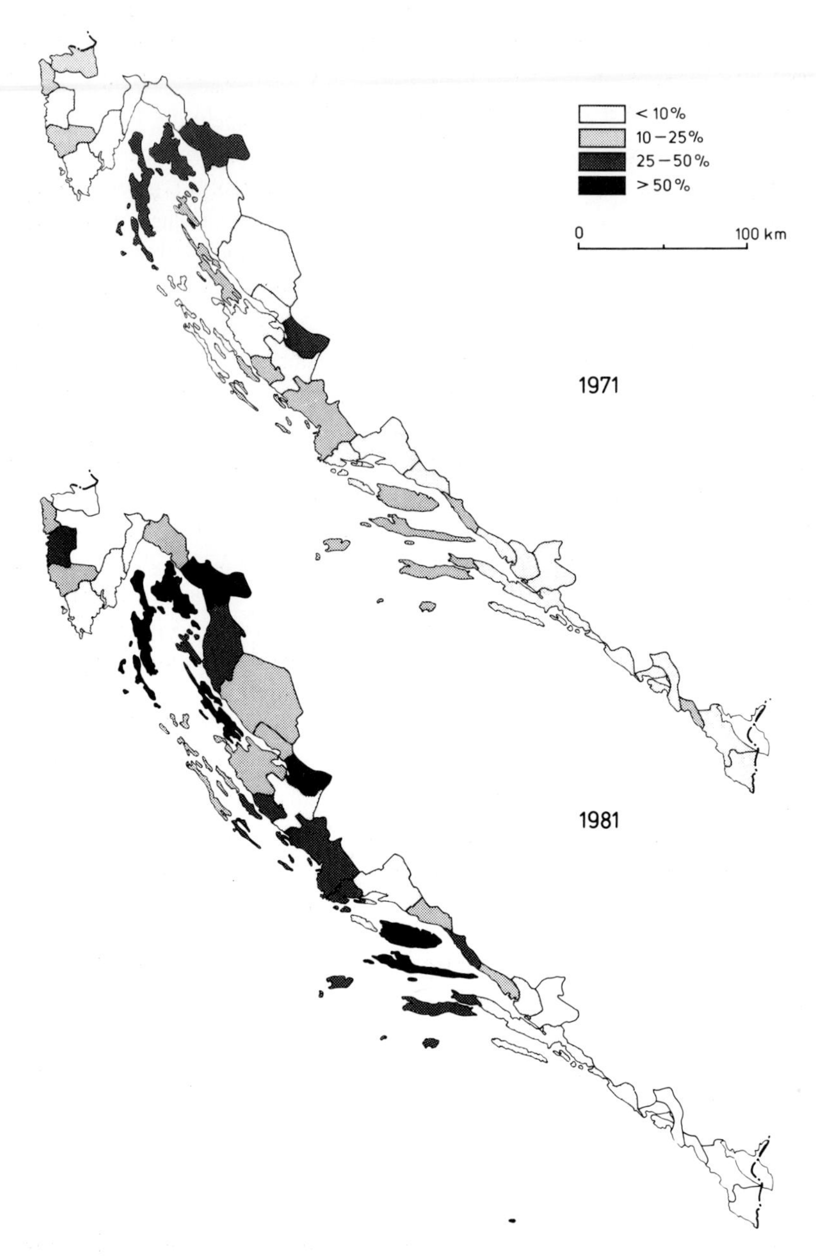

Abb. 11. Anteil der Freizeitwohnsitze am Wohnhausbestand 1971 und 1981 (nach PEPEONIK *1983; Republički zavod za Statistiku SR Hrvatska: Domaćinstva i stanovi 1982)*
– 1981 = nur kroatischer Küstenabschnitt dargestellt –

Obwohl schon vor einem Jahrzehnt ein Umweltschutzprogramm für die Adriaküste vorgelegt worden ist, kann man zumindest keine energischen Schritte zu seiner Umsetzung registrieren. Vielmehr setzt sich die bisherige Entwicklung weiter fort, allenfalls verlangsamt durch Finanzierungsprobleme.

2. Ein anderes gravierendes Problem stellt die Verbauung und Zersiedlung des maritimen Saums dar (vgl. Foto 5). Angesichts der unmittelbar hinter der Küste aufragenden Hochkarstmauer muß sich jegliches Siedlungswachstum notwendigerweise küstenparallel vollziehen. Leitlinie ist die Adria-Magistrale. Wegen der mit ihr verbundenen Lagevorteile haben sich, ausgehend von den Altsiedlungskernen, längs der Straße vor allem Privathäuser überall dort entwickelt, wo immer sich Grundstücke zu tragbaren Preisen gefunden haben. Einfamilienhäuser reihen sich perlschnurartig oft Kilometer um Kilometer aneinander, aufeinander zu wachsende Ausbauspitzen haben sich oft genug schon miteinander verhakt. Zwei geschlossene Siedlungsbänder von je 50 km Länge sind bereits entstanden: Das eine umrahmt den inneren Winkel des Kvarner beiderseits von Rijeka, das andere reicht von Trogir bis Omiš beiderseits von Split. An anderen Abschnitten deutet sich eine analoge Entwicklung an. Findet also abschnittsweise eine regelrechte Verbarrikadierung der Küste statt, so sind Zersiedlungstendenzen noch wesentlich verbreiteter. Sie beruhen einmal auf der erwähnten tropfenförmig wuchernden Spontanbebauung im Vorfeld der Städte, zum anderen auf der – quantitativ wesentlich gewichtigeren – Freizeithausbebauung, die in der Tat bedenkliche Ausmaße angenommen hat. Allein zwischen 1971 und 1981 hat sich die Zahl der Freizeithäuser fast versechsfacht (vgl. Abb. 11). Trotz der für Jugoslawien schier astronomischen Bodenpreise sind ganze Küstenstriche bereits mit Sommerhäusern übersät, und besonders dicht verständlicherweise die attraktivsten Abschnitte.

3. Als weiteres Kardinalproblem schließlich ist die Überlastung der touristischen Kapazität des Küstenstreifens zu nennen (vgl. Foto 6). Wenn etwa Umag, ein Ort von 6200 Einwohnern an der istrischen Küste, jährlich 218000 Touristen zu verkraften hat, auf jeden Einwohner also 35 Touristen entfallen, so mag dieses Beispiel vor Augen führen, wie manche Touristenorte allmählich durch ihren eigenen Fremdenverkehr stranguliert werden. Zwei um 1970 unter Mithilfe von UNDP-Experten erarbeitete Expertisen nennen für den jugoslawischen Küstenraum eine Grenzaufnahmekapazität von rund 5 Mio. Touristen/Jahr; 1983 wurden indessen bereits 7,5 Mio. Touristen registriert und für 1984 zeichnet sich eine weitere deutliche Zunahme ab.

E. Zusammenfassung

Binnen zweier Jahrzehnte sind die Potentiale des jugoslawischen Küstensaums in einem äußerst dynamischen Prozeß gezielt in Wert gesetzt worden. Soweit man die „Grenzen des Wachstums“ überhaupt erkannt hat, will man sie aber offenbar nicht wahrhaben, tut jedenfalls kaum etwas, um sie einzuhalten. So treten mehr und

Foto 5. Ver- und Zersiedlung des Küstensaums (Kaštela-Ebene)

Foto 6. Touristische Überlastung (Petrovac na moru)

mehr Schädigungen zutage, die bei gleichsinniger Weiterentwicklung geeignet sind, die unersetzbaren Vorzüge einer der attraktivsten Küstenlandschaften des Mittelmeeres entscheidend zu beeinträchtigen und ihr dadurch die Grundlage ihrer Prosperität zu entziehen. Maßnahmen zur Erhaltung der reizvollen mediterranen Szenerie des jugoslawischen Küstensaums lassen sich allenfalls punktuell registrieren, im wesentlichen indessen haben sie programmatischen Charakter.

Literatur

Alfirević, S.: Uloga i značaj opskrbe vodom u ekonomskom preobražaju jadranskog otočnog pojasa (The Role and Significance of Water Supply in the Economic Transformation of the Adriatic Archipelago). – Krš Jugoslavije 6, 1969, S. 381–402.

Augstein, R.: Untersuchungen über den Einfluß ökologischer Faktoren auf die Bildung von Wirtschaftsräumen. Dargestellt am Beispiel der Gewässerbelastung der Adria. – Schriften des Fachbereichs Wirtschafts- und Organisationswissenschaften der Hochschule der Bundeswehr Hamburg, Bd. 4, 1980.

Baučić, I.: Umwandlung des Küstengebiets Kroatiens an Beispielen aus Mitteldalmatien. – geographical papers 1, 1970, S. 17–34.

Baučić, I., V. Biegajlo und I. Crkvenčić: Socijalno-geografska obilježja sela Jesenice (The Sociogeographical Characteristics of the Village of Jesenice). – Geografski Glasnik 28, 1967, S. 93–114.

Bauer, G.: Razvoj i značenje turizma u Hrvatskom primorju (Entwicklung und Bedeutung des Tourismus im kroatischen Küstenraum). – Radovi 8, 1969, S. 5–35.

Bauer, G.: Sozialgeographische Untersuchungen zur Entwicklung des nordwestlichen Primorje (Jugoslawien) unter dem Einfluß von Fremdenverkehr und Industrialisierung. – Geografisch Tijdschrift 1969 S. 118–126.

Bennett, B.C.: Sutivan: A Dalmatian Village in Social and Economic Transition. – San Francisco 1974.

Blažević, I.: Utjecaj turizma na proces litoralizacije i na transformaciju agrarnog pejzaža u Istri. (The Influence of Tourism on the Process of Littoralization and Transformation of the Istrian Agrarian Landscape). – Spomen Zbornik 1947–1977, 1980, S. 25–38.

Blažević, I.: Die Riviera von Poreč – ein entwicklungsfähiges Fremdenverkehrsgebiet an der Adria. – Münchner Studien zur Sozial- und Wirtschaftsgeographie 23, 1983, S. 107–131.

Büschenfeld, H.: Jugoslawien. Klett-Länderprofile. – Stuttgart 1981.

Büschenfeld, H.: Raumnutzungskonflikt am Kvarner. Tourismus und Hafenexpansion. – Erdkunde 36, 1982, S. 287–299.

Celegin, A.: Vodoprivreda u dalmatinskom krškom području (Wasserwirtschaft im dalmatinischen Karstgebiet). – Krš Jugoslavije 6, 1969, S. 593–619.

Crkvenčić, I. et al.: Geografija SR Hrvatske 1–6. – Zagreb 1974/75.

Crkvenčić, I.: Sozialgeographische Aspekte des Auftretens von Brachland in Kroatien. – geographical papers 5, 1982, S. 35–47.

Derado, K.: Suvremeni procesi povezivanja zagorskog pojasa s primorjem, posebno sa Splitom (Contemporary Processes of Linking the Zagora Area with Primorje – Especially with Split). – Spomen Zbornik 1947–1977, 1980, S. 61–68.

Friganović, M.: Dnevno kretanje radne snage u centre primorja SR Hrvatske (The Commuting of the Labour Force to the Littoral Centres of the Socialist Republic of Croatia). – Proceedings of the VIII. Congress of Yugoslav Geographers in Macedonia 1968, Skopje 1968, S. 323–332.

Friganović, M.: The Influence of Socio-economic Changes on the Migration and Structure of the Rural Population in the Adriatic Region of Croatia. – In: Sárfalvi (Hrsg.): Recent Population Movements in the East European Countries. – Budapest 1970, S. 29–33.

Friganović, M.: The Population of the Southern Croatian Littoral (Dalmatia). – geographical papers 2, 1974, S. 163–181.

J e r š i č, M.: Fremdenverkehr und Fremdenverkehrsplanung an der jugoslawischen Küste. – WGI-Berichte zur Regionalforschung 6, 1971, S. 103–115.

J e r š i č, M.: Zum Freizeitverhalten einheimischer Touristen innerhalb Jugoslawiens. – Münchner Studien zur Sozial- und Wirtschaftsgeographie 23, 1983, S. 83–94.

J o v i č i ć, Ž.: The Development of Tourism and Research Related to Tourism in Yugoslavia. – Geographica Jugoslavica 2, 1980, S. 113–119.

Jugoslovenski institut za urbanizam i stanovanje: Planerski atlas prostornog uredjenja Jugoslavije. – Beograd 1973.

K a l o g j e r a, A.: Physical Geographical Conditions for the Littoralisation of the Yugoslav Coast. – Geographica Jugoslavica 3, 1981, S. 79–90.

K a r g e r, A.: Kulturlandschaftswandel im adriatischen Jugoslawien. – Geographische Rundschau 25, 1973. S. 258–265.

K e l e m e n, V. und Z. P e p e o n i k: Prostorni razmeštaj turističkih objekata i kapaciteta SR Hrvatske (Location of Touristic Buildings and Capacities in the SR of Croatia). – Geographica Slovenica 5, 1977, S. 115–126.

K o r e n č i ć, M.: Naselja i stanovništvo SR Hrvatske 1957–1971. – Zagreb 1979.

M ä r z, J.: Entwicklung des Eisenbahnnetzes in Südslawien. – Informationen des Instituts für Raumforschung 1953, S. 107–116.

M a r c o v i ć, S. und F. W e n z l e r: Raumordnerische Aspekte in der Entwicklung des Fremdenverkehrs in Jugoslawien. – Raumforschung und Raumordnung 32, 1974, S. 93–102.

M a r k e r t, W. (Hrsg.): Jugoslawien. Osteuropa-Handbuch. – Köln/Graz 1954.

N o v o s e l - Ž i c, P.: Fremdenverkehrsbedingte sozialgeographische Veränderungen auf der Insel Krk. – geographical papers 4, 1978, S. 175–186.

OECD: Tourism Policy and International Tourism in OECD Member Countries. – Paris 1983.

Österreichisches Ost- und Südosteuropa Institut: Atlas der Donauländer. – Wien 1970 ff.

P e p e o n i k, Z.: Stanovi za odmor i rekreaciju u Jugoslaviji (Vacation Houses in the S.F.R. of Yugoslavia). – Geographica Slovenica 5, 1977, S. 181–194.

P e p e o n i k, Z.: Die wichtigsten räumlichen Indikatoren der Fremdenverkehrsentwicklung im Küstengebiet der Sozialistischen Republik Kroatien. – geographical papers 4, 1978, S. 189–197.

P e p e o n i k, Z.: Zweitwohnsitze in Jugoslawien. – Münchner Studien zur Sozial- und Wirtschaftsgeographie 23, 1983, S. 95–105.

P o u l s e n, Th.: Migration on the Adriatic Coast: some Processes Associated with the Development of Tourism. – In: K o s t a n i c k (Hrsg.): Population and Migration Trends in Eastern Europe. – Boulder 1977, S. 197–215.

R a d o v i ć, M.: The 1979 Earthquake in Montenegro and its Effects on Nature and Society. – Geographica Jugoslavica 3, 1981, S. 32–40.

Republički zavod za statistiku SR Hrvatska: Domaćinstva i stanovi po općinama i zajednicama općina. – Dokumentacija 502. – Zagreb 1982.

Republički zavod za statistiku SR Hrvatska: Stanovništvo po općinama i zajednicama općina. – Dokumentacija 501. – Zagreb 1982.

R i d j a n o v i ć, J.: Geografska regija Jadrana SFR Jugoslavije sa stanovišta suvremenih hidrogeografskih značajki okoliša (The Yugoslav Adriatic Geographic Region from the Viewpoint of the Present Hydrogeographic Characteristics of the Environment). – Radovi 15/16, 1980/81, S. 25–31.

R o g i ć, V.: The Yugoslav Northern Adriatic Port Cluster and its Importance for the Central European Background. – Annales Universitatis Scientiarum Budapestinensis, Sectio Geographica, Tomus VII, 1971, S. 169–177.

R o g l i ć, J.: Die wirtschaftsgeographischen Beziehungen des jugoslawischen Küstenlandes mit den östlichen Bundesländern Österreichs. – Österreichische Osthefte 1962, S. 111–122.

R o g l i ć, J.: The Yugoslav Littoral. – in: H o u s t o n: The Western Mediterranean World. – London 1964, S. 546–579.

R u n g a l d i e r, R.: Der Fremdenverkehr in Jugoslawien. – In: Festschrift Scheidl, Teil 1, Wien 1965, S. 307–327 (= Wiener Geographische Schriften, Heft 18-23).

Savezni zavod za Statistiku: Jugoslavija 1945–1964-Statistički pregled. – Beograd 1965.

Savezni zavod za Statistiku: Statistički godišnjak SFRJ. – Beograd 1954–1984.

Savezni zavod za Statistiku: Statistički bilteni 130, 148, 187, 229, 260, 299, 330, 377, 413, 467, 532, 585, 613, 673, 737, 797, 851, 915, 974, 1046, 1093, 1143, 1210, 1251, 1304, 1360, 1364. – Beograd 1958–1983.

Schott, C.: Die Entwicklung des Badetourismus an den Küsten des Mittelmeeres. – Erdkundliches Wissen 33, 1973, S. 302–322.

Sekulić, B. und L.J. Jeftić: Neki aspekti problema zagadjenja Riječkog zaljevo otpadnim vodamo (Ecological Situation of Rijeka Bay). – Geografski Glasnik 39, 1977, S. 143–161.

Sić, M.: Suvremene tendencije razvoja riječke luke s posebnim osvrtom na lučko-industrijske funkcije Bakarskog zaljeva (Contemporary Development of the Port of Rijeka and Survey of the Specialized Functions of the Bay of Bakar). – Radovi 17/18, 1982/83, S. 55–66.

Stanković, St.M. und J. Popesku: The Mutual Dependence of the Development of Tourism and Agriculture. – Geographica Jugoslavica 4, 1983, S. 81–89.

The Government of SFR Yugoslavia/UN Development Programme: North Adriatic Project. Coordinating Physical Plan for the North Adriatic Region. – Rijeka 1972.

Thomas, C.: Decay and Development in Mediterranean Yugoslavia. – Geography 63, 1978, S. 179–187.

Tourist Association of Yugoslavia: Tourism in Yugoslavia. Statistical Data 1960–1979. – Beograd o.J.

Wenzler, F.: Raumplanung in der Sozialistischen Republik Kroatien. – Beiträge der Akademie für Raumforschung und Landesplanung 10, 1977.

Wein, N.: Sozial- und wirtschaftsgeographische Wandlungen in Dalmatien. – Geographische Rundschau 25, 1973, S. 272–281.

Wein, N.: Die westlichen Kvarner Inseln – sieben Jahre später. Neue Entwicklungen in der jugoslawischen Inselwelt. – Geographische Rundschau 31, 1979, S. 154–156.

Wessely, K.: Die Seehäfen in Südosteuropa. – Hamburg 1979 (= Handbuch der europäischen Seehäfen, Bd. 10).

Zsilincsar, W.: Sozialgeographischer Wandel im ländlichen Raum von Split/Jugoslawien. – Zeitschrift für ausländische Landwirtschaft 10, 1971, S. 248–265.

Herbert Popp und Franz Tichy (Hrsg.): Möglichkeiten, Grenzen und Schäden der Entwicklung in den Küstenräumen des Mittelmeergebietes. Ein Überblick anhand von Beispielen aus zehn Anrainerstaaten. Erlangen 1985 (= Erlanger Geographische Arbeiten, Sonderbände, Band 17).

Ursachen, Formen und Folgen eines räumlichen Umwertungsprozesses in den Küstenregionen Griechenlands

von

FRIEDRICH SAUERWEIN (Heidelberg)

Mit 5 Abbildungen und Figuren, 3 Tabellen und 2 Fotos

Griechenland mit seiner Inselwelt besitzt von allen Anrainerstaaten des Mittelmeers die innigste Verzahnung zwischen Land und Meer. Dies wird dokumentiert durch eine Küstenlänge von über 15000 km bei einer Staatsfläche von 131957 km^2, von der 19% auf Inseln entfallen. Durch die geologisch-tektonischen Grundstrukturen des Gebirgslandes ist jedoch ein Litoralsaum eigener Prägung entstanden. Sein wesentliches Merkmal sind von Gebirgsschranken umrahmte kleine, in sich geschlossene Landschaftskammern und Küstenhöfe. Ausgedehnte Tiefebenen fehlen dem Lande. Auch die Beckenlandschaften des Nordens in Thessalien, Makedonien und Thrakien bleiben überschaubar.

Somit bewirkt das naturgeographische Gefügemuster Griechenlands eine Aufsplitterung in zahlreiche Gunsträume, die als wirtschaftliche und kulturelle Zentren historische Bedeutung erlangten. Sie wurden die Standorte der griechischen Poleis in der Antike. Besonders von den lokalen Küstenebenen gingen die Impulse zur griechischen Kolonisation in der gesamten Mediterraneïs und im Schwarzen Meer aus. Das Meer mit seinen Insel- und Landbrücken wurde zum Bindeglied zwischen Orient und Okzident. Die historische Entwicklung brachte später diesen meeroffenen Landschaften – bei peripherer Lage Griechenlands im römischen, byzantinischen und auch türkischen Reich – Zeiten unterschiedlicher Bewertung. Phasen politischer Stabilität bedeuteten wirtschaftliche Blütezeiten, Abschnitte politischer Wirren und Schwächen hatten Notzeiten im Gefolge. Dann wurde das Meer bei dem erstarkenden Korsarentum zur Gefahr, und es blieb nur die Wahl zwischen der Befestigung der Küstenorte oder der Flucht in die Gebirge. Das gegenwärtige Siedlungsbild trägt noch einige Züge von jenen historischen Ereignissen und Einflüssen.

Der junge Nationalstaat Neugriechenland entwickelte sich seit 1821 nach fast vierhundertjähriger Türkenherrschaft aus einem blutigen Aufstand in äußerst schwierigen Phasen. Während der Türkenzeit war es unter der freiheitsliebenden griechischen Bevölkerung zu einer Überbesiedlung der Gebirgsregionen gekommen, da das türkische Tschiftlik-System sich auf die Ebenen konzentrierte. Die politische Freiheit leitete automatisch mit der Aufteilung des türkischen Großgrundbesitzes einen Bevölkerungsschub aus den Gebirgen in die Hügelländer und Ebenen ein.

Ein Relikt dieser Bevölkerungsbewegung hat sich in der von PHILIPPSON (1887, S. 414 und 1892, S. 586 f.) beschriebenen und von BEUERMANN (1954) bezeichneten Kalyvienwirtschaft erhalten. Dabei geht es um eine jahreszeitlich bedingte Wanderwirtschaft zwischen Gebirgen und Küstenregionen, wobei eine sukzessive Umsiedlung aus den ehemaligen Stammdörfern im Gebirge in die zunächst temporär bewohnten Hütten (= *Kalývia*) auf den Gemarkungsteilen in Küstennähe oder im Tiefland erfolgte. In dem Wandlungsprozeß des Kalyvien-Systems darf eine aus historisch-politischen Gründen erfolgte Neubewertung der litoralen Zonen gesehen werden.

A. Die gegenwärtige Bevölkerungsmobilität als Kriterium eines räumlichen Umwertungsprozesses

Für die Darstellung der Küstenräume Griechenlands erscheint es zweckmäßig, zunächst die Mobilität der Bevölkerung im Hinblick auf diese Gebiete zu untersuchen. Seit dem Ende des Zweiten Weltkrieges hat die Bevölkerung Griechenlands, trotz hoher Auswanderungsraten, beständig zugenommen. Tab. 1 gibt hierüber Auskunft.

Tabelle 1: Bevölkerungsentwicklung in Griechenland und dem Ballungsraum Groß-Athen 1951–1981

	Bevölkerung	Zunahme in %	Einw./km²	Groß-Athen
1951	7632801	+ 3,92 (seit 1940)	57,84	1378586
1961	8388553	+ 9,90	63,57	1852709
1971	8768641	+ 4,53	66,45	2540241
1981	9740417	+ 11,08	73,82	3027331

Quelle: Stat. Yearbook of Greece 1982

Diese Zunahme erfolgte nicht gleichmäßig in allen Landesteilen, sondern sie trifft vorwiegend für die Städte zu. Der Anteil der städtischen Bevölkerung (Orte ab 10000 Einw.) stieg von 37,7 % (1951) auf 58,1 % (1981), gleichzeitig sank der Anteil der kleinstädtischen Bevölkerung (Orte von 2000–9999 Einw.) von 14,8 % auf 11,6 % und der ländlichen Bevölkerung (Orte unter 2000 Einw.) von 47,5 % auf 30,3 %.

Das Problem der ländlichen Abwanderung in die Städte und Ballungszentren des Landes wurde seither in zahlreichen Arbeiten behandelt (vgl. z.B. BANCO 1976, BAXEVANIS 1972, CRUEGER 1978, EGGERS 1965, HELLER 1979 und 1982, KAYSER et al. 1971, LIENAU 1976, MEIBEYER 1977, SAUERWEIN 1976 und 1980, TZIAFETAS 1981, WAGSTAFF 1969). Dabei wirkt der Ballungsraum Athen als magischer Anziehungspunkt, so daß mittlerweile jeder dritte Grieche Athener ist. Die Griechen bezeichnen dieses Phänomen als „Akropolis-Komplex". An nächster Stelle folgen Thessaloniki, Patras und einige Landstädte mit hohem Bevölkerungswachstum. Die inzwischen vorliegenden Ergebnisse der Volkszählung von 1981 (*Population de fait de la Grèce ... 1981*, Athen 1982, neugriechisch) erlauben eine Analyse der jüngsten Veränderungen seit 1971 und wurden in Abb. 1 dargestellt. Sie zeigt, daß der Zustrom zu diesen imaginären Ballungszentren unvermindert anhält. Zahlreiche Nomi (Nomos = Verwaltungsbezirk) besitzen aber ebenfalls Zunahmen. Damit treten neue Zuwachsgebiete auf, zu denen viele Provinzen Nordgriechenlands (Rückkehr von Gastarbeitern), die Kykladen, die Dodekanes-Inseln und Kreta zählen (junge Fremdenverkehrszentren). Geblieben sind die traditionellen Abwanderungsgebiete der Peripherie: die südwestliche Peloponnes, das südwestliche Mittelgriechenland besonders mit den vorgelagerten Ionischen Inseln (außer Korfu), Randgebiete an der jugoslawischen und bulgarischen Grenze sowie die vor dem anatolischen Festland liegenden Inseln (außer Rhodos).

Faßt man jedoch die Bevölkerungsveränderung der beiden letzten Dekaden von 1961–1981 zusammen (siehe Abb. 2), so sieht das Fazit für die peripheren Räume des Landes sehr viel negativer aus. Die Zahl der Nomi mit abwandernder Einwohnerschaft ist wesentlich größer, die Abwanderungsquoten sind beachtlich höher und erreichen in dem Nomos Kefalonia auf den Ionischen Inseln den Spitzenwert mit – 30,5 % Bevölkerungsverlust[1]. Das enorme Wachstum von Athen mit + 63,7 % und Thessaloniki mit + 59,6 % hebt sich in diesem Berechnungszeitraum noch gravierender ab. Der Rückgriff auf die Abb. 1 im Vergleich erlaubt die Interpretation, daß zahlreiche Nomi trotz Wachstum in der Dekade 1971–1981 die großen Verluste der vorangegangenen Dekade noch nicht ausgleichen konnten. Das von A. PHILIPPSON geprägte und von H. LEHMANN gerne gebrauchte Bild, daß die geologische Rückseite Griechenlands zur kulturellen Vorderseite geworden sei, wird von beiden Abbildungen in vollem Umfang bestätigt.

Wenn die Dekade 1971–1981 positivere Züge für viele ländliche Räume zeigt, so gilt es nochmals zu betonen, daß dieses Ergebnis in der Regel für die Städte und Nomoshauptorte zutrifft; denn von den 61 Städten des Landes ab 10000 Einwohner haben nur drei (Arta, Chios und Mesolongi) einen Bevölkerungsverlust zu ver-

1) Die autonome Mönchsrepublik Berg Athos mit –45,2 % Abnahme kann hier nicht näher diskutiert werden.

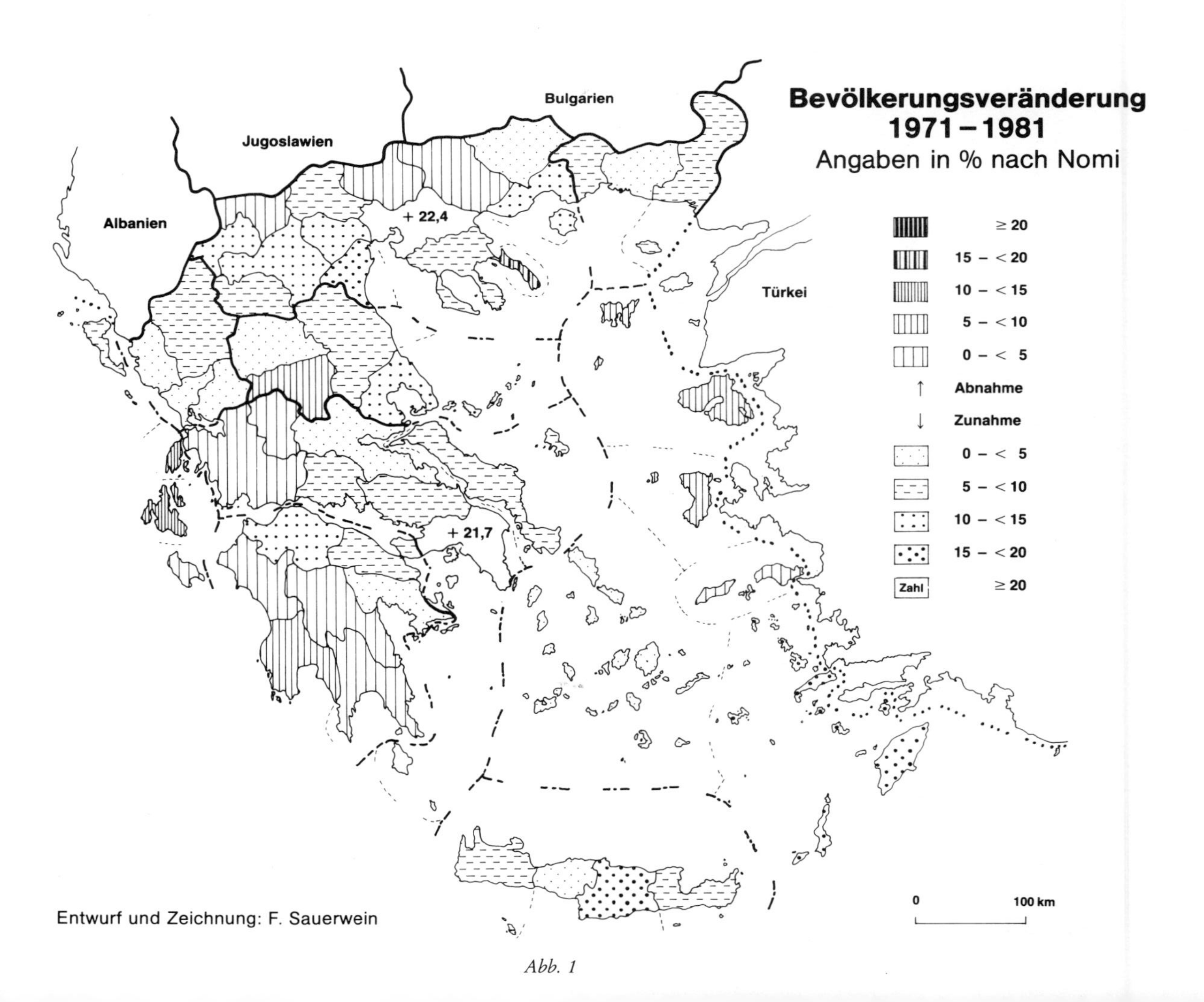

Bevölkerungsveränderung
1971 – 1981
Angaben in % nach Nomi
≥ 20
15 – < 20
10 – < 15
5 – < 10
0 – < 5
↑ Abnahme
↓ Zunahme
0 – < 5
5 – < 10
10 – < 15
15 – < 20
Zahl ≥ 20
0
100 km
Bulgarien
Jugoslawien
Albanien
Türkei
+ 22,4
+ 21,7
Entwurf und Zeichnung: F. Sauerwein

Abb. 1

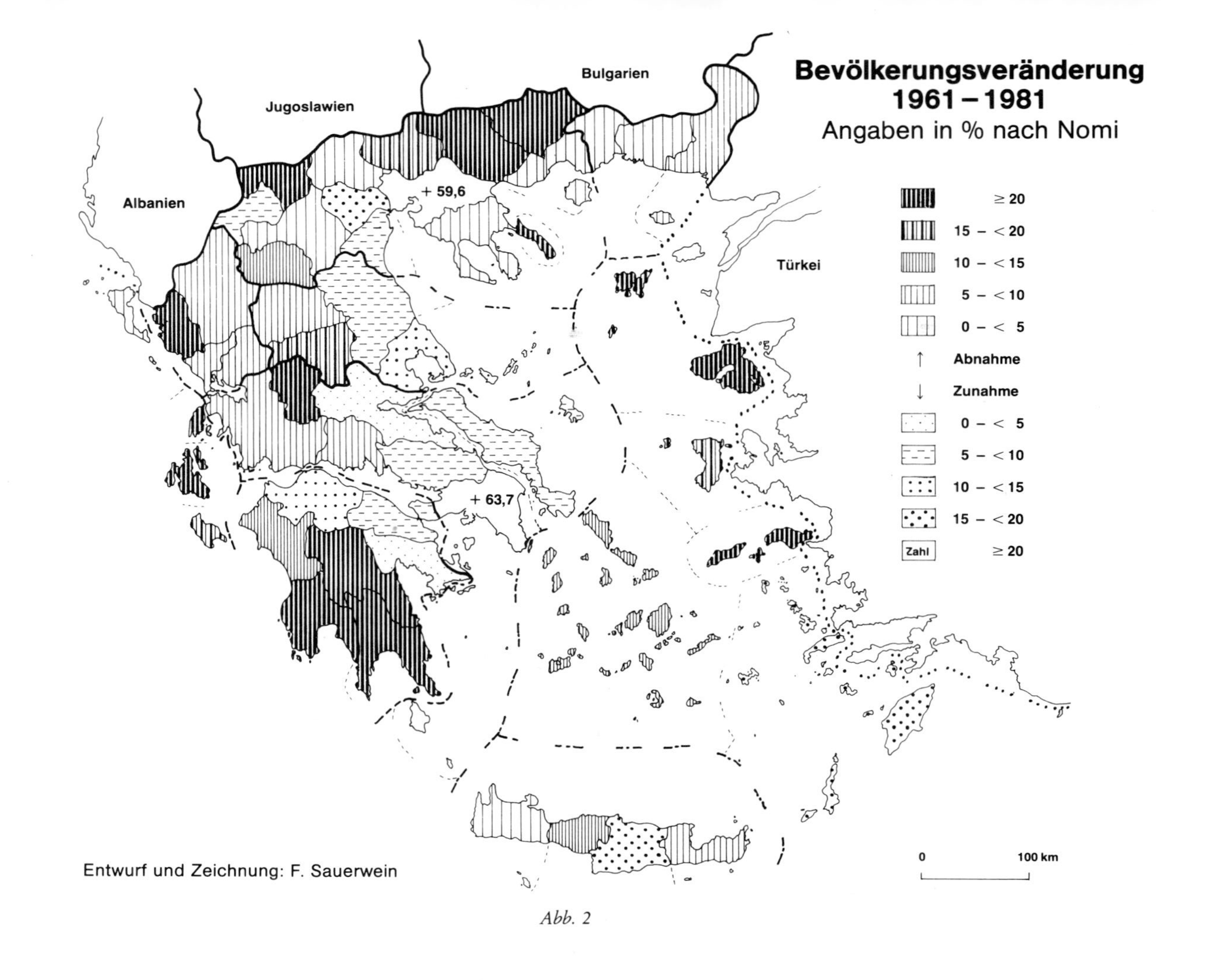
Bevölkerungsveränderung
1961 – 1981
Angaben in % nach Nomi
≥ 20
15 – < 20
10 – < 15
5 – < 10
0 – < 5
↑ Abnahme
↓ Zunahme
0 – < 5
5 – < 10
10 – < 15
15 – < 20
Zahl ≥ 20
Jugoslawien
Bulgarien
Albanien
Türkei
+ 59,6
+ 63,7
0
100 km
Entwurf und Zeichnung: F. Sauerwein

Abb. 2

zeichnen. Griechenland unterliegt damit zur Zeit einem sehr lebhaften Urbanisierungsprozeß.

Interessant für unsere Fragestellung ist die Differenzierung der griechischen Statistik nach „level, semi-mountainous and mountainous areas", wenn auch die Definition der einzelnen Zonen etwas vage erfolgt[2]. Danach kann die Tab. 2 erstellt werden.

Tabelle 2: Verteilung der Bevölkerung nach Höhenregionen 1971 und 1981

	level	semi-mountainous	mountainous
1971			
absolute Zahlen	5939058	1781689	1047 894
relative Werte	67,73 %	20,32 %	11,95 %
1981			
absolute Zahlen	6712870	2085574	941973
relative Werte	68,92 %	21,41 %	9,67 %
Veränderung 1971–1981			
absolute Zahlen	+ 773812	+ 303885	- 105921
relative Zahlen (1971 = 100 %)	+ 13,03 %	+ 17,06 %	- 10,11 %

Quelle: Statist. Jahrbücher und eigene Berechnungen

Tab. 2 läßt eindeutig den Zustrom der Bevölkerung in die *level-* und *semi-mountainous-* und den Verlust der *mountainous*-Regionen erkennen. Auch wenn die Relativwerte eine überproportionale Zunahme in der *semi-mountainous*-Region ergeben, so korrigieren doch die absoluten Zahlen jenes Ergebnis. Das primäre Zuwachsgebiet der Bevölkerungsverschiebung von 1971 bis 1981 sind die Becken- und Küstenzonen der Tieflandregion. Hier liegt offensichtlich der pull-Faktor, der die negativen Auswirkungen in den Ungunstgebieten mit steigender Höhe der Isohypsen auslöst.

Dieses generelle Ergebnis bedarf der Ergänzung durch die Beobachtung regionaler Mobilitätsprozesse. Ausgewählt wurden zu diesem Zweck ein klassisches Abwanderungsgebiet sowie eine Zone mit stagnierender oder zunehmender Bevölkerung für eine exemplarische Darstellung. Eine umfassende Untersuchung der 264 Stadtge-

2) *level*: Gemeinden nicht über 800 m N.N., überwiegend eben oder leicht ansteigend. – *semi-mountainous*: Gemeinden nicht über 800 m N.N. für den größten Teil der Gemarkungen, am Fuß von Gebirgen oder zwischen einer Ebene und einem Gebirge gelegen. – *mountainous*: Gemeinden über 800 m N.N. oder mit Höhenunterschieden über 400 m innerhalb der Gemarkung in steilem Terrain.

Jeder Ort in Griechenland ist statistisch einer dieser drei Zonen zugeordnet.

meinden (Dimi), 5774 Landgemeinden (Kinotites) und 12315 Wohnplätze (Ikismi) ist weder aus räumlichen noch aus zeitlichen Gründen möglich (Zahlen nach *Stat. Yearbook 1982*). Damit erhält die eingeschlagene Methode zwar den Charakter des Experimentierens, und ihren Ergebnissen fehlt vielleicht die Voraussetzung für eine Verallgemeinerung; aber bei kritischer Betrachtung können diese Resultate als Trendwerte akzeptiert werden. Andererseits basiert Bevölkerungsmobilität immer auf individuellen Entscheidungen, die sich – trotz zahlreicher Ansätze in der Sozialgeographie – einer zuverlässigen Quantifizierung entziehen.

Beispiel 1: Innermessenien in flächenhafter Darstellung

Ein mir seit meiner Dissertation 1968 vertrautes Gebiet verlockte mich, die jüngsten Bevölkerungsveränderungen zwischen 1971 und 1981 flächenhaft in der Abb. 3 darzustellen. Der gesamte Nomos Messenien hatte in dieser Zeit eine Abnahme von −7,7% seiner Bevölkerung, 1961 bis 1981 sogar −24,6%, und stellt mit dem Verlust von fast einem Viertel seiner Wohnbevölkerung in 20 Jahren ein Extremgebiet dar. Die Abgrenzung der Abb. 3 erfolgt nach landschaftsräumlichen Aspekten und ist nicht immer identisch mit Grenzen größerer Verwaltungseinheiten (Eparchien oder Nomi). Sie wurde erstellt auf Gemeindebasis und ist nach Gemarkungsgrenzen gegliedert.

Abbildung 3 zeigt, daß die obere messenische Ebene, die Stenyklara, mit ihrer Gebirgsumrandung, der Flyschriegel, die pliozäne Beckenfüllung der Makaria und die Taygetosflanken im Osten von hoher Abwanderung betroffen sind. Der Spitzenwert wird in einem Dorf des Westrandes mit −48,6% erreicht. Etwas verminderte Werte ergeben sich in einigen fruchtbaren Revmata in der Pliozäntafel sowie entlang der Hauptverbindungsstraße am Ostrand der Makaria. Sie gehen im Küstensaum in stagnierende oder leicht positive Werte um Kalamata und Messini über. Große Zuwachsraten besitzen drei Randgemeinden um das städtische Zentrum Kalamata (42075 Einw.), wobei die Küstensiedlung Mikra Mantinia mit einem Zugang von 89 Personen auf 301 Einw. einen Relativwert von +42% erreicht.

Ein Rätsel scheint das Gebirgsdorf Poliani mit einer astronomischen Steigerungsrate von +3260% aufzugeben. Es hatte 5 Einwohner 1971 und 1981 plötzlich 168, damit einen Zuwachs von +163 Personen. Zur Lösung des Problems bedarf es keiner Spekulationen. Die Volkszählung 1971 fand am 14. März, die von 1981 am 5. April statt. Für Poliani (670 m) besteht noch eine alte Kalyvienverbindung mit den Winterdörfern Agrilos (370 m) und Amfia (245 m) am Ostrand der Ebene. Bei der jahreszeitlich frühen Zählung 1971 hatte im Gegensatz zu 1981 die Wanderungsbewegung in das Sommerdorf Poliani noch nicht begonnen.

Messenien jedoch zeigt, daß der längere Beobachtungszeitraum 1961–1981 die tatsächliche Bevölkerungsbilanz erst in erschreckender Form deutlich macht. Das be-

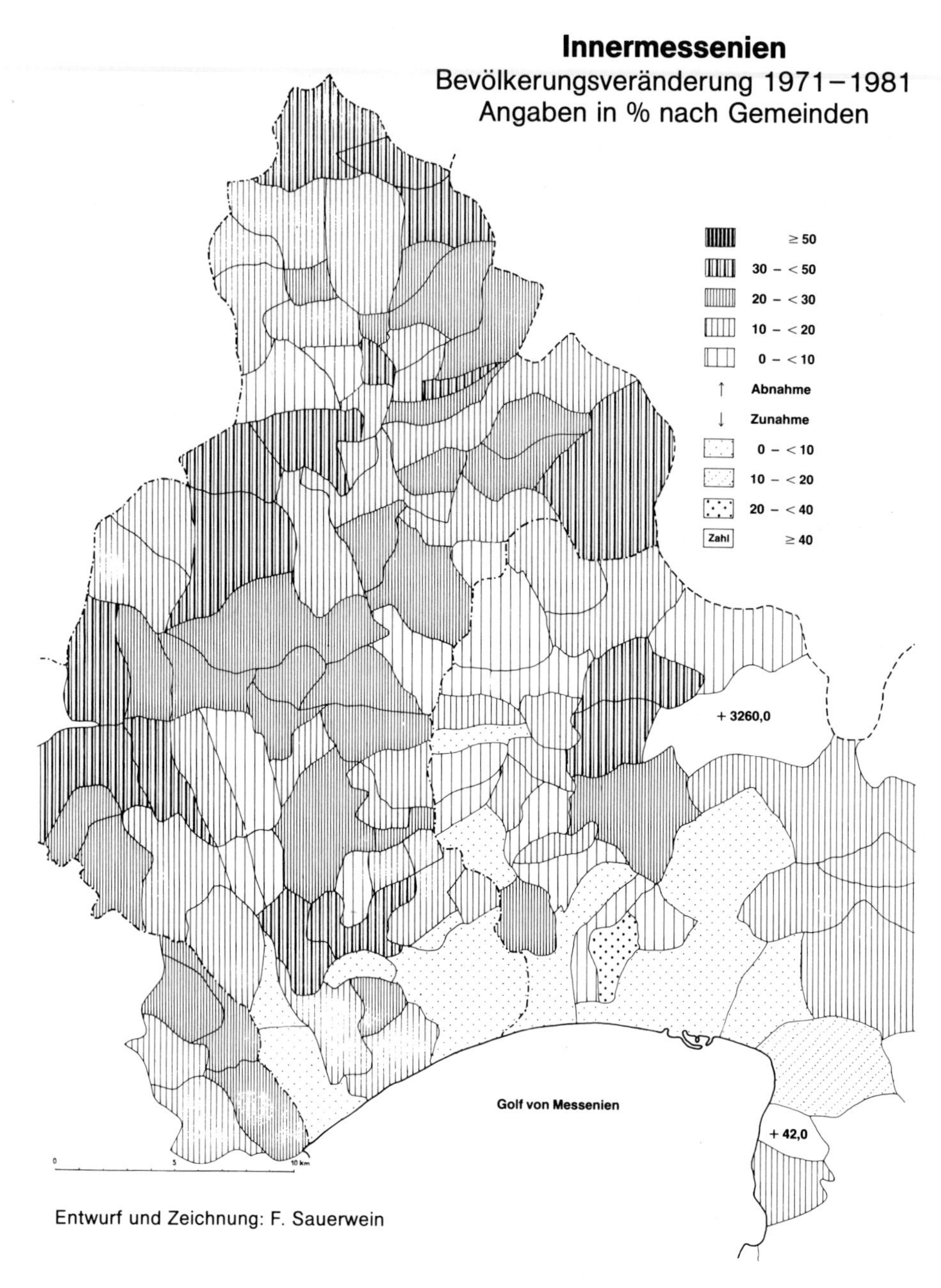
Innermessenien
Bevölkerungsveränderung 1971–1981
Angaben in % nach Gemeinden
≥ 50
30 – < 50
20 – < 30
10 – < 20
0 – < 10
↑ Abnahme
↓ Zunahme
0 – < 10
10 – < 20
20 – < 40
Zahl ≥ 40
+ 3260,0
+ 42,0
Golf von Messenien
0
5
10 km
Entwurf und Zeichnung: F. Sauerwein

Abb. 3

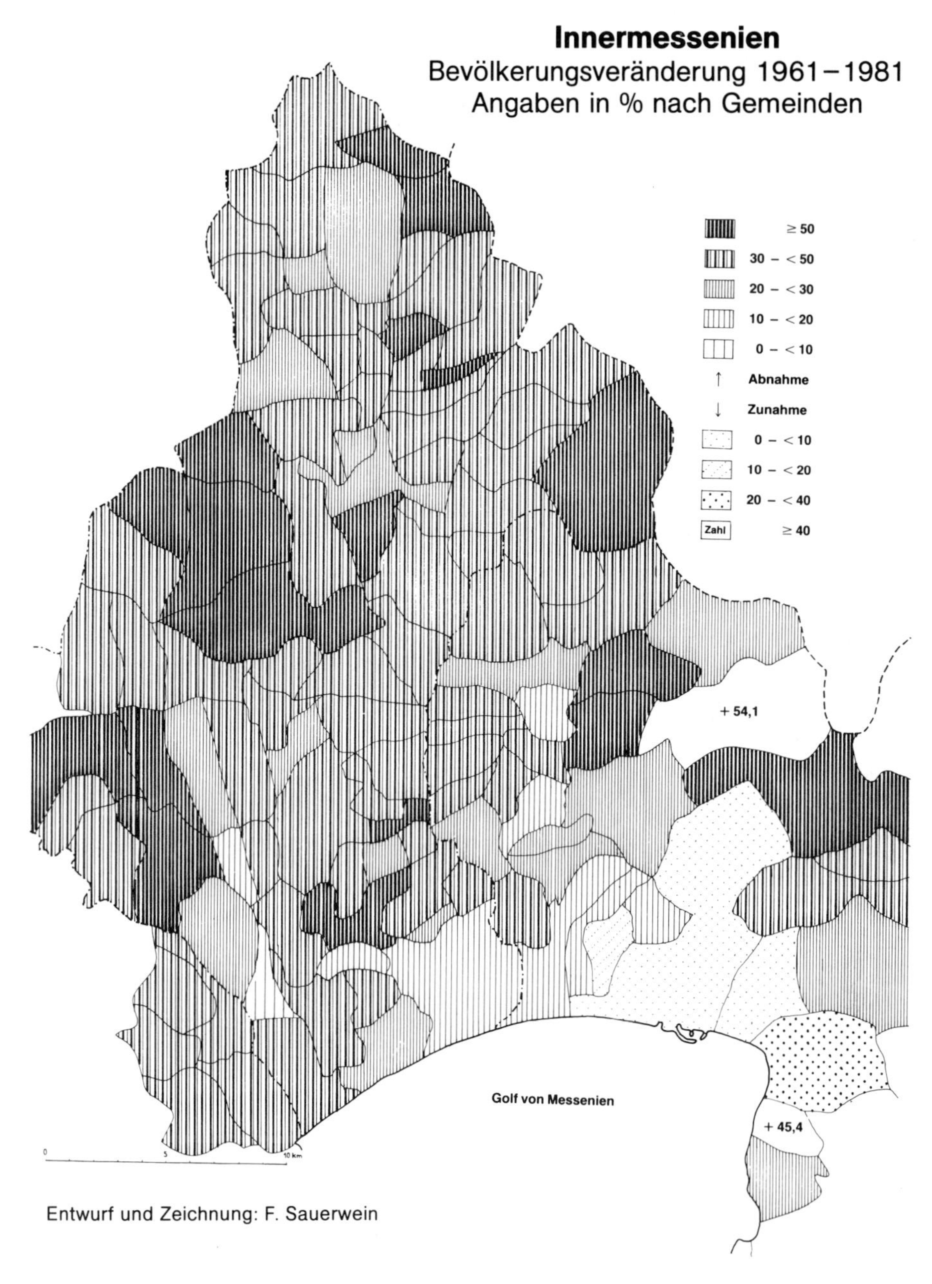

Innermessenien
Bevölkerungsveränderung 1961–1981
Angaben in % nach Gemeinden
≥ 50
30 – < 50
20 – < 30
10 – < 20
0 – < 10
Abnahme
Zunahme
0 – < 10
10 – < 20
20 – < 40
Zahl ≥ 40
+ 54,1
+ 45,4
Golf von Messenien
0
5
10 km
Entwurf und Zeichnung: F. Sauerwein

Abb. 4

weist die Abb. 4. Die meisten Dörfer des fruchtbaren Innermessenien verlieren über 30%, viele von ihnen sogar über 50% ihrer Einwohnerschaft. Der Spitzenwert liegt in einem Dorf des Nordens mit –72,7%. Zuwachsraten bleiben jetzt nur noch für Kalamata als Nomoshauptort mit drei Randgemeinden. Für Poliani bleibt zu erwähnen, daß 1961 die Volkszählung am 19. März stattfand.

Das, was in meiner Dissertation als Trend interpretiert werden konnte, hat sich zu einer Lawine entwickelt: Aus ländlicher Abwanderung ist Landflucht geworden, und zwar in einer durch Klima, Bodenqualitäten und Wasserversorgung begünstigten Beckenlandschaft der *level-* oder *semi-mountainous-area* im Küstenbereich. In vielen Dörfern leben nur noch ältere Menschen, eventuell Frauen und Kinder. Häuser zerfallen und werden zu Ruinen. Die dicht besiedelten Ebenen mit 1961 über 100–200 Einw./km² (SAUERWEIN 1968, S. 110 f.) sind von diesem Prozeß ebenso erfaßt worden wie die Umrandungen mit geringerer Bevölkerungsdichte. Ein zunächst primär für Gebirgsregionen geltendes Phänomen hat hier auf einen Vorzugsraum übergegriffen.

Die Frage nach den Ursachen muß daher andiskutiert werden. Ein vom Statistischen Amt Athen 1962 herausgegebener Report nennt als Motive ländlicher Abwanderung (S. 21): Mangel an Arbeit (83,5%), Mangel an Land (6,2%), Mangel an Bildungsmöglichkeit (1,9%), familiäre und gesundheitliche Gründe (1,6%) und andere unerklärte Gründe (6,8%). Anziehungskräfte der Stadt sind (S. 22): Arbeitsmöglichkeiten, höheres Einkommen, attraktiveres Stadtleben und bessere Bildungschancen, die statistisch belegt werden. Binnenwanderer sind vorwiegend unverheiratete Personen unter 35 Jahren mit einem höheren Grad an Schulbildung; denn Analphabeten sind mit dem geringsten Prozentwert vertreten.

Diese Begründungen zielen primär auf die agrarischen Probleme Messeniens: Klein- bis Kleinstbesitzstruktur, Parzellenzersplitterung und mangelhafte Infrastruktur erlaubten oft nur eine Lebensform am Rande des Existenzminimums. Treffen sie heute noch zu?

Beispiel 2: Profil Kiaton – Tolon

Für dieses Beispiel wurden die Nomi Korinth und Argolis als Zuwachsgebiete der Bevölkerung auf der Peloponnes ausgewählt. Sie wurden durch ein Bevölkerungsprofil erfaßt. Es besitzt eine Bandbreite von 1 km und zieht von Kiaton am Golf von Korinth nach SW am Killini-Gebirge vorbei. Dort biegt es in der Höhe des Stymphalischen Sees um nach SE, quert die Ebene von Argos und erreicht über Nauplia hinweg den Golf von Tolon. Ermittelt wurde die Bevölkerungsveränderung von 1961 bis 1981.

Die Darstellung der Ergebnisse erfolgt in einem Diagramm in Abb. 5. Dort ist die Höhenlage der betroffenen Gemeinden in einem Isohypsenraster mit der Äqui-

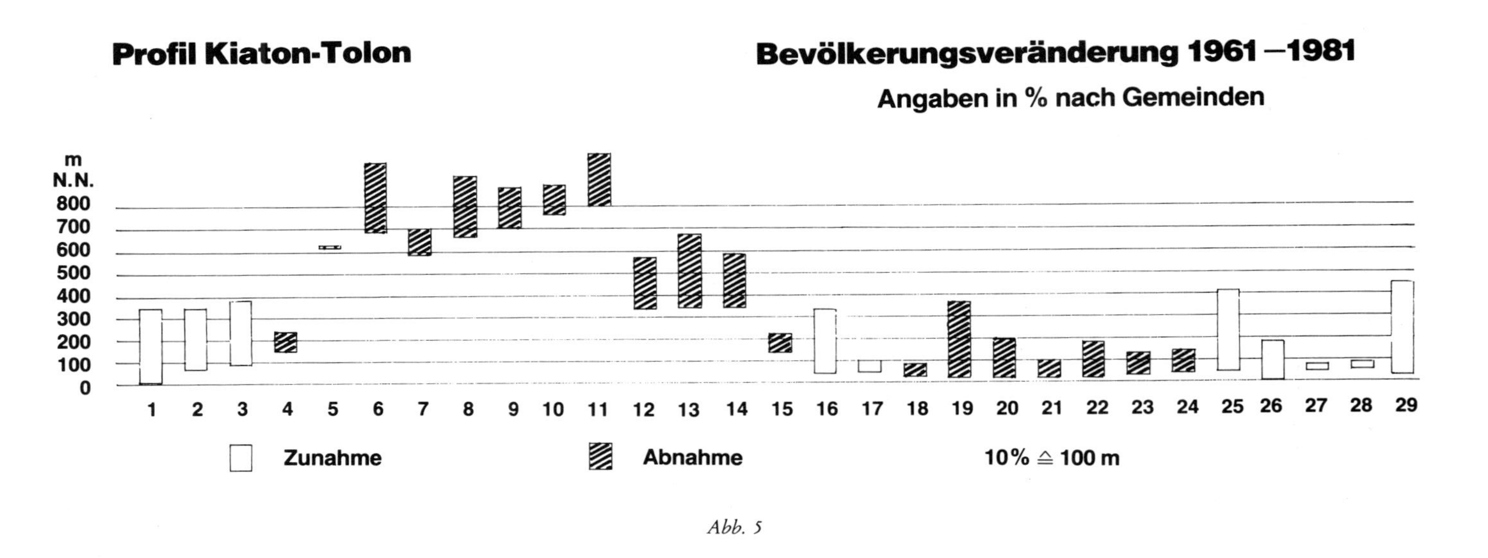
Profil Kiaton-Tolon
Bevölkerungsveränderung 1961 –1981
Angaben in % nach Gemeinden
m
N.N.
800
700
600
500
400
300
200
100
0
1 2 3 4 5 6 7 8 9 10 11 12 13 14 15 16 17 18 19 20 21 22 23 24 25 26 27 28 29
Zunahme
Abnahme
10% ≙ 100 m

Abb. 5

distanz von 100 m durch den Fußpunkt der einzelnen Säulen bestimmt. Die Säulen selbst zeigen die relative Veränderung der Bevölkerung, wobei jeweils 10% Zu- oder Abnahme mit der Äquidistanz von 100 m übereinstimmen. Weiße Säulen dokumentieren Zunahme, schwarze Säulen hingegen Abnahme der Bevölkerung. Erfaßt werden durch das Profil 29 Gemeinden, darunter die beiden Dimi Kiaton und Nauplia mit 8232 bzw. 10611 Einw. 1981 (Nr. 1 und Nr. 26) als größte Siedlungen.

Bei diesem Beispiel läßt der Verlauf klar akzentuierte Schwerpunkte erkennen. Die Küstensäume um Kiaton und von Nauplia bis Tolon kristallisieren sich als Wachstumszonen mit beachtenswerter Zunahme heraus und kennzeichnen damit wirtschaftliche Prosperität in diesen Regionen. Lokal isoliert besitzen die beiden Gemeinden Kutsopodion und Pasas (16 und 17) beim Übergang des Profils in die argivische Ebene einen gewissen Bedeutungsüberschuß, der durch die Nähe zu der hier nicht erfaßten Stadt Argos hervorgerufen wird.

Es ergeben sich aber auch zwei ebenso eindeutige Abwanderungszonen: die Hügel- und Gebirgsregion zwischen dem Golf von Korinth und der Ebene von Argos, sowie die innere und küstenferne argolische Ebene selbst. Hier treten nur Abnahmewerte auf in teilweise gravierender Höhe, die in das seither gewonnene Bild von Messenien eingefügt werden könnten.

Insgesamt gelangt das Profil zu einer anderen absoluten Zahlenbilanz. Die Zunahme der Bevölkerung beträgt + 5278 Einw., die Abnahme − 1661 Einw., so daß ein Überschuß von + 3617 Einw. entsteht, der nicht allein aus den Verlustgemeinden aufgefüllt werden kann und daher einen Zustrom aus anderen Gebieten annehmen läßt.

Damit dürfte die Begründung der Bevölkerungsabnahme eine andere Dimension erreichen, die nicht nur unter ökonomischem Aspekt gesehen werden darf, sondern zunehmend soziologische und vor allem psychologische Entscheidungsmerkmale berücksichtigen muß; denn in der Ebene von Argos sind die agrarstrukturellen Bedingungen besser als in den messenischen Becken (vgl. SAUERWEIN 1971).

In zahlreichen und langen Diskussionen mit Gesprächspartnern aus allen Bevölkerungsschichten über die Ursachen der ländlichen Abwanderung konnte ein – allerdings unvollständiger – Katalog von neuen Argumenten erstellt werden:

- die bäuerliche Arbeit ist sehr hart, der Ertrag hingegen gering
- der Bauer steht in der sozialen Hierarchie auf der untersten Stufe
- das Dorf bietet in den Bereichen der Hygiene und Gesundheitsversorgung zu wenig Einrichtungen
- das Dorf umfaßt keine Einrichtungen zur Freizeitgestaltung
- die Bauern schicken ihre Kinder auf Gymnasien, um ihnen eine bessere Existenz zu ermöglichen. Damit gehen die Jugendlichen für das Dorf verloren.

Gerade die jüngere Generation ist nicht mehr bereit, ihr Leben unter den üblichen ländlichen Bedingungen zu gestalten; denn sie weiß inzwischen aus den Medien und infolge steigender Kommunikation durch eine voranschreitende Verkehrserschließung auch in den letzten Winkeln der Provinz, daß die Lebensverhältnisse in den Städten oder in anderen Ländern besser sind. Dieser höhere Lebensstandard wird angestrebt; man ist der ländlichen Armut überdrüssig geworden!

Griechenland zeigt – gerade durch seine hohe Bevölkerungsmobilität – ein Bild des Umbruchs. Über Jahrhunderte gültige Vorstellungen, zementiert in Sitte und ländlichem Brauchtum, werden in Frage gestellt. Die Berührung mit dem zunehmenden Tourismus und die Rückkehr von Gastarbeitern tragen neue Lebensbilder in ein konservativ geprägtes Schema des Lebensablaufes hinein. Alte Familienstrukturen beginnen aufzuweichen, wie es VUIDASKIS 1977 unter dem Titel „Tradition und sozialer Wandel auf der Insel Kreta" dargestellt hat. Es erfolgt eine Lösung von den traditionellen Bindungen.

Während eines Gespräches wurde von einem Beamten der Bewässerungsgesellschaft G.O.E.B. in der Argolis als primäre Ursache die *astyfilía* der Griechen bezeichnet. Das Lexikon übersetzt jenes Wort mit dem zunächst unverständlichen Begriff „Landflucht". Die etymologische Ableitung jedoch bedeutet „Stadtfreundschaft", etwa im Sinne von „Stadtfreudigkeit" und damit in der negativen Auslegung „Landmüdigkeit". Somit trifft der Terminus *astyfilía* den Kern des Problems.

In beiden Fällen der exemplarischen Betrachtung zeichnen sich Zuwachsgebiete der Bevölkerung ab. In Messenien ist es die Bezirksstadt Kalamata (42075 Einw. 1981), die seit 1961 eine erhebliche Modernisierung erfahren hat und im Küstensaum entlang der Bucht sowie an der angrenzenden Halbinsel Mani ihr Erholungs- und Freizeitgebiet ausbaut. Im zweiten Beispiel sind es ebenfalls Küstenzonen, die Wanderungsgewinne verzeichnen: im Norden Kiaton am Golf von Korinth, im Süden die Region von Nauplia. Dort hat das Dorf Tolon unter dem Einfluß des Fremdenverkehrs einen geradezu unglaublichen Wandel erfahren. Der Vergleich der Fotos 1 und 2 vermag dies zu bestätigen. 1958 war es ein vergessenes, armseliges Fischer- und Bauerndorf, 1972 begann ein Bauboom, der in einem Jahr ca. 70 neue Gebäude schuf, 1984 war es bereits ein international bekanntes Seebad mit ca. 100000 Touristen! Sein touristisches Grundkapital liegt in einem idealen Sandstrand, der außergewöhnlich großen landschaftlichen Attraktivität der Bucht, der Nähe zu den berühmten historischen Stätten der Argolis und den vollmediterranen Klimabedingungen. Das kann aber nur in einer speziellen Studie gebührend dargestellt werden.

Stichprobenhafte Untersuchungen in anderen Landesteilen bestätigen diese Beobachtungen, auch wenn sie hier nicht im einzelnen aufgeführt werden können. Auf den Inseln der Ägäis tritt das gleiche Phänomen auf: Dörfer im Inselinneren verlieren Bevölkerungsanteile, Küstenorte gewinnen hinzu.

Foto 1. Tolon 1958

Foto 2. Tolon 1984

Somit erfaßt die Bevölkerungsmobilität neben dem Trend der Verstädterung die Bedeutung der touristischen Entwicklung in den unmittelbaren litoralen Bereichen. Wo in der naturräumlichen Ausstattung badegerechte Strände vorhanden sind, bestehen Ansatzmöglichkeiten für eine wirtschaftliche Erschließung. Sie kann staatlich gelenkt sein über die EOT (*Ellinikos Organismos Tourismou* = Griechischer Fremdenverkehrsverband) und zu groß angelegten internationalen Urlaubszentren führen, wie zum Beispiel auf Rhodos, Mykonos und Kreta oder an den makedonischen Küsten, wo der jugoslawische Touristenstrom mittlerweile dominiert, der 1981 nach den Engländern die zweite Position vor den bundesdeutschen Besuchern Griechenlands eingenommen hat. Touristische Erschließung kann aber ebenso auf privater Basis kleine Küstenorte aufwerten.

Dabei ist zu berücksichtigen, daß der steigende binnengriechische Tourismus eine erhebliche Wirkung ausübt. Sobald ein bestimmter infrastruktureller Ausbau erfolgt ist, können „Geheimtips" vormals idyllische Küstenorte in überlaufene touristische Rummelplätze verwandeln. Neben vielen anderen Orten darf hier als Beispiel Parga an der Küste des Epirus angeführt werden.

B. Die Landwirtschaft in den Küstenregionen

Konnte die Betrachtung der Bevölkerungsmobilität auf eigenen neueren Forschungsergebnissen aufbauen, so muß sich die Darstellung der landwirtschaftlichen Probleme stärker der deskriptiven Form bedienen. Dabei können jüngere Eigenbeobachtungen ergänzend einfließen.

Das die Anbausituation maßgeblich steuernde mediterrane Klima tritt in den Küstensäumen in seiner reinsten Ausbildung auf. Die Nord-Süd-Erstreckung des Landes führt aber bereits zu einer Differenzierung und scheidet einen sehr viel kontinentaler geprägten nördlichen ägäischen Küstensaum aus. Von der Niederschlagshöhe her läßt sich der feuchtere und grüne Westen dem trockenen und dürren Osten gegenüberstellen. Auf diese Weise findet die geologisch-tektonisch vorgezeichnete Kammerung des Landes durch die klimatische Modifikation eine weitere Betonung ihrer individualistischen Struktur. Ein einheitliches Band besteht für die Küstenzonen südlich der Ölbaumgrenze in der immergrünen natürlichen Vegetation.

Von der Gesamtfläche Griechenlands sind nur etwa 30% für die heutige landwirtschaftliche Nutzung geeignet. Dabei entfallen von den 3,228 Mio. ha des kultivierten Landes 58% auf die *level*-Regionen. Von den 883000 ha bewässerter Flächen (= 23,5% der LN) liegen sogar 73% in den *level*-Bereichen (Zahlen nach *Stat. Yearbook 1982* berechnet). Aus diesen wenigen Zahlen wird die überragende Bedeutung der Ebenen und damit der Litoralräume für die Agrarwirtschaft des Landes deutlich. Die folgende Tab. 3 vermag diese Behauptung zu bestätigen.

Tabelle 3: Anbauflächen und Ertragszahlen ausgewählter Agrarprodukte der „level"-Region in Prozentwerten von Gesamt-Griechenland 1980

Anbauprodukt	Fläche in %	Ertrag in %
Getreide	65,1	72,5
Tabak (bewässert)	54,3	61,8
Baumwolle	88,1	88,7
Zuckerrüben	85,8	84,4
Wassermelonen	81,4	84,5
Zuckermelonen	79,2	83,0
Kartoffeln	58,3	64,5
Tomaten	56,2	77,4
Weintrauben	46,4	55,1
Agrumen	72,0	76,3
Pfirsiche	85,9	86,4
Trockene Feigen	57,4	52,1
Oliven	41,3	44,8

Quelle: Stat. Yearbook 1982 und eigene Berechnungen

Von den ausgewählten Anbaufrüchten liegen nur Weintrauben und Oliven unter 50 % der Anbaufläche des Landes; lediglich bei Zuckerrüben und trockenen Feigen werden standortbedingte niedrigere Erträge als in der Hügelregion erzielt. Da die *level*-Zonen in der Regel als alluviale Schwemmlandgebiete über die besseren Bodenqualitäten verfügen, werden dort höhere Erträge als in den Hügel- und Berglandregionen erwirtschaftet und anspruchsvollere Anbaugewächse kultiviert. Außerdem gestattet die Reliefgunst eine bessere Bewässerungsmöglichkeit und den leichteren Maschineneinsatz. Mehrfachernten ergeben sich aus der klimatischen Gunstsituation. Durch die Verwendung von einfachen Treibhausanlagen unter Folien (*Thermokípia* = Warmgärten) ist eine weitere Gewinnsteigerung möglich. Somit lassen sich die Küstenhöfe und Beckenlandschaften als Kernräume der griechischen Landwirtschaft charakterisieren, die den höchsten Grad einer intensiven Landnutzung aufweisen.

Die Intensivierung des Anbaus in den Küstenebenen läuft häufig Hand in Hand mit dem Ausbau der Bewässerungsanlagen bei paralleler Flurbereinigung. Allerdings wurden nach AUSTEN (1980, S. 295) seit 1953 erst 15 % der anstehenden Flächen flurbereinigt. Das große Problem liegt in der historisch bedingten Kleinbesitzstruktur der bäuerlichen Betriebe, die durch das Brauchtum der Realteilung zusätzlich mit der Parzellenzersplitterung belastet sind. Noch 1977/78 bewirtschafteten 21,7 % aller Betriebe in der *level*-Region weniger als 1 ha, 53,3 % eine Fläche von 1–5 ha, 16,9 % 5–10 ha und nur 7,7 % über 10 ha Land (Zahlen nach *Stat. Yearbook 1982* berechnet). Diese Werte liegen über dem Landesdurchschnitt.

Inzwischen ist durch die starke ländliche Abwanderung eine Konsolidierung in den für die Existenz einer bäuerlichen Familie erforderlichen Nährflächen eingetreten, da die frei gewordenen Landanteile von den zurückgebliebenen Familienangehörigen bewirtschaftet werden. Es ist sogar ein Arbeitskräftemangel in den Spitzenzeiten der Arbeitsbelastung spürbar, der über die Anwerbung von Wanderarbeitern aus den Gebirgen oder die Beschäftigung von Zigeunern überbrückt werden muß.

Andererseits zwingen die Besitzverhältnisse zum Anbau von Sonderkulturen (Garten- und Baumland), um ausreichende Einkünfte erzielen zu können; denn eine Betriebsführung im Nebenerwerb ist infolge der mangelhaften industriellen Erschließung des ländlichen Raumes nur in seltenen Fällen möglich.

Die Umwandlung der früher extensiv bewirtschafteten Tieflands- und Küstenregionen hat zu einer erheblichen Umstrukturierung in der Viehwirtschaft des Landes beigetragen. So standen im Winter nunmehr keine Brachflächen mehr als Weideareale zur Verfügung. Das führte mit zu einem Niedergang der landesüblichen Fernweidewirtschaft (vgl. BEUERMANN 1967).

Markt- und Exportorientierung spielen für die moderne griechische Landwirtschaft eine wesentliche Rolle und führten in den Ebenen teilweise zur Überwindung der alten Betriebssysteme, die primär auf der Selbstversorgung der bäuerlichen Familie gegründet waren. Innovationen, wie sie zum Beispiel von dem lukrativen Pfirsichanbau in der Ebene von Thessaloniki ausgelöst wurden (FÜLDNER 1967) und die auch andere Landesteile erfaßten, bilden dabei ein ebenso wichtiges Instrumentarium für Produktionsziele in der Landwirtschaft wie staatliche Subventionen oder Festpreisgarantien.

Trotz vieler einheitlicher Züge und Ursachen in der Anbausituation der Küstenebenen blieb infolge schwerpunkthafter Konzentration auf bestimmte Anbauprodukte der individualistische Charakter der Küstenhöfe und Beckenlandschaften und ihrer Umrandungen erhalten. Dies zeigen zum Beispiel die nach Süden geöffneten Küstenhöfe der Peloponnes. Die messenischen und lakonischen Ebenen sind typische Polykulturlandschaften mit einer einheitlichen und ausgedehnten Umrahmung durch Ölbaum- und Feigenhaine. Die Argolis hat sich im Gegensatz hierzu zu einem monokulturartigen Agrumengarten entwickelt. In dieser Form können schlagwortartig die meisten griechischen Küstenebenen beschrieben werden (vgl. OLTERSDORF 1983 für Westkreta, SAUERWEIN 1983, S. 332 ff. oder EGGELING 1984 für die südliche Ägäis).

C. Die Industrialisierung und die Verstädterung in den Küstenregionen

Griechenland hat nach dem Zweiten Weltkrieg enorme Anstrengungen zum Aufbau seiner Industrie unternommen. Die Impulse hierzu konnten allein von den Städten ausgehen, da der ländliche Raum rein agrarisch geprägt war. Auch die Landstädte besaßen nur handwerklich-gewerbliche Zentren in bazarartiger Ausgestaltung, die speziell auf die Bedürfnisse der bäuerlichen Bevölkerung ihres Umlandes, deren Lebensformen und die damit verbundenen agrartechnischen Anforderungen ausgerichtet waren.

Ein großes Hindernis auf dem Wege zur Industrialisierung war die ungenügende infrastrukturelle Erschließung des gebirgigen Landes. Hier wirkte sich die Kleinkammerung des Raumes besonders negativ aus. Noch Ende der fünfziger Jahre verlief die Straße von Thessaloniki nach Athen über fünf Pässe, und die Strecke war selbst im PKW kaum an einem Tage zu bewältigen. Viele Landstädte und Dörfer waren nur über Schotterpisten erreichbar. Heute besitzt Griechenland ein relativ gut ausgebautes Straßennetz mit 8725 km Nationalstraßen und über 24000 km befestigten Provinzstraßen (1981). Die ca. 600 km lange paßfreie Strecke Thessaloniki–Athen kann in einer normalen Tagesetappe von Bussen und LKWs befahren werden. Am besten erschlossen sind jedoch die Küstenregionen.

Der Schienenverkehr hatte mit dem Problem der unterschiedlichen Spurbreite zu kämpfen. Nur die weithin eingleisigen Strecken Athen–Thessaloniki–Jugoslawien und Thessaloniki–Bulgarien/Türkei haben normale Spurbreiten. Die Peloponnesbahn und die teilweise stillgelegte Strecke Volos–Kalambaka besitzen eingleisige Schmalspur. Bei der Weitmaschigkeit des Netzes und der technischen Unzulänglichkeit stellt die Bahn heute kaum eine Konkurrenz zum Straßenverkehr dar; sie konnte aber auch zur industriellen Entwicklung des Landes wenig beitragen.

Größere Bedeutung hatte von jeher der Seeverkehr, da er nicht nur als Küstenschiffahrt Güter- und Personentransport entlang der festländischen Küsten bewerkstelligen mußte, sondern gleichzeitig die Anbindung der zahlreichen Inseln zu besorgen hatte. Er förderte damit in entscheidendem Maße die Entwicklung der Litoralregion. Eine besondere Rolle spielt heute der Fährbetrieb von Italien und Jugoslawien nach Korfu, Igumenitsa und Patras sowie von Piraeus zu den ägäischen Inseln und Kreta.

Sehr gut ausgebaut ist mittlerweile das innergriechische Flugnetz. Griechenland verfügt über 30 Flughäfen.

Schon die Betrachtung der Bevölkerungsbewegung hatte die überragende zentrale Funktion der Stadt Athen für das gesamte Land deutlich gemacht. Als administrativer, wirtschaftlicher und kultureller Mittelpunkt Griechenlands verweist sie alle entfernteren Regionen zwangsläufig in die „Peripherie". Der Grundstein für die Entwicklung wurde 1834 mit der Wahl Athens als Hauptstadt und Regierungssitz des jungen Königreiches Neugriechenland gelegt. Eine Anlehnung der Verwaltungsgliederung an das zentralistisch aufgebaute französische Vorbild führte praktisch zu einem administrativen Privileg der Stadt. Alle anderen Funktionen höchster Stufe mußten automatisch folgen. Damit war die Entwicklung der Stadt vorprogrammiert, und sie ordnet sich in der Geschwindigkeit des Wachstums besonders nach dem Zweiten Weltkrieg in die Reihe vergleichbarer internationaler Großstädte ein.

Dieser Boom des Wachstums erfordert einen immensen Flächenbedarf. So ist die alte Doppelstadt Athen-Piraeus mit ihren ehemaligen Vororten zusammengewachsen und bedeckt in der attischen Ebene eine fast geschlossen bebaute Fläche von ca. 15 × 30 km, die bis an die Flanken der Randgebirge Hymettos, Penteli und Parnis vorstößt. Am Saronischen Golf findet sie eine bandartige Fortsetzung als „Attische Riviera" in Richtung Kap Sunion, greift gleichzeitig nach Norden aus in die Region der Schwerindustrie innerhalb der Bucht von Eleusis mit der vorgelagerten Insel Salamis und strahlt bereits nach Osten aus in die Ebene der Mesogia im Hinterland von Hymettos und Penteli. Dort schließt sich ein total zersiedeltes Gebiet von Wochenend- und Ferienhäusern entlang der attischen Ostküste an. Athen mit seinen 57 Stadtteilen ist damit eine echte urbane Agglomeration.

Einige Zahlen aus verschiedenen Sektoren vermögen den Grad der Zentralität Athens zu unterstreichen. Sie sind jeweils als Prozentwerte im Vergleich mit dem gesamten Land berechnet (*Stat. Yearbook 1982*). In Athen befinden sich 22,5 % aller Krankenhäuser des Landes mit 47,8 % aller Betten (= große Kliniken), dort wohnen 56,0 % aller Ärzte und 52,6 % aller Zahnärzte (1981). 56,5 % aller PKWs sind in Athen zugelassen (1981). Auf dem Flughafen erfolgen 59,7 % aller Starts und Landungen, werden 54,9 % aller Passagiere und 74,9 % Fracht und Post abgefertigt (1980). Die Akropolis zählte 1980 über 1,4 Mio. Besucher. 53,6 % aller Absolventen von Universitäten und Hochschulen leben in Athen (1971). 27,6 % der elektrischen Energie werden in der Hauptstadt verbraucht (1981).

Jene Zahlen weisen vor allem auf die Bedeutung des tertiären Sektors für das Land hin. Der sekundäre Bereich steht jedoch nicht zurück. 36,7 % aller Industriebetriebe mit 42,0 % aller Beschäftigten haben ihren Sitz in Athen (1978). Damit wird auch dieser Sektor in seiner überregionalen Gewichtung sehr prägnant greifbar. Alle Bemühungen einer Dezentralisierung von seiten der Regierung, wie zum Beispiel die Aufgliederung des Landes in vier Förderungsstufen für die regionale Entwicklung von Industrie und Gewerbe, brachten nicht den gewünschten Erfolg (vgl. HELLER/SAUERWEIN 1979). Obwohl Athen mit Attika in der niedrigsten Stufe der Förderungsmaßnahmen eingeordnet wurde, hielt der Trend der Konzentration auf dieses Zentrum an.

Eine wesentliche Rolle spielen hierbei die Arbeits- und Facharbeitskräfte-, die Verkehrs- und die Absatzorientierung sowie die Kontaktnähe zu Großbanken und entscheidungsbefugten Verwaltungseinrichtungen, auch wenn diese Probleme nicht im einzelnen erörtert werden können. In jüngster Zeit haben sich von dem Zentrum Athen aus entlang den Nationalstraßen regelrechte Industriegassen entwickelt, die im Westen über Korinth nach Patras verlaufen und im Norden der Strecke bis Chalkis/Euböa und Theben folgen. Weitere Industriezentren in allerdings sehr viel kleineren Dimensionen entstanden in Thessaloniki, Patras und Volos.

Eine Rohstofforientierung als primäre Ursache der Standortwahl ist in Griechenland relativ selten zu beobachten. Sie trifft auf die Wärmekraftwerke, die auf Lignit-Basis arbeiten, und auf einige wenige Betriebe der Grundstoffindustrie zu. Auch die beachtenswerte Nahrungsmittelindustrie ist stärker dezentralisiert angesiedelt, bevorzugt aber dabei verkehrs- und hafengünstige Standorte. Der wichtigste Industriezweig ist die verarbeitende Industrie, die in dem an Rohstoffen nicht gesegneten Lande die meeroffene Lage nutzt und Hafenstandorte bevorzugt.So zeigt auch die Betrachtung der Interdependenz von Verstädterung und Industrialisierung in Griechenland die schwerpunkthafte Ausrichtung auf die litoralen Gebiete.

D. Die Konfliktbereiche in den Küstenregionen

Die bisherige Analyse hat ergeben, daß die Küstenregionen Griechenlands bei der „Inwertsetzung" des Raumes eine Sonderstellung einnehmen. Sie sind sowohl im agrarischen als auch im industriellen und erst recht im touristischen Sektor eine bevorzugte landschaftliche Zone. Deshalb können Konflikte im Nutzungsanspruch nicht ausbleiben. Bei einer Überbetonung der „Inwertsetzung" sind schließlich Schäden unvermeidlich.

Am leichtesten lassen sich landwirtschaftliche Tätigkeit und Tourismus miteinander verbinden. Zahlreiche private Campingplätze am Strand oder in Küstennähe sind unter Baumkulturen angelegt. Die Bäume spenden in den heißen Sommermonaten den Zeltgästen angenehmen Schatten und bedürfen während dieser Zeit nur geringer Pflege. Da die Ernte von Oliven, Feigen und Agrumen in die Herbst- und Wintermonate fällt, wenn die Zeltgäste weg sind, ergeben sich keine Überschneidungen, weder in einer gegenseitigen Behinderung noch in einer zeitlichen Belastung der Grundeigentümer. Der Tourismus bringt zusätzliche Einnahmen.

Mit zunehmender Größe der touristischen Einrichtungen und Zentren verändert sich jene Situation. Der Tourismus beginnt zu dominieren, er verändert die Küstenorte physiognomisch und in ihrer sozioökonomischen Struktur, die Landwirtschaft wird in ihrer Bedeutung zurückgedrängt. Das hat Auswirkungen in den küstennahen Fluren. Parzellen fallen brach oder werden nur noch extensiv bewirtschaftet, es setzt die Bodenspekulation ein, wildes Bauen von Ferienhäusern zersiedelt die Landschaft, es beginnt der Ausverkauf der Strände. BORN (1984) hat diesen Prozeß am Beispiel der Siedlung Gouves auf Kreta sehr gründlich untersucht und dargestellt.

Viel schwerwiegender ist der Konflikt, wenn Industriebetriebe dazukommen. Zwar ist eine landwirtschaftliche Nutzung neben Industrieanlagen durchaus möglich, und die bäuerlichen Betriebe stellen sich sogar häufig um auf eine direkte Marktversorgung der wachsenden Bevölkerung. Industrie und Tourismus schließen sich jedoch gegenseitig aus; denn Badestrände neben Fabriken werden vom Fremdenverkehr nicht angenommen.

Ökologische Folgeerscheinungen einer so vielseitigen und intensiven Nutzung der litoralen Regionen können nicht ausbleiben. Dies zeigt sich in allen Bereichen der Umweltbelastung. So hat die Intensivierung des Anbaus in der Landwirtschaft einen wesentlich höheren Wasserbedarf zur Folge. In der Argolis wurde durch die Brunnenbewässerung der Agrumenkulturen der Grundwasserspiegel in der Ebene so tief abgesenkt, daß eine fortschreitende Versalzung des Grundwasserkörpers durch nachdrückendes Meerwasser eingetreten ist. Obwohl die submarine Quelle von Agios Georgios seit 15 Jahren gefaßt (vgl. SAUERWEIN 1971) und das Pumphaus seit etwa zehn Jahren installiert ist, kann die neue Bewässerungsanlage nicht in Betrieb genommen werden, weil der erforderliche Ringkanal um die Ebene herum noch nicht fertig gebaut wurde.

Die Ausweitung des Tourismus führt ebenfalls zu einem wesentlich höheren Wasserbedarf. So wird der tägliche Wasserverbrauch eines dusch- und badefreudigen Feriengastes mit 150–300 l angenommen, während ein griechischer Dorfbewohner mit 20–50 l auskommt (Zahlen zit. nach BORN 1984, S. 190). Dadurch treten Engpässe in der Wasserversorgung zur Zeit der sommerlichen Trockenperiode auf.

Das größte Problem der Wasserversorgung ergibt sich für die wachsende Agglomeration Athen. Die Kapazität des Marathon-Stausees reicht schon lange für die Stadt nicht mehr aus. Es mußte zusätzliches Wasser aus dem Yliki-See in Böotien herangeführt werden, und heute beliefert noch der neu gebaute Mornos-Stausee im Pindosgebirge (in über 200 km Entfernung) die Stadt mit Wasser.

Ähnlich gravierend stellt sich der Komplex der Abwasserbeseitigung dar. Mit dem rasanten Tempo des Wachstums kann die infrastrukturelle Ausstattung nicht Schritt halten. Fehlende Kanalisation zwingt zur Anlage von Sickergruben. Häufig werden aber die Abwässer von der Kanalisation ungeklärt in etwas größerem Abstand von der Küste in das Meer geleitet. Auch hier gibt die Hauptstadt mit der besonders belasteten Bucht von Faliron kein gutes Beispiel ab. An etlichen Küstenabschnitten ist das Baden nicht mehr empfehlenswert.

Leider kann den Griechen generell kein großes Umweltbewußtsein bescheinigt werden. Straßengräben und sommertrockene Flußbetten werden oft als wilde Müllkippen verwendet, so daß bei winterlichen Starkregen der Unrat in das Meer verfrachtet und von der Brandung auf die Küste verteilt wird. Daraus ergibt sich eine zusätzliche, aber vermeidbare Belastung der Strände.

Auch auf dem Sektor der Luftverschmutzung nimmt Athen eine führende Position ein. Hieran ist vor allem der Autoverkehr beteiligt, wobei die meistens im Schritt fahrenden Fahrzeugmassen ihre Abgase in die engen Straßenschluchten blasen. Wenn im Winter die Ölheizungen ihre Schadstoffe dazu emittieren, liegt zuweilen eine neblig-trübe Wolke über der attischen Ebene. Es darf schon als ein glücklicher Umstand angesehen werden, daß die Stadt durch das Ägaleos-Gebirge etwas von den Emissionen aus den Schornsteinen der Schwerindustrie in der Bucht von Eleusis abgeschirmt wird. Dennoch sind bereits die Marmor-Bauwerke und -Skulpturen der Akropolis durch die aggressiven Schwefel- und Stickoxyde in hohem Maße gefährdet und geschädigt.

Gerade die Betrachtung der ökologischen Probleme macht deutlich, daß Industrieballung und urbane Agglomeration irreversible Schäden in der Landschaft hervorrufen können und somit die Grenze einer Entwicklung signalisieren. Es ist verständlich, daß seit wenigen Jahren immer mehr Bewohner Athens versuchen, durch den Bau eines Ferien- oder Alterswohnsitzes in ihrer ländlichen Herkunftsgemeinde oder an einer stadtfernen Küste eine Brücke zu ihrem früheren Heimatraum zu schlagen.

Bei der intensiven Beobachtung ländlicher Siedlungen auf der Peloponnes und in Mittelgriechenland im September 1984 fielen zahlreiche neue, solide (erdbebensichere) Häuser neben Ruinen auf. Sie ersetzen teilweise alte Wohngebäude, waren aber – wie aus Gesprächen zu erfahren war – auch Häuser von Gastarbeitern oder von Binnenwanderern aus Athen. Bauaktivitäten konnten sogar bis in die mittlerweile menschenarme Halbinsel Mani registriert werden. Allerdings war die Zahl der Neubauten und Bauvorhaben in Küstennähe am größten. Die enge Bindung der Griechen an ihre Heimat ist hinreichend bekannt. Es scheint, daß diese neuen Häuser nicht nur Statussysmbole der Abgewanderten darstellen.

Ob sich aus dieser Beobachtung eine beginnende Aufwertung des ländlichen Raumes ableiten läßt oder gar ein Trend zu seiner Rückbesiedlung einsetzen wird, vermag erst die Zukunft zu entscheiden. Zweifellos werden aber die Küstenregionen Griechenlands ihren derzeitigen Entwicklungsstand halten und infolge ihrer wirtschaftlichen und touristischen Attraktivität individuell weiter ausbauen.

Literatur

Austen, H.: Land- und Forstwirtschaft. In: K.-D. Grothusen (Ed.), Südosteuropa-Handbuch Bd. III Griechenland. – Göttingen 1980, S. 291–307.

Banco, I.: Studien zur Verteilung und Entwicklung der Bevölkerung von Griechenland. – Bonner Geographische Abhandlungen 54, 1976.

Baxevanis, J.: Economy and Population Movements in the Peloponnesos of Greece. – Athens 1972.

Beuermann, A.: Kalyviendörfer im Peloponnes. – Abhandlungen der Akademie für Raumforschung und Landesplanung (Mortensen-Festschrift) 28. Bremen 1954, S. 229–238.

Beuermann, A.: Fernweidewirtschaft in Südosteuropa. – Braunschweig 1967.

Born, V.: Kreta – Gouves. Wandel einer Agrarlandschaft in ein Fremdenverkehrsgebiet. – Münstersche Geographische Arbeiten 18. Paderborn 1984, S. 121–214.

Crueger, H. E.: Perama. Eine Zuwanderergemeinde am Stadtrand von Groß-Athen. Bonn 1978.

Eggeling, W. J.: Rhodos – Naxos – Syros. Die heutige Kulturlandschaft der Südlichen Ägäis als Resultat anthropogeographischer Wandlungen unter besonderer Berücksichtigung ethnischer Gegensätze. – Wuppertaler Geographische Studien 4. 1984.

Eggers, H.: Leben und Wirtschaftsweise auf den griechischen Kykladen im Umbruch. – Verhandlungen des Deutschen Geographentages Heidelberg 1963. Wiesbaden 1965, S. 140–151.

Füldner, E.: Agrargeographische Untersuchungen in der Ebene von Thessaloniki. – Frankfurter Geographische Hefte 44. 1967.

Heller, W.: Regionale Disparitäten und Urbanisierung in Griechenland und Rumänien. – Göttinger Geographische Abhandlungen 74. 1979.

Heller, W.: Griechenland – ein unterentwickeltes Land in der EG. – Geographische Rundschau 34. 1982, S. 188–195.

Heller, W. und F. Sauerwein: Industrialisierung Griechenlands.– Zeitschrift für Wirtschaftsgeographie 23. 1979, S. 1–10.

Kayser, B. et al.: Exode rurale et attraction urbaine en Grèce. – Athènes 1971.

Lehmann, H.: Argolis Bd. I. Landeskunde der Ebene von Argos und ihrer Randgebiete. – Athen 1937.

Lienau, C.: Bevölkerungsabwanderung, demographische Struktur und Landwirtschaftsform im W-Peloponnes. – Gießener Geographische Schriften 37. 1976.

Meibeyer, W.: Junge Wandlungen in der Bevölkerungsverteilung der Bezirke Attika, Böotien, Korinth und Argolis in Griechenland. – Düsseldorfer Geographische Schriften 7. 1977, S. 135–151.

Oltersdorf, B.: Beginn einer Neuorientierung der Landwirtschaft auf Kreta. – Colloquium Geographicum 16. 1983, S. 319–335.

Philippson, A.: Bericht über eine Rekognoscirungsreise im Peloponnes. – Verhandlungen der Gesellschaft für Erdkunde Berlin 14. 1887, S. 409–427 und S. 456–463.

Philippson, A.: Der Peloponnes. Versuch einer Landeskunde auf geologischer Grundlage. – Berlin 1892.

Philippson, A.: Griechenlands zwei Seiten. – Erdkunde 1. 1947, S. 144–162.

Philippson, A.: Die griechischen Landschaften. Eine Landeskunde. 4 Bde. – Frankfurt 1950–1959.

Sauerwein, F.: Landschaft, Siedlung und Wirtschaft Innermesseniens (Griechenland). – Frankfurter Wirtschafts- und Sozialgeographische Schriften 4. 1968.

Sauerwein, F.: Die moderne Argolis. Probleme des Strukturwandels in einer griechischen Landschaft. – Frankfurter Wirtschafts- und Sozialgeographische Schriften 9. 1971.

Sauerwein, F.: Griechenland. Land, Volk, Wirtschaft in Stichworten. – Wien 1976.

Sauerwein, F.: Spannungsfeld Ägäis. Informationen, Hintergründe, Ursachen des griechisch-türkischen Konfliktes um Cypern und die Ägäis. – Frankfurt 1980.

Sauerwein, F.: Landwirtschaft in Griechenland. Entwicklung, Probleme, Tendenzen bei einem jungen mediterranen Partner der EG. – Zeitschrift für Agrargeographie 1. 1983, S. 321–350.

Tziafetas, G. N.: Regional mobility in Greece. – European Demographic Information Bulletin 12. 1981, S. 49–55.

Wagstaff, J. M.: Rural Migration in Greece. – Geography 53. 1969, S. 175–179.

Statistiken:

Population du Royaume de Grèce d'apres le recensement du 19 mars 1961. – Athènes 1962.

Population du Royaume de Grèce d'apres le recensement du 14 mars 1971. – Athènes 1972.

Population de fait de la Grèce au recensement du 5 avril 1981. – Athènes 1982.

Report on the exploratory Survey into Motivations and Circumstances of Rural Migration. – Athens 1962.

Statistiki tou Tourismou, Etos 1981. – Athen 1983 (neugriechisch).

Statistical Yearbook of Greece. Verschiedene Bände bis 1982. – Athens 1983.

Herbert Popp und Franz Tichy (Hrsg.): Möglichkeiten, Grenzen und Schäden der Entwicklung in den Küstenräumen des Mittelmeergebietes. Ein Überblick anhand von Beispielen aus zehn Anrainerstaaten. Erlangen 1985 (= Erlanger Geographische Arbeiten, Sonderbände, Band 17).

Die türkischen Mittelmeerküsten*

von

WOLF-DIETER HÜTTEROTH (Erlangen)

Die Konfiguration der mediterranen Küsten Anatoliens ist bekannt. Ein Spezifikum ist, gegenüber Italien oder Griechenland, zum Teil auch gegenüber der Iberischen Halbinsel, daß auf großen Küstenabschnitten, vor allem im Süden, das Gebirge sehr bald zu Höhen ansteigt, die weit über der Obergrenze mediterraner Vegetation und mediterranen Anbaus liegen. Das Thema wird daher für diesen Zweck auf jenen Teil der mittelmeerischen Gebirgsabdachungen Anatoliens beschränkt, in dem noch die bekannten mediterranen Kulturpflanzen angebaut werden können (vgl. Landnutzungs-Karte in HÜTTEROTH 1982, Fig. 92).

Das zweite wichtige Charakteristikum – das sich im Prinzip allerdings an den meisten Mittelmeerküsten findet – ist das Alternieren von Felsküsten-Abschnitten und zwischengelagerten Strecken alluvialer Ausgleichsküste, letztere meist an Stellen, wo Flüsse in Buchten münden, diese auffüllen und ein Delta vorschieben, an dessen Außensaum sich dann Strandseen und Nehrungen entwickeln. Die physischen Voraussetzungen für das, was man oft „Küstenhof" nennt, sind also wie in anderen Mittelmeerländern gegeben, und sie sind auch inzwischen bis zu gewissem Maße tatsächlich ausgenutzt. Satellitenaufnahmen lassen die flächenhafte Erschließung mit weitgehender Bewässerung deutlich erkennen. Allerdings sind die Intensität und Vielfalt der Nutzung und die Dichtewerte der Besiedlung, wie sie für westmediterrane Küstenebenen kennzeichnend sind, bei weitem noch nicht erreicht. Von der Physis des Raumes her wären alle Möglichkeiten gegeben, daß die anatolischen Mittelmeerküsten-Gebiete denen anderer Mittelmeerländer stark ähneln oder entsprechen. Formal gesehen ist ja auch alles an agrarischen Anbauprodukten, auch an modernen Anbau- und Bewässerungstechniken vorhanden, was uns auch anderenorts begegnet. Ebenso gibt es eine Reihe traditionsreicher Hafenstädte – längst nicht so viele zwar, wie die langen Küstenstrecken erwarten lassen würden –, immerhin aber einige schon mit sehr modernen Umschlagseinrichtungen. Die Küstenebenen und die dahinter ansteigenden Gebirgsflanken sind von Dörfern und stellenweise von Einzelhöfen durchsetzt, und an den alluvialen Küstenabschnitten finden sich heute, wie zu erwarten, die Einrichtungen des modernen Badetourismus.

---

*) Die im Vortag gezeigten Bilder und Karten konnten hier nicht reproduziert werden. Auf die Publikationsorte der Karten, auf die Bezug genommen wird, ist im folgenden Text jeweils direkt verwiesen.

Dennoch macht das türkische Mittelmeergebiet auf den Reisenden den Eindruck von Rückständigkeit, mangelhafter Erschließung, noch ausbaufähigem agrarischem und touristischem Potential, von geringerer Dichte und Modernität, und das alles ganz unabhängig von jenen Kulturlandschaftselementen, die man eventuell als typisch „orientalisch" einzustufen geneigt ist.

Im folgenden soll versucht werden, diese Andersartigkeit zu erklären, und zwar in der Form einer übergreifenden These, die durch Einzelthesen und Belege differenziert werden soll.

Die These lautet: Die Mittelmeerküstengebiete der Türkei waren bis zur Mitte des 19. Jahrhunderts nicht nur durch Malaria und Seeräuberei gefährdet, wie andere mediterrane Küsten auch, sondern sie waren zum größten Teil Winterweidegebiete halbautonomer, militanter Nomadengruppen. Deren Sommerweidegebiete lagen in den hinter der Küste aufragenden Gebirgen. Der Unterschied zu den Küstengebieten Italiens, Spaniens und Griechenlands, wo ja mit der Transhumanz weidewirtschaftlich ähnliches üblich war, bestand darin, daß hier geschlossene Bevölkerungsgruppen wanderten, die gleichzeitig quasi-militärische und de facto unkontrollierte Einheiten waren und entsprechend nomadischen Gepflogenheiten und Notwendigkeiten hier und da etwa vorhandene bäuerliche Dörfer plünderten. Alte bäuerliche Siedlung ist also im türkischen Mittelmeerküstengebiet selten, und zwar seit dem Mittelalter.

Die These wird ergänzt durch eine solche von X. DE PLANHOL (1959): Aufgrund alt-türkischer Traditionen sowie der Ausstattung mit einem hohen Anteil von Pferden und Kreuzungen des Dromedars mit dem baktrischen Kamel waren die türkischen Nomaden imstande, die anatolischen Gebirge einschließlich ihrer Vorländer voll zu durchdringen und zu beherrschen, während das den arabischen Beduinen in den mediterranen Küstengebirgen der Levante – Libanon, Palästina, Ansariye-Gebirge – nie ganz gelang. In den arabisierten Küstenlandschaften und anschließenden Gebirgen hielten sich also altes Bauerntum und bäuerliche Traditionen in der Art der „Kabyleien", wie BOBEK (1948) das nannte, oder „montagne refuge" nach DE PLANHOL (1962), in den turkisierten Küstengebirgen dagegen nur selten.

Meine „These" schließt mit der Behauptung, daß die meisten charakteristischen Züge der türkischen Mittelmeerlandschaften darauf beruhen, daß aufgrund der nomadischen Durchdringung und der dadurch fehlenden bäuerlichen Tradition alle neuzeitlichen Erschließungs- und Entwicklungsprozesse mit einer starken Verzögerung eingesetzt haben. Das erklärt die Sonderstellung des türkischen Mittelmeergebietes auch gegenüber anderen islamischen Küstengebieten in der Levante, wo ja die hemmenden Faktoren, die im Orient allgemein und im Osmanischen Reich speziell galten, genauso wirksam werden mußten. Es gibt allerdings einige Unterschiede in der Entwicklung zwischen den Küsten der Marmara (der „türkischen Inlandsee"), den anatolischen Ägäisküsten mit ihren breiten Binnenlandverbindungen und der Südküste, aber auf diese Differenzierung wird hier ebensowenig eingegangen wie auf die völlige Andersartigkeit der türkischen Schwarzmeerküsten. Im Vordergrund steht im folgenden die türkische Südküste, weniger der Ägäis-Raum.

Zunächst einiges zur Erläuterung der historischen Situation bis Mitte des 19. Jahrhunderts und danach die Konsequenzen für die Gegenwart.

Die Situation des „nomadisierten Gebirges", wie es DE PLANHOL (1962) genannt hat („montagne bédouinisée") und wie sie bis etwa zur Mitte des vorigen Jahrhunderts bestand, ist heute einigermaßen bekannt, jedenfalls für die türkische Südküste. Eine gewisse Zahl von vorliegenden Untersuchungen erlaubte, eine Karte der nomadischen Wanderwege und damit der Sommer- und Winterweidegebiete zu konstruieren (vgl. Fig. 63 in HÜTTEROTH 1982 sowie Karte 1 in HÜTTEROTH 1973). Im türkischen Ägäisgebiet hat die Pazifizierung der Stämme früher begonnen, die räumliche Rekonstruktion des alten nomadischen Systems ist da nicht mehr bzw. nur partiell möglich.

Natürlich gab es neben Gruppen, die ganzjährig nomadisierten, im 19. Jahrhundert auch schon größere Teile von mehr oder weniger fest angesiedelten Stämmen, die „halbnomadisch" lebten und, meist im Gebiet der Frühjahrs- und Herbstweiden, bereits feste Dörfer besaßen. Ich habe diesen Lebensform-Typ in anderem Zusammenhang „Yaylabauern" genannt (HÜTTEROTH 1959). Wichtig ist bei dieser Gruppe jedoch, daß sie durch vielerlei Beziehungen und Traditionen mit den nomadischen Stämmen verbunden waren. Sie standen also nicht eigentlich als Bauern den Nomaden gegenüber, wie das im Orient häufig der Fall ist, sondern sie bildeten meist nur deren angesiedelte Fraktionen, durch tribale Organisation und Militanz den Nomaden nahestehend und verbunden.

Das regional-politische Gefüge zur späten Osmanischen Zeit wurde von SOYSAL (1976) für einen Teil des türkischen Südküstengebietes, und zwar für die Çukurova (Ebene von Adana) und ihre Randgebirge, rekonstruiert. Danach gab es entlang der Heer- und Pilgerstraße nach Syrien, die durch die Ebene von Adana führte, und um die größeren Städte gewisse Areale, in denen die Autorität der osmanischen Paschas einigermaßen durchgesetzt werden konnte, daneben aber erheblich größere Areale, wo mehr oder minder bedeutende Stammeschefs selbstherrlich regierten. Innerhalb dieser zwei Typen von „Herrschaft" gab es jeweils hier und da von Yaylabauern (oder in Stadtnähe auch von Fellachen) bewohnte Dörfer, meist jedoch in Positionen, die im „toten Winkel" der nomadischen Wanderrouten lagen. Die Ebenen, flachen Küstengebiete und größeren Täler waren als Winterweidegebiete der Nomaden praktisch frei von Dauersiedlungen, die höheren Gebirge dienten ausschließlich nomadischer Sommerweide. Die von M. SOYSAL (1976) nach lokalhistorischen Quellen entworfene Karte zeigt deutlich das Nebeneinander von staatlich kontrollierten Bereichen, halbautonomen Regionalherrschaften, kleineren und größeren Stammesgebieten sowie den Winter- und Sommerweidegebieten der Nomaden. Kleinere Gebiete mit bäuerlicher Siedlung passen sich mehr oder weniger flächenhaft ein zwischen Weidegebiete und Wanderrouten der Nomaden. Dieser Zustand herrschte wahrscheinlich im größten Teil der türkischen Südküste schon seit Jahrhunderten. Zumindest ist für das späte 16. Jahrhundert belegt, daß selbst zu dieser im Osmanischen Reich relativ geordneten Zeit die Ebenen fast ausschließlich Winterweideland von Stämmen gewesen sind, für die lediglich ein untergeordneter Subsistenzanbau charakteristisch war.

Die Konsequenzen dieser Situation der Unsicherheit, der geringen Produktion, der Abschließung nach außen und der geringen Attraktivität für internationalen Handel sind vielfältig.

Sie beginnen bei Elementen der natürlichen oder der quasinatürlichen Vegetation: Kaum ein Gebiet der Mittelmeerküsten ist so arm an floristischen Fremdlingen wie die türkische Südküste. Während Opuntie und Agave schon im 19. Jahrhundert in Palästina ganz geläufige Hecken- und Einfriedungspflanzen waren, fehlen sie, abgesehen von städtischen Parks, in der südtürkischen Küstenlandschaft. Das gleiche gilt für viele amerikanische und asiatische Baumarten. Nur Eukalypten an Chausseen fallen etwas häufiger auf.

Andererseits hat sich der Wald erheblich besser erhalten als in altbäuerlich besiedelten Küstenlandschaften, etwa Palästinas, Griechenlands oder des Libanon. Vielerorts reichen geschlossene Wälder (nicht junge Forsten!) von *Pinus brutia* bis unmittelbar an die Küste, und selbst Küstenebenen haben noch hier und da alten Waldbestand. DE PLANHOL (1965) hat gerade diese auffällige Walderhaltung mit dem langandauernden Nomadentum erklärt: Die bei Nomadismus erheblich geringere Bevölkerungsdichte, der geringe Bedarf an Bauholz und Winterfeuerung haben zur Walderhaltung beigetragen. Altbäuerliche Besiedlung hätte viel dichter sein können, hätte damit aber durch Ackerflächenrodung, durch Bau- und Brennholzbedarf, durch Waldgewerbe und natürlich auch durch Beweidung den Wald viel nachhaltiger geschädigt. Der fast waldlose Libanon stellt das entsprechende Gegenbeispiel dar.

Eine direkte Folge der anhaltenden „Nomadisierung" der anatolischen Küstengebirge ist die bis ins 20. Jahrhundert fortdauernde relative Unterbevölkerung. Reiseberichte aus dem 19. Jahrhundert sprechen, speziell für die Südküste, von wochenlangen Reisen (im Sommer) durch so gut wie unbewohntes Land. Die wenigen Einwohner, auch die Yaylabauern, waren natürlich zu dieser Jahreszeit auf den Almen (Yaylas). Karten der Bevölkerungsdichte nach natürlichen Raumeinheiten, wie sie LOUIS (1940) konstruierte, oder nach kleinen administrativen Einheiten, wie sie von TÜMERTEKIN und TUNÇDILEK (1955) oder neuerdings von vielen Behörden entworfen wurden, zeigen ganz klar die „dünne" Bevölkerung der Südküste. Im Gegensatz zur übervölkerten Schwarzmeer- oder Ägäisküste, auch zu den Becken des Binnenlandes, wirkt das besonders auffällig, erst recht natürlich wenn man – staatenübergreifend – die physisch so ähnlichen, äußerst dicht besiedelten Levanteküsten Syriens, Libanons und Israels gegenüberstellt.

Eine wichtige Konsequenz der überwiegend nomadischen oder halbnomadischen Bevölkerung der Küstenräume ist die Armut an altbäuerlichen Traditionen und Kulturtechniken:

- Auffälligstes Kennzeichen ist die Tatsache, daß es keinen traditionellen Terrassenbau gibt. Reste alter, verfallener Hangterrassen finden sich im Gebirge hier und da an Stellen, die als Siedlungsplätze aus vortürkischer Zeit bekannt sind, oder aber an denjenigen Teilen der Ägäisküste, die seit dem 19. Jahrhundert von Griechen rekolonisiert wurden (vgl. Karte bei PHILIPPSON 1919). Nur in letzterem Fall sind die Terrassen in einem Zustand, der ihre heute fortdauernde Nutzung erlaubt. Nur punktuell werden in neuester Zeit auf Initiative des Landwirtschaftsministeriums Terrassen angelegt.
- Zur Armut an altbäuerlicher Tradition gehört die vergleichsweise Spärlichkeit an Baumkulturen, speziell der Ölbaumkultur. Eine kartographische Gegenüberstellung der Verteilung der Ölbäume in Südanatolien und in den Ländern der Levanteküste läßt das besonders deutlich hervortreten (Aus technischen Gründen konnte dieser Original-Kartenentwurf nicht beigegeben werden). Dieser Kontrast gilt nicht in gleicher Schärfe für das türkische Ägäisgebiet im Vergleich zu Griechenland, wenngleich noch nicht klar ist, ob die Ölbaumdichte des türkischen Ägäisraumes nicht eine Folge der mit den Inselgriechen im 19. Jahrhundert wieder eingedrungenen marktorientierten Olivenerzeugung ist.
- Auch in den traditionellen Haustypen zeigt sich das Fehlen einer alten Bauernkultur: Bis in unser Jahrhundert dominieren in den flachen Teilen der türkischen Südküstengebiete die aus Inneranatolien übertragenen flachdachigen Lehmhaustypen, d.h. jener schlichte Hausbau, der von angesiedelten Nomaden und Halbnomaden seiner Einfachheit halber früher und heute praktiziert wird. Das flachdachige Steinkastenhaus der angrenzenden Gebirge ist dazu nur eine materialbedingte Variante, ebenso wie der moderne Betonkubus auf dem Lande. Nur in wenigen, etwas abgeschlosseneren Gebirgsgauen finden sich ausgefeilte, komplizierte Hausformen mit differenzierter Fachwerktechnik und Satteldach, mit Mehrstockbauweise und Schnitzereiverzierung – alles ohne Mörtel und ohne Eisenverwendung – damit eine lange entwickelte Bauernkultur anzeigend (vgl. entsprechende Karte für Pisidien bei DE PLANHOL 1958, Fig. 29).

Alle diese Ausgangsbedingungen historischer Art sind zu berücksichtigen, wenn wir nach „Möglichkeiten und Grenzen der Entwicklung“ fragen. Zunächst zur „Entwicklung“ selbst, die seit der zweiten Hälfte des 19. Jahrhunderts kräftig eingesetzt hat, ihrerseits neue Bedingungen schuf und noch keineswegs eine Art von Abschluß erreicht hat.

Der entscheidende Umschwung wurde für den gesamten Bereich des ehemaligen Osmanischen Reiches mit den sogenannten „Tanzimat“-Reformen des 19. Jahrhunderts (ca. 1840–1870) erreicht. Die – weitgehend militärische – Durchsetzung staatlicher Autorität und Rechtssicherheit auf dem Lande schuf Voraussetzungen, die die Küstenräume für agrarische Neusiedlung attraktiv werden lassen mußten (KARABORAN 1977/78).

Diese Rekolonisation der Küstengebiete erfolgte in mehreren, im Prinzip von West nach Ost laufenden „Wellen" und durch verschiedene Bevölkerungsgruppen. Sie betraf die Schwemmlandebenen genauso wie die angrenzenden Hügellandschaften der Gebirgsfußzonen. Sie war die Voraussetzung der später folgenden verschiedenen agrartechnischen Innovationswellen.

– Relativ früh, möglicherweise schon im 18. Jahrhundert, setzt die Rekolonisation des anatolischen Ägäisküstengebietes ein, und zwar wahrscheinlich von den Inseln her. Sie ist allerdings bisher kaum untersucht und sehr schlecht dokumentiert. Den einwandernden Griechen verdanken die westanatolischen Küstengebiete vor allem die ausgedehnten Oliven-, Feigen- und Weinanpflanzungen, die zum Teil auf neu angelegten Terrassen entstanden. Neue Dörfer und Kleinstädte, mit einer für Anatolien ungewöhnlichen Orientierung zum Hafen hin und mit einem inselgriechischen Baustil der Häuser, sind ein weiteres Erbe dieser Zeit. In den bis dahin nicht genutzten Schwemmlandebenen etablieren sich hier und da private Großbesitzer, zum Teil Großbetriebe (Çiftliks) mit Viehwirtschaft, später Baumwollanbau (INHALÇIK 1983).

– Die Attraktivität der nun sicherer gewordenen Küstenebenen wirkte natürlich auch im Lande selbst; und sowohl aus den benachbarten Bergdörfern wie auch aus ferneren Landesteilen kamen Zuwanderer, die in den Küstenebenen Land besetzten, später registrieren ließen und zu wirtschaften anfingen. Für die größte Küstenebene, die Çukurova bei Adana, sind die Dörfer dieser Zuwanderer kartiert (SOYSAL 1976). Es sind „Ostanatolier" türkischer und kurdischer Abstammung, die die mittleren Teile des Deltas okkupierten, den Wald (*Quercus infectoria*) rodeten und eine traditionelle Getreidewirtschaft im Zweifeldersystem mit Kleinviehhaltung begannen. Hier und da gelang reicheren Leuten die Aneignung größerer Landflächen, wodurch zwischen den Dörfern oder an ihrem Rand stellenweise Çiftliks (Güter) entstanden.

– Das 19. Jahrhundert ist zugleich die Zeit, in der Glaubensflüchtlinge (Muhacir) in großer Zahl vom Balkan, aus Griechenland, der Südukraine und dem Kaukasus nach Anatolien strömten. Ihnen wurde vielfach Kolonisationsland in den erschließbaren Küstenebenen angewiesen; und trotz der erheblichen Anlaufschwierigkeiten (v.a. Malaria-Verluste) häufen sich dort die Dörfer der Bosniaken, Krimtartaren, Makedonier, Kreter, Pomaken, Tscherkessen und anderer Kaukasier. DE PLANHOL (1958) hat das bereits für die Antalya-Ebene festgestellt, SOYSAL (1976) und KARABORAN (1975) haben die Muhacir-Dörfer der Çukurova kartiert.

– Schließlich vollzogen die noch übrig gebliebenen Nomaden, durch militärische Pazifizierungsmaßnahmen dezimiert und eingeschüchtert, früher oder später den

Schritt zu definitiver Seßhaftigkeit. Im Ägäisgebiet geschah das relativ früh, PHILIPPSON (1919, Karte) konstatierte bereits eine ganze Menge „Yürükendörfer". Entlang der Südküste vollzog sich dieser Prozeß langsamer bzw. später und ist bis heute nicht völlig abgeschlossen (VAN DE WAAL 1968).

Wichtig für alle Vergleiche mit anderen mediterranen Küstengebieten ist bei dieser türkischen „Binnenkolonisation", daß sie kaum von staatlichen Institutionen beeinflußt oder gar gelenkt war. Es handelte sich fast durchweg um eine ungeregelte Landnahme, die von den um 1870 gerade eingerichteten Katasterämtern allenfalls schriftlich, keineswegs kartographisch dokumentiert wurde. Von Vermessung konnte noch keine Rede sein. Lediglich bei den Muhacir-Dörfern finden sich bisweilen Andeutungen von Schachbrett-Planformen im Ortsgrundriß, wie sie im späten 19. Jahrhundert im gesamten Osmanischen Reich üblich wurden (vgl. HÜTTEROTH 1968).

Das bedeutete, daß die Ortsanlagen und vor allem das Liniennetz der Flurgliederung „selbstgemacht" sind nach dem Kenntnisstand, den Bedürfnissen und mit den Hilfsmitteln der illiteraten Bauern. Die Dimension der unregelmäßigen Parzellen wurde zugeschnitten auf die Arbeitsleistung des Hakenpfluges mit Ochsengespann. Bewässerung spielte zunächst überhaupt keine Rolle, weil Pumpen aller Art noch nicht verfügbar waren, große Kanalbauten die Kapazität der Bauern überstiegen und weil die bekannten alten Wasserhebetechniken allenfalls für die Bewässerung von Gärten lohnten. Die Betriebsziele waren in dieser Pionierphase der Landnahme die altvertrauten: Getreidebau im Zweifeldersystem, unbewässerte Baumwolle einheimischer, kurzfaseriger Sorten und Kleinviehhaltung.

Der Unterschied dieser „Jungsiedellandschaft" zum Kulturland älterer Dörfer bestand zunächst allenfalls in der Armut an Baumkulturen, in der (z.T. nur reliefbedingten) etwas großflächigeren Parzellierung und im geringen Grad der Besitzzersplitterung. Bis in die Mitte unseres Jahrhunderts sind die jung erschlossenen Küstenebenen Südanatoliens kahle „Campiñas", keine „Huertas".

Diese eben skizzierte Entwicklung wurde nun teils von Rückschlägen gebremst, teils vom Bevölkerungswachstum und von verschiedenen Innovationswellen weitergetrieben.

- Der entscheidende Rückschlag für die Ägäisküste war zunächst der griechisch-türkische Bevölkerungsaustausch nach dem Ersten Weltkrieg. Der Verlust des griechischen Bevölkerungsteils hat Westanatolien und besonders seine Küstenlandschaften eine zeitlang in der Entwicklung stagnieren lassen (EGGELING 1973). Lediglich an den Orten, wo die Griechen durch griechischsprachige Muslime (Kreter) ersetzt wurden, wie um Ayvalik, Edremit und Çeşme, ist die Kontinuität besser gewahrt geblieben. Die ausgedehnten Ölbaumpflanzungen der Griechen wurden allerdings weitgehend von Stiftungen (*Vaqif*) übernommen.
- Das rasche Wachstum der türkischen Bevölkerung, vor allem seit den dreißiger

Jahren, hat zu erneuter Siedlungs- und Rodungstätigkeit geführt. Bereits vor dem Zweiten Weltkrieg setzte eine Art von Siedlungsbewegung ein, die es bisher im mediterranen Anatolien nicht gab: der Ausbau von Einzelhöfen. Von den älteren Dörfern aus, die – wie in weiten Teilen des Mittelmeerraumes üblich – ein Stück von der Küste entfernt in geschützter Position liegen, begannen einzelne Familien ihre Häuser in die Nähe der Kulturflächen zu legen, neue Flächen in der Macchie zu roden und so das Siedlungsbild insgesamt erheblich zu verdichten (TUNÇDILEK 1967, vgl. auch Fig. 77 in HÜTTEROTH 1982). Nach dem zweiten Weltkrieg griff diese Tendenz vom Ägäisraum auf die südanatolischen Küstengebiete über, soweit sie in den macchieüberzogenen Hügelländern noch agrarische Reserveflächen zu bieten schienen. Vor Mitte der sechziger Jahre war die junge Forstverwaltung noch außerstande, diese wilde Landnahme zu kontrollieren. Neben die ungeplant gewachsenen Dörfer traten damit ebenso ungeplant verteilte Streusiedlungen (HÜMMER 1984).

- Um 1960 setzt in den Gebirgen, wie zu erwarten, die gegenläufige Bewegung der Abwanderung („Bergflucht") ein, wiederum im Westen beginnend und nach Osten fortschreitend (STRUCK 1984). Zumindest Teile der Abwanderungsströme sind in die Küstenlandschaften gerichtet, vielfach über das Zwischenstadium periodischer Wanderarbeit.

Die relative „Unterbevölkerung" der türkischen Südküste weicht also allmählich einem Dichte-Verflechtungsmuster, wie es nach dem Vorbild anderer Mittelmeerländer zu erwarten ist.

Etwa ab 1950 läuft nun die Serie agrarischer Innovationen ab, die zum Landnutzungssystem der Gegenwart hinführt. Zwar gab es Dampfpflüge und Mähmaschinen schon vor dem Ersten Weltkrieg hier und da auf größeren Çiftliks, aber die eigentliche Motorisierungswelle beginnt erst mit dem Massenimport von Traktoren um 1950. Bald darauf kommen Motorpumpen aufs Land, und damit wird in den Schwemmlandgebieten die individuelle Bewässerung der Baumwolle möglich. Für 25 Jahre herrscht jetzt in den Ebenen Süd- und Westanatoliens flächenmäßig die Baumwolle vor; die Türkei wird damit in den frühen siebziger Jahren zu einem Baumwollproduzenten in der Größenordnung von Ägypten.

In den späten fünfziger Jahren beginnt das Staatswasserbauamt mit dem planmäßigen Ausbau von Talsperren, Stauwehren, größeren und kleineren Kanälen in fast allen Ebenen (PASCHINGER 1957). Betonierte „Kanaletten" führen das Wasser bis zum Endverteiler, und ein Netz von Drainagekanälen wird dazwischengelegt. Abgesehen vom Straßenbau ist dies der erste Eingriff in die Anbaubedingungen. Sobald ein größeres Stück der betreffenden Ebene an das moderne Kanal- und Drainage-System angeschlossen ist, werden die privaten Pumpen verboten, damit sich das Kanalnetz über den Verkauf von Bewässerungswasser amortisiert. Dieser Ausbau des staatlichen Bewässerungsnetzes ist in einer ausgedehnten „grauen Literatur" dokumentiert, hat aber noch keine zusammenfassende wissenschaftliche Bearbeitung gefunden.

Der Baumwollboom läuft damit weiter, er brachte für diejenigen, die hinreichend bewässerbares Land besitzen, das große Geld. Hunderttausende von Wanderarbeitern aus benachbarten Gebirgsprovinzen lebten mit davon (SOYSAL 1976). Die Verdienstmöglichkeit für diese Wanderarbeiter-Pflückkolonnen ist der (politische) Hintergrund dafür, daß Baumwollpflückmaschinen bisher nicht eingesetzt werden. Erst die epidemische Ausbreitung von Schädlingen ab Mitte der siebziger Jahre setzte der Monokultur ein Ende (HÜMMER 1977).

Waren alle Versuche der vorausgehenden Jahrzehnte, zu einer stärkeren Diversifizierung des Anbaus zu gelangen, gescheitert (Hochertrags-Weizen, Erdnuß, Futterhirsen zur Rindermast), so beginnt jetzt in den achtziger Jahren allmählich der Prozeß des Umbaus der Agrarlandschaft in Richtung auf Anbauvielfalt mit Sojabohnen und Baumkulturen. Eine starke Expansion erfährt die Zitruskultur, die an den türkischen Mittelmeerküsten bisher eine Nebenrolle spielte, abgesehen von wenigen spezialisierten Gebieten (WOITKOWIAK 1971). Bis Mitte der siebziger Jahre produzierte die ganze Türkei noch weniger Zitrusfrüchte als Zypern.

Abseits der Schwemmlandebenen, auf den flacheren Hängen tertiärer Hügelländer oder der Gebirgsausläufer, sind Frühgemüseflächen unter Glas oder unter Plastikfolien der große Trend seit Anfang der siebziger Jahre. Vor allem Tomaten und Gurken werden gezogen, und damit hat erstmals auch der Kleinbauer die Chance, mit wenig Kapitaleinsatz für den Markt zu produzieren.

Sowohl Zitrus- als auch Gemüsekulturen bedürfen jedoch intensiver und kenntnisreicher Pflege, und die Vermarktung größerer Mengen erfordert einiges an Organisation. Hier schlagen nun die alten Handicaps des türkischen Südküstengebietes wieder durch: Die Mehrzahl der Betriebsinhaber hat Erfahrung in mediterranem Anbau höchstens in der dritten Generation und verfügt über gewisse Schulbildung in der ersten Generation. Die Qualitätsstandards werden damit noch auf einige Zeit hin kaum mit Israel oder Andalusien vergleichbar sein. Dementsprechend ist der Anbau auf den (noch recht aufnahmefähigen) Binnenmarkt gerichtet, begrenzte Mengen werden in Nicht-EG-Staaten exportiert. Es bringt also wenig, statistische Produktionsmengen mit denen der Küstenräume anderer Mittelmeerstaaten zu vergleichen, solange nicht gleichzeitig Qualitätsgesichtspunkte in das Kalkül einbezogen werden.

Jedoch bedeutet der fortschreitende Übergang zu arbeitsintensiven Kulturen, vor allem Baumkulturen, die Möglichkeit längerfristigen und kontinuierlichen Arbeitskräfte-Einsatzes in der Landwirtschaft. An die Stelle kurzfristigen Bedarfs an Saisonarbeitern für die alte Baumwoll-Monokultur tritt die Beschäftigungsmöglichkeit von mehr und qualifizierterer Arbeitskraft pro Flächeneinheit. Der Schritt von der extensiven „Campiña“ zur intensiveren „Huerta“ ist damit eingeleitet.

Natürlich lief und läuft der skizzierten ländlichen Entwicklung ein entsprechendes Städtewachstum parallel. Ein Hauptkennzeichen ist auch hier, daß die Verdichtung des Städtenetzes erst im 19. Jahrhundert einsetzte, und zwar durch administrative Maßnahmen der Unterteilung von Verwaltungsbezirken. Damit wurde die größere Zahl neuer Verwaltungszentren (Kreisstädte) notwendig, die heute als mehr oder weniger traditionslose Kreisstädte die unteren Stufen des zentralörtlichen Netzes darstellen (HÖHFELD 1977). Die so erheblich verdichtete Städtereihe entlang der ägäischen und südanatolischen Mittelmeerküste bot Ansatzpunkte für zahlreiche Häfen der Küstenschiffahrt, die bis zum Zweiten Weltkrieg die entscheidende Verkehrsverbindung war. Bahnanschlüsse haben (bis heute!) nur die Häfen von Izmir im Westen sowie Mersin und Iskenderun im Südosten erhalten.

Die wichtigsten neuen Impulse kamen erst in den sechziger Jahren unseres Jahrhunderts mit dem Bau einer durchgehenden küstenparallelen Straße und mit dem Ausbau ganz moderner Hafenanlagen in Izmir, Mersin, Iskenderun/Payas und (noch im Bau) Antalya. Damit setzt, wie an allen Küsten, die Konzentration des Seeverkehrs auf wenige Plätze ein, während die vielen kleinen Küstenorte ihre Hafenfunktion nach und nach verlieren.

Die erste der offensichtlichen Folgen dieser jungen Verkehrserschließung ist das rapide Wachstum v.a. der größeren Städte entlang der Küstenstraße (L. ROTHER 1971). Die Städte Mersin, Tarsus und Adana sind im Begriff, zu einer einzigen linearen Agglomeration zusammenzuwachsen, die von 30 km westlich Mersin über Adana und Osmaniye bis Iskenderun reichen wird. Ähnliches vollzieht sich an den Küstenabschnitten beiderseits von Antalya und an der Izmir-Bucht. Die Nordküste des Marmarameeres ist schon fast durchgehend von Industrieanlagen und jungen Wohnsiedlungen verschiedenster Standards besetzt (LEITNER 1978). Die „Linearität" dieser Entwicklung ergibt sich nicht einfach aus der Parallelität zur Küste, sondern sie ist Folge der Tatsache, daß die Straße zugleich die Achse anderer Versorgungseinrichtungen (Elektrizität, Wasser etc.) ist. Derart lineares Wachstum findet sich deshalb auch bei Binnenstädten. An der Küste führt jedoch die Begrenztheit potentiellen Baulandes zwischen Ufer und Gebirge rascher zur Verdichtung dieses Siedlungsstreifens.

Die zweite Folge der jungen Verkehrserschließung ist die Entwicklung von Fremdenverkehrseinrichtungen, die ja eine Straßenzugänglichkeit voraussetzen. Man wird heute wohl sagen können, daß nahezu alle per Straße erreichbaren Flachküsten-Abschnitte mit Sandstrand, soweit sie nicht vorher anderweitig (Militär) besetzt waren, inzwischen von Einrichtungen des Erholungsverkehrs eingenommen werden. Ein Stück „freien Strand" zu finden, ist gar nicht mehr einfach. Es gibt bei diesem jungen Wachstum der Fremdenverkehrseinrichtungen, Feriensiedlungen, Zweitwohnsitze etc. allerdings einige Besonderheiten gegenüber westlichen Mittelmeerküsten.

Zunächst ist die Mehrzahl der türkischen küstennahen Städte nicht, wie griechische oder z.T. italienische Hafenstädte, „meerzugewandt". Der Hafen ist nicht traditionsreicher Mittelpunkt des geschäftlichen und gesellschaftlichen Lebens, sondern im Bewußtsein der meisten Einheimischen eher ein beiläufiges Accessoire am Stadtrand. Hafenpromenaden, Cafés, Fischgaststätten, Bootsverleih und das ganze Ambiente des „romantischen kleinen Hafens" finden sich allenfalls in jenen wenigen Städten, die bis zum Ersten Weltkrieg einen nennenswerten griechischen Bevölkerungsanteil hatten (Antalya, Çeşme, Bodrum, Ayvalik). Hier können also in der Regel keine Ansatzpunkte des Fremdenverkehrs entstehen, zudem fehlt heute der Platz. Ufer- oder strandorientierte Hotels liegen demgemäß meist viele Kilometer außerhalb der Städte, dort allerdings auf meist recht großen Grundstücken. Der Gast ist ausschließlich auf das Angebot des Hotels angewiesen, sofern er nicht in die Stadt fahren will.

Dazwischen, als lockeres Siedlungsband zwischen Ufer- und Küstenstraße, finden sich zahlreiche private Kleinhotels und Pensionen, Feriencamps verschiedenster Institutionen, auch Privathäuser und Ferienhaussiedlungen, jeweils auf mehr oder weniger großen, eingezäunten Grundstücken. Auch Gewerbe- und Dienstleistungseinrichtungen liegen dazwischen, da ja der ganze Boom des ufernahen Grundstücksmarktes der sechziger und siebziger Jahre kaum von irgendeiner Planung gesteuert war. Damit wird ein „Flanieren" entlang des Strandes unmöglich. Schließlich sind hier und da kilometerlange Strandabschnitte zwischengeschaltet, an denen nach alter Tradition die lokale städtische Unterschicht und selbst bäuerliche Bevölkerung provisorische Bretterhütten für den Sommeraufenthalt errichtet. Manchmal greifen die Kommunalverwaltungen ein, reißen derartige „wilde" Buden-Bebauung ab und bieten billige, gemauerte Kabinen-Reihen als Ersatz an – aber attraktiver werden diese Strandabschnitte dadurch auch nicht. Das ganze System funktioniert trotzdem, und zwar deshalb, weil es auf überwiegend einheimischen Fremdenverkehr eingestellt ist (DOGAN in HÜTTEROTH 1982, RAUH 1979).

Brauchbare geographische Vergleiche zwischen türkischen und anderen mediterranen Fremdenverkehrsgebieten fehlen bisher, sie sind dringend zu wünschen, vor allem, um den derzeitigen türkischen Stand richtig einzuschätzen. Wichtig wird dabei sein, daß qualitative Vergleichskriterien erarbeitet werden. Man kann natürlich formal die Bettenkapazität erheben – sie ist in der Türkei überraschend hoch (vgl. Karte von Y. DOGAN in HÜTTEROTH 1982) – aber darin sind in erheblichem Maße Unterkünfte eingeschlossen, die auf nahöstliche Ansprüche zugeschnitten sind. Auch die Dichte von z.B. Gaststätten, Cafés, Kiosken, Boutiquen, Eisverkäufern und ähnlichen Einrichtungen pro Strandabschnitt mag bei Rimini und bei Erdek am Marmarameer vielleicht noch gleich sein, aber der Stil und der Standard sind völlig verschieden, die „Gepflegtheit" nach westeuropäischen Ansprüchen fehlt.

Diese „Gepflegtheit“ bei Einrichtungen des Fremdenverkehrs führt auf den Ausgangsgedanken zurück, auf die These von der Rückständigkeit infolge langanhaltender nomadischer Tradition. Der größte Teil der Bevölkerung der südanatolischen Küste hat, über wenige Generationen rückwärts, nomadische Vorfahren. Bei allen sonstigen anerkennenswerten Vorzügen nomadischer Lebensform fehlt doch die Entwicklung eines Gefühls für die Ästhetik des Bauens und des Gestaltens von Siedlungen, es fehlt der Sinn für Pflege und Erhaltung fester Einrichtungen überhaupt: Ein verschmutzter Lagerplatz wurde früher nicht gereinigt, sondern gewechselt. Daneben kann man die heutige Feststellung zahlreicher erfahrener Reisender stellen, nach der „nur ein neues Hotel ein gutes Hotel“ ist.

So schließt sich der Kreis unserer Betrachtungen. Ein in vielen Jahrhunderten geprägter Lebensstil der Bevölkerung ändert sich nicht in zwei bis drei Generationen, auch wenn eine moderne, technische Ausstattung darüber gestülpt ist. Die alte nomadische Vergangenheit paust sich auf subtile Weise im modernen Leben durch. Derartige „Grenzen der Entwicklung“ lassen sich sicher einmal hinausschieben, vorläufig aber markieren sie einen deutlichen Unterschied zum westlichen Mittelmeerraum.

Literatur

Bobek, H.: Soziale Raumbildungen am Beispiel des Vorderen Orients. – Verh. 27. Deutscher Geographentag München 1948. – Landshut 1950, S. 193–206.

Eggeling, W.: Beiträge zur Kulturgeographie des Küçuk-Menderes-Gebietes. – Dissertation Bochum 1973.

Höhfeld, V.: Anatolische Kleinstädte. Anlage, Verlegung und Wachstumsrichtung seit dem 19. Jahrhundert. – Erlanger Geographische Arbeiten, Sonderbände, Bd. 6, Erlangen 1977.

Hümmer, P.: Die Schädlingskatastrophe im Baumwollgebiet der Çukurova/Türkei – ihre geographischen, wirtschaftlichen und sozialen Konsequenzen. – Zeitschrift für ausländische Landwirtschaft 16. 1977, S. 372–382.

Hümmer, P.: Siedlungsstrukturen und sozialräumliche Beziehungsmuster in der ländlichen Türkei. Das Tertiärhügelland der Çukurova als Aktionsraum altbäuerlicher und ehemals nomadischer Bevölkerung. – Bayreuther Geowissenschaftliche Arbeiten Bd. 5, 1984.

Hütteroth, W.-D.: Bergnomaden und Yaylabauern im mittleren kurdischen Taurus. – Marburger Geographische Schriften H. 11, 1959.

Hütteroth, W.-D.: Ländliche Siedlungen im südlichen Inneranatolien in den letzten vierhundert Jahren. – Göttinger Geographische Abhandlungen H. 46, 1968.

Hütteroth, W.-D.: Zum Kenntnisstand über Verbreitung und Typen des Bergnomadismus in den Gebirgs- und Plateaulandschaften Südwestasiens. – In: Vergleichende Kulturgeographie der Hochgebirge des südlichen Asien. Hrsg. von C. Troll im Auftrag der Akademie der Wissenschaften und Literatur Mainz, Reihe Erdwissenschaftliche Forschung Bd. 5, Wiesbaden 1973.

Hütteroth, W.-D.: Türkei. – Wissenschaftliche Länderkunden Bd. 21, Darmstadt 1982.

Inalcık, H.: The emergence of bis farms, çiftliks: State, landlords and tenants. – In: Contributions à l'histoire économique et sociale de l'Empire ottoman. Collection Turcica III., Ed. par l'Institut Français d'Etudes Anatoliennes d'Istanbul et Association pour le Développement des Etudes Turques, Paris. – Louvain 1983.

Karaboran, H.: Die Aktionen der Firka-i Islahiye und ihre Bedeutung für einen Strukturwandel der oberen Çukurova (Türkei). Die Ausrottung des Nomadentums. – Review Geographical Institute

Istanbul H. 16, 1977/78, S. 149–162.

Karaboran, H.: Die Stadt Osmaniye in der oberen Çukurova. Entwicklung, Struktur und Funktion einer türkischen Mittelstadt. Ein Beitrag zur regionalen Stadtgeographie und zur Landeskunde der südöstlichen Türkei. – Dissertation Heidelberg 1975.

Leitner, W.: Istanbul und sein Wirtschaftsraum – Strukturänderungen der „Region Marmara". – Österreich in Geschichte und Literatur mit Geographie 22, H. 6, 1978.

Louis, H.: Die Bevölkerungskarte der Türkei. – Berliner Geographische Arbeiten H. 20, 1940.

Paschinger, H.: Landwirtschaftsgeographische Beobachtungen in der Çukurova (südöstliche Türkei). – Festschrift zur Hundertjahrfeier der Geographischen Gesellschaft Wien 1956–1956. – Wien 1957, S. 332–342.

Philippson, A.: Zur Völkerkarte des westlichen Kleinasien. – Petermanns Mitteilungen 65. 1919, S. 332–342.

Planhol, X. de: De la plaine pamphylienne aux lacs pisidiens. Nomadisme et vie paysanne. – Bibliothèque Arch. et Hist. de l'Institut Français d'Arch. d'Istanbul, Bd. 3. – Paris 1958.

Planhol, X. de: Geography, Politics and Nomadism in Anatolia. – International Social Science Journal 1959, S. 525–531.

Planhol, X. de: Caractères généraux de la vie montagnarde dans le Proche-Orient et dans l'Afrique du Nord. – Annales de Géographie 71. 1962, S. 113–130.

Planhol, X. de: Les nomades, la steppe et la forêt en Anatolie. – Geographische Zeitschrift 53. 1965, S. 101–116.

Rauh, G.: Beobachtungen zum innertürkischen Fremdenverkehr in der Provinz Antalya. – Nürnberger Wirtschafts- und Sozialgeographische Arbeiten Bd. 30, 1979.

Rother, L.: Die Städte der Çukurova: Adana – Mersin – Tarsus. – Tübinger Geographische Studien H. 42, 1971.

Soysal, M.: Die Siedlungs- und Landwirtschaftsentwicklung der Çukurova. – Erlanger Geographische Arbeiten, Sonderband 4, 1976.

Struck, E.: Landflucht in der Türkei. Auswirkungen im Herkunftsgebiet – dargestellt an einem Beispiel aus dem Übergangsraum von Inner- zu Ostanatolien (Provinz Sivas). – Passauer Schriften zur Geographie H. 1, 1984.

Tümertekin, E. und N. Tunçdilek: Türkiye Nüfus Haritası/Population Map. of Turkey 1:1 Mill. – Istanbul Univ. Edebiyat Fakültesi Yayınları No. 1044, Istanbul 1963.

Tunçdilek, N.: Türkiye Iskân Coğrafyası. – Istanbul Univ. Edebiyat Fakültesi Yayınları No. 1283, Istanbul 1967.

Waal, E. H. van de: Settling in Silifke, Turkey. – Tijdschrift voor Economische en Sociale Geografie 59. 1968, S. 347–365.

Wojtkowiak, G.: Die Zitruskulturen in den küstennahen Agrarlandschaften der Türkei. – Mitteilungen der Geographischen Gesellschaft Hamburg Bd. 58, 1971.

Herbert Popp und Franz Tichy (Hrsg.): Möglichkeiten, Grenzen und Schäden der Entwicklung in den Küstenräumen des Mittelmeergebietes. Ein Überblick anhand von Beispielen aus zehn Anrainerstaaten. Erlangen 1985 (= Erlanger Geographische Arbeiten, Sonderbände, Band 17).

Erfolge und Fehleinschätzungen bei den Landgewinnungsmaßnahmen auf der Sinaihalbinsel und an der östlichen Mittelmeerküste Ägyptens

von

Fouad N. Ibrahim (Bayreuth)

Mit 3 Kartenskizzen und 5 Tabellen

Seit mehr als 30 Jahren werden in Ägypten intensive Anstrengungen unternommen, um die landwirtschaftliche Nutzfläche zu erweitern. Als erste größere Versuche in dieser Richtung sind die Gründung der Befreiungsprovinz (Tahrir) am westlichen Rand des Nildeltas und das Projekt Neues Tal in der Libyschen Wüste zu nennen. Die jüngste Phase der Landgewinnung hat einerseits die Trockenlegung der Lagunen am Mittelmeer zum Ziel, andererseits die Kultivierung geeigneter Gebiete auf der Halbinsel Sinai. Letztere Maßnahme ist in erster Linie politisch motiviert, da nach der Rückgabe des Gebietes durch die Israeli im Jahr 1975 die Ägypter unter Beweis stellen wollten, daß sie in gleicher Weise wie Israel in der Lage sind, die Wüste zu kultivieren.

Trotz aller Anstrengungen, die unternommen wurden, um die landwirtschaftliche Nutzfläche Ägyptens zu erweitern, ist sie seit 1970 nicht gewachsen. Zwischen 1970 und 1980 verringerte sie sich um 2000 ha auf 2841000 ha. Es wurde mehr agrarische Fläche durch Versalzung und durch die Expansion der Städte aufgezehrt, als durch Urbarmachung hinzugewonnen wurde. Zudem waren die Flächen, welche verlorengingen, weitaus fruchtbarer als das der Wüste abgerungene Neuland. So liegt heute die Erfüllung des Hauptziels, nämlich die Selbstversorgung Ägyptens mit Nahrungsmitteln (vgl. Tab. 1), weiter denn je in der Ferne. Die Ausgaben für Getreideeinfuhren stiegen von 119 Mio. US-Dollar im Jahr 1972 auf 1117,2 Mio. US-Dollar im Jahr 1981.

A. Die Strategie der Landgewinnung im östlichen Nildelta und auf der Sinai-Halbinsel

Zwischen 1952 und 1982 wurden in Ägypten insgesamt nur 350000 ha Neuland urbar gemacht. Urbarmachung bedeutet jedoch nicht, daß die Flächen auch bestellt werden. In der Regel bleibt ein beträchtlicher Teil des urbar gemachten Landes aus unterschiedlichen Gründen ungenutzt. Staatliche Stellen weisen positive Statisti-

Tabelle 1: Defizit der Nahrungsmittelproduktion in Ägypten 1980 (in 1000 t)

Produkt	Produktion	Verbrauch	Defizit	Importe
Weizen	1796	7211	75,2%	5423
Mais	3231	4175	22,6%	944
Braune Bohnen	225	262	14,1%	37
Linsen	7	76	90,8%	69
Zucker	662	1154	42,6%	492
Speiseöl	135	397	66,0%	262
Fleisch	472	660	29,9%	188
Milchprodukte	1865	3013	39,1%	1148
Fisch	150	280	46,4%	130

Quelle: The Arab Contractors, Osman Ahmed Osman and Co., Dezember 1983, S. 6–7.

ken der Landgewinnung vor, um Propaganda zu betreiben. Sie erwähnen dabei nicht, daß Landgewinnung nur eine erste Stufe der Erschließung von Kulturland darstellt. Entscheidend ist jedoch die nachfolgende Phase der Kultivierung, die zeigt, ob das Land in rentabler Weise genutzt werden kann.

Bis zum Jahr 2000 sollen in Ägypten 1,24 Mio. ha an Neuland gewonnen werden, wovon 60%, d.h. 670000 ha, auf das östliche Nildelta und die Sinai-Halbinsel entfallen (SAMAHA, M.A.H. 1980, S. 36). Bisher sind dort lediglich 63000 ha urbar gemacht worden. Die neuen Gebiete der geplanten Landgewinnung westlich des Suezkanals umfassen rund 340000 ha. Hier spielt die Trockenlegung des Mansalasees eine wichtige Rolle. Ein großer Teil der Planungsgebiete konzentriert sich auch entlang des Ismailiakanals. Die Landgewinnungsprojekte auf der Sinaihalbinsel teilen sich regional wie folgt auf:

Tabelle 2: Projektierte Neulandgewinnungsgebiete auf der Sinaihalbinsel

Gebiet	Fläche in ha
Küstenstreifen zwischen Tina und Arish, unter 5 m ü.NN	111000
Küstenregion, zwischen 5–60 m ü. NN	105000
Tinaebene	57000
Gebiet NE der Bitterseen	12000
Gebiet NE des Suezkanals, unter 20 m ü. NN	23000
Gesamtfläche	308000

Die Landgewinnungsprojekte Ägyptens basieren zu 97% auf Nilwasser und nur zu 3% auf Grundwasser. Tabelle 3 zeigt die potentiellen Wasserquellen Ägyptens.

Tabelle 3: Wasserressourcen in Ägypten

Bereits vorhanden:		
	55,5 Mrd. m^3	Nilwasser – ägyptischer Anteil
Projektiert:		
	9,0 Mrd. m^3	Nilwasser – Anteil an Projekten am Oberen Nil
	12,0 Mrd. m^3	Drainagewasser
	0,5 Mrd. m^3	Grundwasser (im Nildelta)
	77,0 Mrd. m^3	gesamte potentielle Wasserressourcen
	– 51,5 Mrd. m^3	bisheriger Wasserbedarf
	25,5 Mrd. m^3	zukünftige zusätzlich verfügbare Wassermenge

Quelle: nach M.A.H. Samaha 1980, S. 35.

Diese Kalkulation enthält allerdings verschiedene ungewisse Faktoren. Beispielsweise können gegenwärtig wegen des Bürgerkriegs im Südsudan die aus dem Oberlauf des Nils zu gewinnenden 9 Mrd. m^3 Wasser nicht fest miteingeplant werden. Mit der Verwendung von Abwässern (Drainagewasser) zu Bewässerungszwecken hat man außerdem noch zu wenige Erfahrungen gesammelt. Bessere Aussichten verspricht jedoch die Anwendung von wassersparenden Bewässerungsmethoden. Allein die Umstellung von Flutanbau auf Bewässerungsanbau mit Hilfe von Beregnungsanlagen und Anlagen der Tröpfchenbewässerung (*drip irrigation*) garantiert eine Wasserersparnis von 35 %–60 %.

B. Die Trockenlegung der ägyptischen Lagunen an der Mittelmeerküste und ihre Folgen

Die begrenzte Verfügbarkeit von Boden im schmalen Niltal zwang die Ägypter zu Landgewinnungsmaßnahmen durch Trockenlegung der seichten Lagunen an der Mittelmeerküste. Man hatte keine Zweifel daran, daß dies ein „fortschrittlicher" Weg sei. Die Niederlande galten als Vorbild. Tabelle 4 zeigt für die vier Lagunen im Norden des Nildeltas die Größe der Seeflächen sowie die Bilanz der bisherigen Trockenlegungsarbeiten.

Die in den ägyptischen Küstenseen durchgeführten Landgewinnungsprojekte sind symptomatisch für viele andere Entwicklungsprojekte, die ohne die Zustimmung der betroffenen Menschen, bzw. sogar gegen ihre Interessen, durchgeführt werden. Sie sind ebenfalls ein abschreckendes Beispiel staatlich gelenkter Planwirtschaft, die nicht erfolgreich sein kann, weil sie sich nicht an den Vorstellungen der Zielgruppen orientiert: Nach der Übereignung des mit hohem Kostenaufwand trokkengelegten Landes an die Fischer, die es bebauen sollten, legten viele von diesen

Tabelle 4: Die Trockenlegung der Flächen der großen Mittelmeerlagungen im Norden des Nildeltas

See	Seefläche in ha	bis 1984 trockengelegte Flächen in ha	in %	Flächen gepl. Trockenlegung in ha	Restflächen in ha	in %
Mansala	132000	14500	11 %	69300	48300	37 %
Burullus	57400	–	–	34300	23100	40 %
Idku	18900	5500	29 %	6000	7400	39 %
Mariut	13900	8500	61 %	2100	3300	24 %
Gesamt	222300	28500	13 %	111700	82100	37 %

Quelle: *Al Ahram*, Kairo, 22.8.1984, S. 3.

Fischteiche statt Äcker darauf an und praktizierten ihren alten Beruf weiter. Andere verkauften sogar das Land und zogen zur Küste, um weiterhin Fischfang betreiben zu können.

Die wichtigsten negativen Aspekte, die sich aus der Trockenlegung der Seen an der Mittelmeerküste ergaben, sind:

1. Unwirtschaftlichkeit des Vorhabens

Die Urbarmachung eines Hektars Seefläche kostet umgerechnet etwa 24300 DM. Erst 8 Jahre nach Abschluß der Kultivierungsmaßnahmen ist der Boden in einem akzeptablen Zustand, so daß die Erträge landwirtschaftlicher Nutzung die Höhe der Erträge der früheren Nutzung durch Fischfang wieder erreichen (ca. 1275 DM per ha). Das bedeutet, daß die Rentabilität der Landgewinnung sehr gering ist, sofern man hier überhaupt von einer Rentabilität sprechen kann. Die mittellosen Fischer haben zudem keine Möglichkeit, die acht Jahre zu überbrücken, die vergehen, bis der Anbau erste Gewinne abwirft.

2. Arbeitslosigkeit

Die Zahl der im Gebiet der Lagunen gegenwärtig im Fischfang Beschäftigten wird auf 500000 geschätzt. Dem größten Teil von ihnen droht nach der Trockenlegung von 63 % der Seeflächen die Arbeitslosigkeit. Wegen der geringen Produktivität der meist versalzenen Seeböden kann hier auf der gleichen Fläche nur ein Bruchteil der arbeitslos gewordenen Fischer von der Landwirtschaft leben. Wie bereits erwähnt, lehnen die Fischer ohnehin meist auch eine Umschulung zu Bauern ab. So werden in Scheikh Hamam, am Mansalasee im östlichen Delta, beispielsweise nur etwa 20 % der gesamten trockengelegten Seefläche agrarisch genutzt. Der überwiegende Teil liegt brach. Die von den Bauern hierfür angegebenen Gründe sind die

Unrentabilität des Anbaus und der Mangel an Bewässerungswasser. Für die Kultivierung salzhaltiger Böden benötigt man nämlich beträchtliche Frischwassermengen zum Auswaschen der Salze. Daß man dies nicht von vorneherein berücksichtigt hat, zeigt die unzulängliche Planung und Ausführung der Projekte. Bei Damiette wurden seit 1971/72 über 9000 ha Fläche des Mansalasees trockengelegt, aber nicht weiter für die Kultivierung vorbereitet. Als wirtschaftlich gesonnene Fischer keine andere Möglichkeit sahen, ihre Existenz zu sichern, als in den trockengelegten Seen neue Wasserflächen auszuheben, war der Verlust doppelt, denn zu den Unkosten des Staates von über 24000 DM/ha kam ein fast ebenso hoher Aufwand ihrerseits, um den Vorgang rückgängig zu machen und wieder eine Verdienstmöglichkeit zu haben.

3. *Eiweißverlust*

In Ägypten mangelt es an tierischem Eiweiß, so daß schon heute Fleisch, Eier und Molkereierzeugnisse für rund 200 Mio. US-Dollar (1978: 222,4 Mio. US-Dollar) eingeführt werden müssen. Die Produktion der Mittelmeerseen an Fisch macht mit 48000 t jährlich ca. 40% des gesamten Fischfangs Ägyptens aus. Wenn alle geplanten Landgewinnungsprojekte realisiert werden, wird man den größten Teil dieser Menge vermutlich durch Einfuhren ersetzen müssen, was zu unnötigen Devisenverlusten führen wird. Sollte ein Ersatz durch Importe nicht möglich sein, wird die Versorgung der Bevölkerung mit wichtigen Eiweißstoffen weiterhin verschlechtert.

4. *Verschmutzung der Seen*

Bereits jetzt zeichnet sich eine zunehmende Verunreinigung der Lagunen ab. So klagen Bewohner der Stadt Matarya am Manalasee (70000 Einw.) über die Zunahme von Malaria und anderen Krankheiten. Sie berichten, daß in jüngster Zeit bei 200 Mitbürgern eine geschädigte Milz entfernt werden mußte.

Die zunehmende Verschmutzung der Lagunen wird durch folgende Faktoren verursacht:

- Abwässer aus Bewässerungsgebieten, in denen chemische Düngemittel und Herbizide eingesetzt werden
- Abwässer aus neuen Industrieanlagen
- Abwässer aus der ständig wachsenden Zahl urbaner Haushalte
- Abschnürung der Lagunen vom Mittelmeer, woraus eine Verschlechterung der Wasserqualität resultiert, welche eine Folge veränderter Strömungsverhältnisse ist
- Verkleinerung der Seeflächen bei gleichzeitiger Intensivierung menschlicher Nutzung und Entsorgung
- Verunkrautung der Seen, die zu ihrer Eutrophierung führt.

C. Neulandgewinnung auf der Sinaihalbinsel mit Hilfe von Nilwasser (Bitterseeprojekt)

Die Durchführung des Bitterseeprojekts zur Neulandgewinnung auf der Sinaihalbinsel wurde 1962 begonnen. 1967 zerstörten die Israelis die Anlagen. 1974 wurden die Arbeiten im Projekt NE der Bitterseen wiederaufgenommen. Endziel war es, 12600 ha Wüstenland zu kultivieren (vgl. Abb. 1).

Wesentliche Grundlage des Projektes ist eine Wasserleitung, die mittels 6 Rohren, die parallel zueinander verlegt sind und jeweils einen Durchmesser von 1,5 m haben, Wasser aus dem Ismailiakanal ableitet und unter dem Suezkanal hindurchführt. Der Höhenunterschied von 11 m zwischen dem Nildelta und der Sinaihalbinsel wird durch Pumpanlagen überwunden.

Bei den bewässerten Böden handelt es sich vornehmlich um sandige, teilweise schluffige, schwach entwickelte Böden mit ausgeprägtem AC-Profil. Das Ausgangsgestein bilden die Binnenseeablagerungen, die sich von den Nilsedimenten durch einen hohen Gehalt an Gips und löslichen Salzen, insbesondere Natrium, unterscheiden. Gipsbildung, Versalzung und Kalkkrustenbildung charakterisieren deshalb diese Böden. Durch die Bewässerung werden die Prozesse beschleunigt.

Die Landgewinnungsarbeiten wurden durch drei verschiedene staatliche und halbstaatliche Organisationen unter drei verschiedenen Namen durchgeführt:
- Mit-Abul-Kom-Al-Gadida-Dorf (ca. 5000 ha, davon bisher 840 ha unter Kultur genommen).
- Staatliche Landwirtschaftsgesellschaft (ca. 6700 ha, davon bisher 2100 ha bebaut). Hier wurde das Land an ehemalige Soldaten verteilt.
- Jugendfarmen (ca. 500 ha).

Die Jugendfarmen wurden Absolventen der landwirtschaftlichen Fachschulen übereignet. Jeder Neubesitzer bekam 4–8 ha Anbaufläche, ein Haus und zwei Kühe zu einem günstigen Preis, zahlbar innerhalb von 30 Jahren. Zur Zeit existieren 70 Jugendfarmen dieser Art am Bittersee. Es wird meist Oberflächenbewässerung betrieben. Einige kapitalkräftigere Bauern haben jedoch auch bereits mit gutem Erfolg kleine Beregnungsanlagen oder Anlagen zur Dripirrigation installiert. Die ersten Anbaufrüchte sind bisher Gemüse und Obst zur Vermarktung in der Stadt Ismailia.

Der wesentliche Erfolg dieser Jugendfarmen besteht in der wirtschaftlichen Nutzung des knappen Wassers für den Anbau von Sonderkulturen mit Hilfe von Beregnungsanlagen und Tropfenbewässerung. Die auftretenden Schwierigkeiten können in folgenden Punkten zusammengefaßt werden:
- Wo immer ehemalige Soldaten das Land erhalten, erweisen sie sich als nicht tauglich für die Landwirtschaft.
- Die Bewohner des Nildeltas zeigen bislang keinerlei Neigung, sich auf der Sinaihalbinsel anzusiedeln. Deshalb wohnen bislang all diejenigen, die dort Land be-

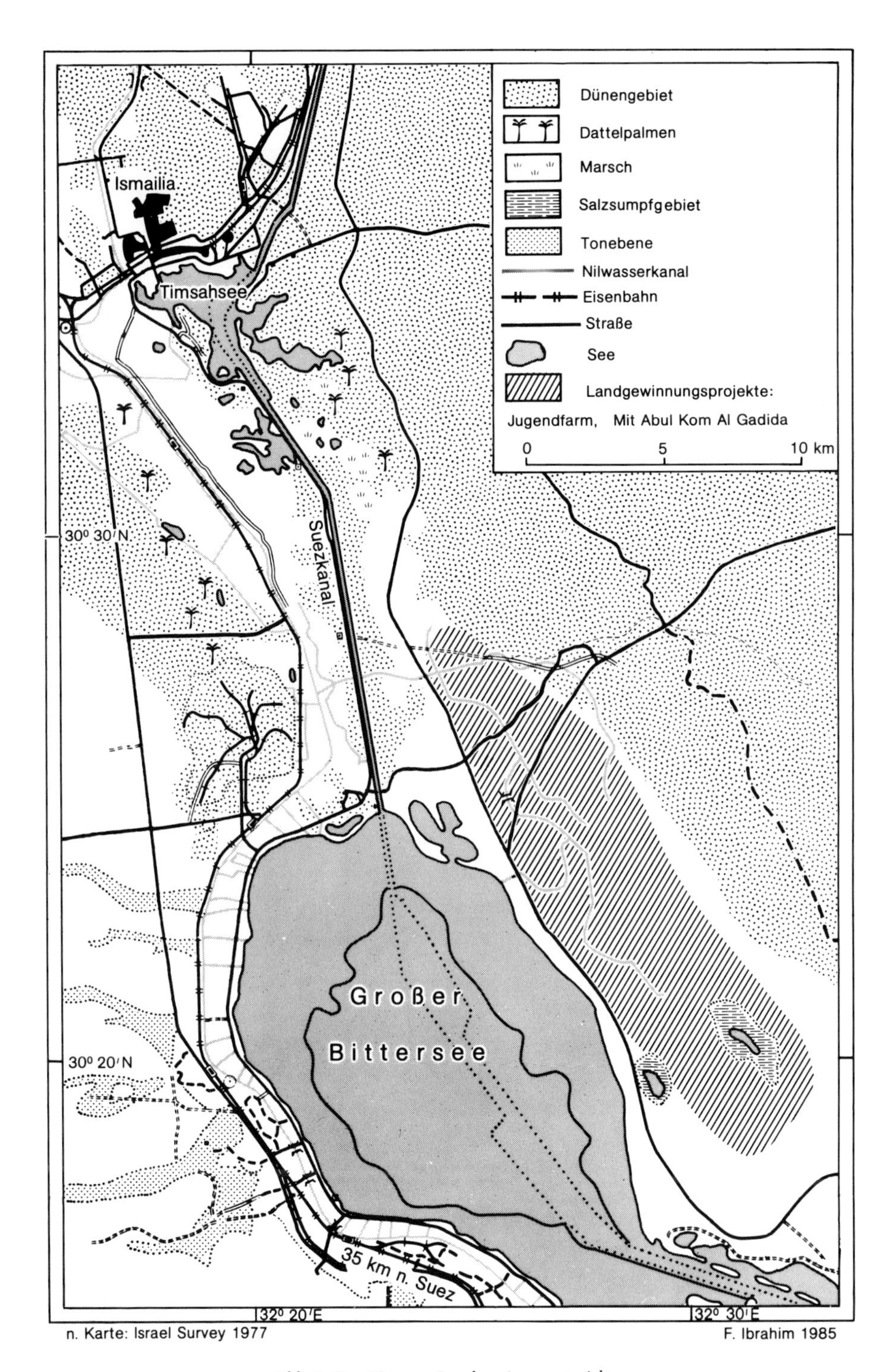

Abb. 1. Das Bittersee-Landgewinnungsprojekt

sitzen, aber auch die staatlichen Angestellten in den genannten Projekten, in der Stadt Ismailia und pendeln täglich über den Suezkanal zu ihrer Arbeitsstelle.
- Die Beduinen der Sinaihalbinsel sind keine erfahrenen Bauern. Sie sind von Haus aus Hirten und beteiligen sich eher an Schmuggelgeschäften am Suezkanal.
- Die Bildung von bäuerlichen Genossenschaften unter staatlicher Lenkung zur Bewirtschaftung der großen Beregnungsflächen ist mit Schwierigkeiten verbunden, weil die ägyptischen Bauern Privateigentum vorziehen. Versuche der Bildung von Genossenschaften scheiterten bereits im Bereich der Jugendfarmen.
- Probleme wegen der Versalzung der Böden sind schon aufgetreten, obwohl die Vorhaben noch relativ jung sind (sechs Jahre).

Bei der Beschäftigung mit der jüngsten Entwicklung der Neulandgewinnung im Küstenbereich Ägyptens und auf der Sinaihalbinsel stößt man überall auf beträchtliche Mängel, sowohl in der Planung als auch in der Durchführung dieser Projekte. Dabei ist eine effiziente Wasserwirtschaft nach wie vor das Rückgrat aller Maßnahmen zur Sicherung der Ernährung der ägyptischen Bevölkerung.

D. Das Dorf Qutya – ein Beispiel der Seßhaftmachung der Sinai-Beduinen

Ab 1975 begannen die Verwaltungen der Gouvernorate Nord- und Südsinai mit der Errichtung von Dorfzentren zur Förderung der Seßhaftwerdung von Beduinen in dem Teil der Sinaihalbinsel, welcher nach dem Oktoberkrieg von 1973 unter ägyptische Kontrolle gebracht worden war. Es sollte hierdurch verhindert werden, daß die ägyptischen Beduinen nach Israel überliefen. Beispiele für diese neuere Entwicklung sind die Dörfer Er Rummani, Rab'aa, Qutya und Qatya am Sabkhat Bardawil in Nordostsinai (s. Abb. 2). Der Staat ließ zunächst Dienstleistungsgebäude und Wohnhäuser aus Stein erbauen, sicherte die Versorgung mit Trinkwasser und Strom und errichtete die nötige Infrastruktur für eine Bewässerungswirtschaft. Am Anfang mißtrauten die Beduinen diesen staatlichen Maßnahmen, leisteten Widerstand und bedrohten die eingesetzten Beamten mit Gewalt. Allmählich konnten sie jedoch für das Projekt gewonnen werden, zumal es von Maßnahmen der Nahrungsmittelhilfe durch die Welternährungshilfeorganisation flankiert wurde.

Im Frühjahr 1984 untersuchte Verfasser eines dieser Dörfer: Qutya. Es war 1980 40 km östlich des Suezkanals unweit der Lagune Sabkhat Bardawil errichtet worden. Vor der Entstehung des neuen Dorfes gab es dort lediglich einige Beduinenhütten aus Palmstämmen, Säcken und Schrott aus der Zeit der Kriegsereignisse. Kleinere, weit gestreute Palmenhaine bildeten neben Getreideanbau, Weidewirtschaft mit Schaf- und Ziegenhaltung sowie Handel die traditionelle Lebensgrundlage des dort lebenden Bayadiya-Stammes. Die Bayadiya stammen aus Rub' El Muwalka, dessen Zentrum in Bir El Abid, 18 km östlich in Richtung Al Arish liegt.

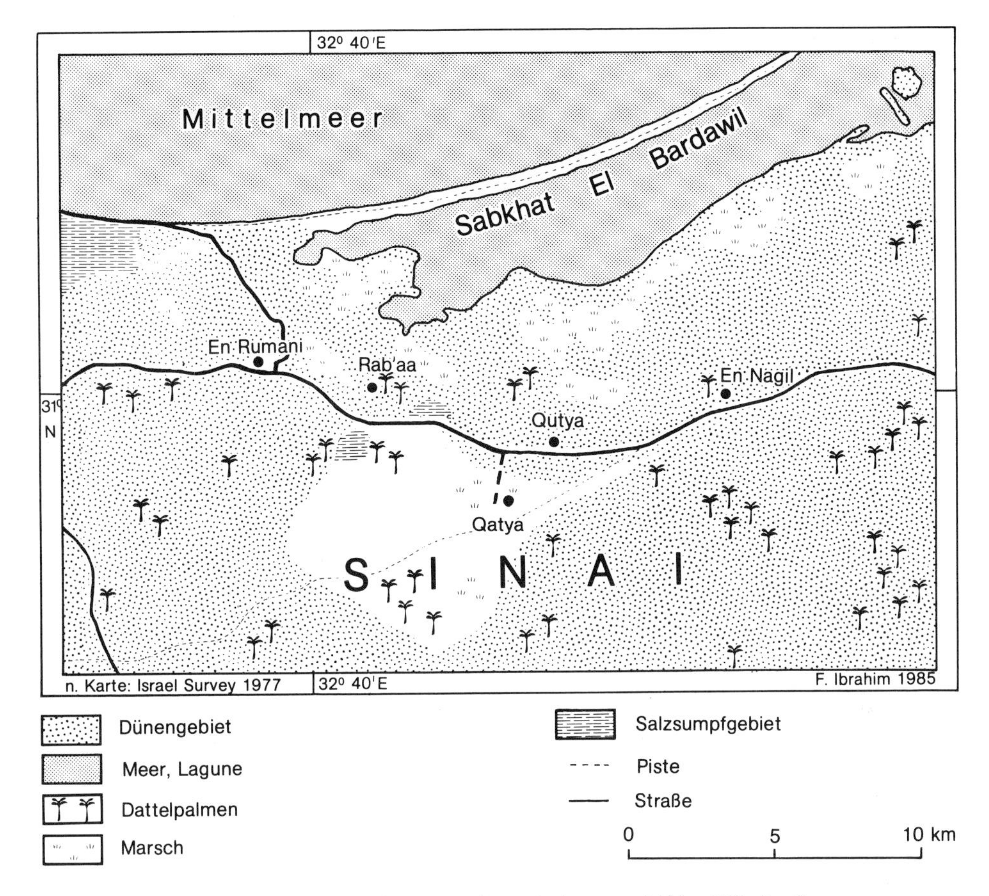

Abb. 2. Seßhaftmachung der Sinai-Beduinen in Qutya am Sabhkat El Bardawil

Im Jahr der Dorfgründung hatte der Staat dort eine Primarschule für Jungen und Mädchen und ein Verwaltungsgebäude bauen lassen sowie ein Krankenhaus in Qatya, drei km von Qutya entfernt. Das Dorf wurde darüber hinaus mit Strom und Brunnenwasser versorgt. Zusätzlich liefern Tankwagen besseres Trinkwasser aus dem Nildelta zu einem subventionierten Preis von ca. 0,30 DM je 200 l.

Die 150 Beduinenfamilien, die sich in der Zwischenzeit in Qutya angesiedelt haben, wohnen in Steinhäusern, die mit staatlicher Hilfe gebaut wurden. Ihr Lebensstandard ist relativ gut: Die meisten Haushalte verfügen entweder über einen Fernsehapparat oder über einen Radiokassettenrekorder. Fünf Haushalte besitzen Kühlschränke. Die Zahl der Fahrzeuge im Dorf beläuft sich auf elf Halblast- bzw. Pkw-Kombiwagen. Es fehlen jedoch ausreichende Einkaufsmöglichkeiten. Es befindet sich nur ein einziger Lebensmittelladen mit sehr geringem Warenangebot am Ort.

Zweimal wöchentlich kommt ein Gemüseverkaufswagen aus Al Qantara am Suezkanal herüber. Ansonsten versorgen sich die Beduinen auf den Wochenmärkten der umliegenden Dörfer: montags in Qatya, dienstags in En Nagila, freitags in Abu Hamra, samstags in Er Rummani und sonntags in Rab'aa.

Die Beduinen von Qutya sind kinderreich (5–15 Kinder pro Haushalt). 20% der verheirateten Männer haben 2–3 Frauen.

Die Hauptquellen des Lebensunterhalts sind in Qutya heute der Handel und das Schmuggelgeschäft. Wegen der Nähe zum Suezkanal und zum Mittelmeer bieten sich dafür gute Möglichkeiten durch Kontakte mit vorbeifahrenden Schiffern. Ein Teil der Bewohner arbeitet im Fischfang. Es gibt zehn motorisierte und eine Reihe nichtmotorisierter Fischerboote. 15 Männer arbeiten als staatliche Angestellte in Al Qantara, drei als Landarbeiter westlich des Suezkanals. Landwirtschaft als Nebenerwerb wird von 20 Familien praktiziert. Neben der traditionellen Dattelpalmenwirtschaft (der durchschnittliche Jahresertrag eines Baumes beträgt 75 kg Datteln) bearbeiten die Beduinen kleine Gemüsegärten, die sie mit Hilfe einiger 4–7 m tiefer Brunnen bewässern. Mit staatlicher Unterstützung errichteten zehn Bauern auf einer 10 ha großen sandigen Fläche einen Olivenhain mit Tropfbewässerung. Das Grundwasser wird durch Dieselpumpen gefördert, in Filteranlagen geklärt und in Schläuchen zu den einzelnen Pflanzen geleitet.

Die Tierhaltung spielt heute bei den Beduinen von Qutya eine unbedeutende Rolle. Im Durchschnitt besitzt ein Haushalt 2–3 Ziegen und ca. 20 Hühner. Nur eine geringe Zahl von Kamelen ist vorhanden.

Insgesamt war die Landwirtschaft für die Ansiedlung der Beduinen im nordöstlichen Sinai nicht ausschlaggebend. Die Berufsstruktur dieser Bayadiya-Beduinen hat sich beim Seßhaftwerden kaum verändert. Hingegen haben sich das Angebot an Dienstleistungen und die Wohnbedingungen wesentlich verbessert. Landgewinnungsmaßnahmen zur Sicherung der Ernährung der Bevölkerung, wie sie die ägyptische Planung bis zum Jahre 2000 vorsieht (s. Tab. 1), erscheinen angesichts der geringen Boden- und Wasserqualität nicht realisierbar. Bodenanalysen (Tab. 5) zeigen einen hohen Anteil an Grobsand, einen hohen Gehalt an löslichen Salzen und einen sehr niedrigen Anteil an organischem Material. Das Brunnenwasser ist auch wegen

Tabelle 5: Bodenanalyse in NE Sinai, 5–7 km südlich des Sabkhat Bardawil (Angaben in %)

Standort	Grobsand	Feinsand	Schluff	Ton	Org. Material	Ges. Karbonate	Ges. Salze	pH-Wert
Qutya	56,1	36,4	3,1	4,4	0,8	4,8	4,0	7,4
Qatya	42,8	47,8	4,2	5,2	0,7	5,2	4,5	7,5

Quelle: Interner Bericht der Landgewinnungsbehörden, Ismailia 1978.

des hohen Salzgehalts (400 – 800 ppm, max. 2050 ppm) für Bewässerungszwecke auf die Dauer nur bedingt brauchbar.

E. Das mechanisierte Agrarprojekt Salhia/Jugendprovinz im östlichen Nildelta

Im Jahre 1981 wurden im Salhia-Gebiet an der Wüstenstraße zwischen Kairo und Ismailia 23730 ha Land urbar gemacht (s. Abb. 3). Die Maßnahme wurde im Auftrage des Staates durch den ägyptischen Großunternehmer Osman Ahmed Osman mit hohem technologischem Aufwand durchgeführt. Das Projektgebiet besteht aus den beiden Arealen „Salhia“ und „Jugendprovinz“. Tabelle 6 zeigt die Flächenanteile der unterschiedlichen Nutzungsarten.

Tabelle 6: Landnutzungsplan für das Projekt Salhia/Jugendprovinz (Stand: 1983)

Nutzungsart	Salhia	Jugendprovinz	Gesamt
Bewässerung mittels rotierender Sprinkler (bereits kultiviert)	4492 ha	7157 ha	11649 ha
Tropfbewässerung (1984 erst teilweise kultiviert)	3974 ha	6116 ha	10090 ha
Baumschulen	121 ha	–	121 ha
Infrastruktur und Komplementärprojekte	1073 ha	797 ha	1868 ha
Gesamtfläche	9660 ha	14070 ha	23730 ha

Quelle: Arab Contractors, Osman Ahmed Osman and Co., Dezember 1983, S. 10.

Als Bewässerungswasser wird aus dem Ismailiakanal abgezweigtes Nilwasser verwendet, welches durch zwölf Pumpwerke auf die höher gelegenen Agrarflächen gehoben wird. In Salhia sind 40 m, im Gebiet Jugendprovinz bis maximal 110 m Höhenunterschied zu überwinden. 17 Tiefbohrungen dienen dazu, den restlichen Wasserbedarf zu decken. Dieses Grundwasser wird in Salhia in 35 m und im Bereich Jugendprovinz in 160 m Tiefe erschlossen. Seine Qualität ist geringer als diejenige des Nilwassers. Sein Salzgehalt beträgt 600–1200 ppm gegenüber einem Wert von 250 ppm für das Nilwasser aus dem Ismailiakanal.

Die Kosten für die Urbarmachung des Landes beliefen sich in diesem Wüstengebiet am Rande des Nildeltas auf ca. 19000 DM/ha. Man erwartet, daß sie sich in 15 Jahren amortisieren. Den optimistischen Berechnungen zufolge werden die in diesem Projekt erzeugten Agrarprodukte für die Ernährung von 1,5 Mio. Ägyptern ausreichen. Durch die geplante Ausdehnung der Projektfläche auf das Zwanzigfache

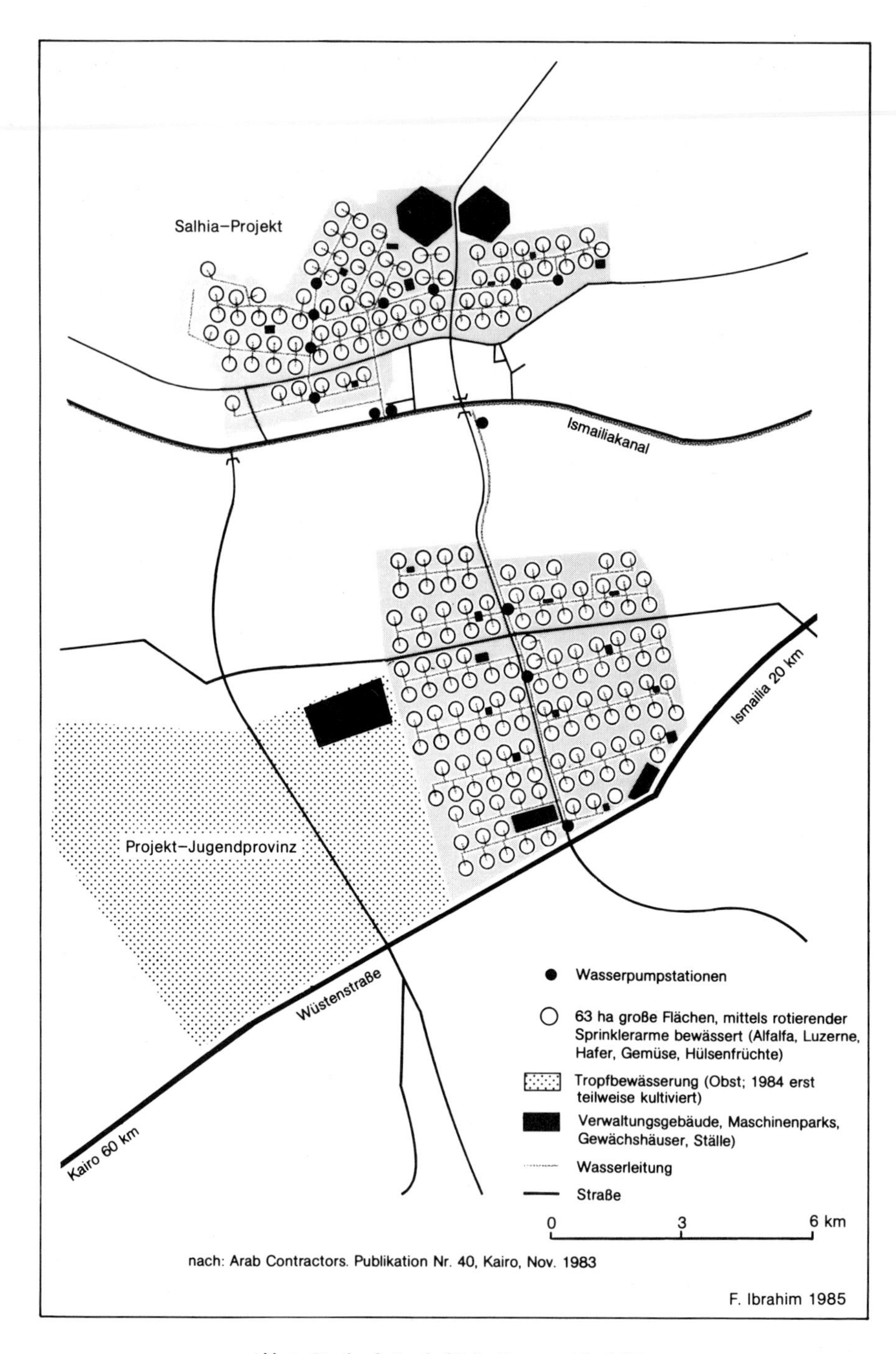

Abb. 3. Das landwirtschaftliche Musterprojekt Salhia

des jetzigen Umfangs soll zukünftig die Selbstversorgung Ägyptens mit Nahrungsmitteln gesichert werden.

Die Landwirtschaft im Projekt ist weitgehend technisiert. Es wird teilweise Tropfbewässerung durchgeführt; auch riesige Sprinkleranlagen sind im Einsatz, deren 450 m langen rotierenden Arme jeweils eine 63 ha große Kreisfläche nach Bedarf mit Wasser versorgen. Aufgrund des hohen Technisierungsgrads bietet das Projekt nur wenige Arbeitsplätze. 1984 gab es 674 Beschäftigte, davon waren 70 hochqualifiziert. In der Erntezeit werden zusätzlich 500 Tagelöhner eingestellt, welche £ E 2,5 (ca.DM 7,50) pro Tag erhalten.

Tabelle 7 zeigt, daß im Winter 1983/84 31,3% der Projektfläche für Futteranbau, 21% für Gemüseanbau und insgesamt 47,7% für Hafer-, Hülsenfrüchte-, Zuckerrüben- und Weinanbau genutzt waren. Im Sommer werden neben Futter und Gemüse auch Erdnüsse und Mais angebaut.

Tabelle 7: Gliederung der Anbauflächen im Projekt Salhia/Jugendprovinz im Winter 1983/84

Anbaufrucht	Fläche in ha	Fläche in %
Futterpflanzen (Alfalfa und alexandrinische Luzerne)	3648	31,3
Gemüse einschließlich Zwiebeln	2457	21,0
Hafer	2268	19,5
Hülsenfrüchte	1890	16,2
Sonstige Früchte	1386	12,0
Gesamtfläche	11649	100,0

Quelle: Arab Contractors, Osman Ahmed Osman and Co., Dezember 1983, S. 24.

22 mit Plastikplanen bedeckte Gewächshäuser dienen zur Erzeugung von Saatgut und Gemüse. Durch sie soll demonstriert werden, wie mittels vertikaler Intensivierung der Landnutzung in Ägypten dem Mangel an Agrarflächen begegnet werden kann. Tabelle 8 zeigt die hohe Produktivität der kleinen Gewächshäuser von Salhia.

Es gibt weitere Versuche zur Diversifizierung der Agrarwirtschaft in beiden Unternehmen. Auf einer Fläche von 63 ha pflanzte man Blumen an, die für den Export nach Europa bestimmt sind. 2000 Bienenkörbe wurden angeschafft, um Erfahrungen mit der Honigerzeugung zu sammeln.

Der Futteranbau spielt eine wichtige Rolle im Projekt und bildet die Grundlage für die Viehhaltung. Die Planung sieht hohe Leistungen für die Produktion an tierischen Erzeugnissen vor. Folgende Maßnahmen sind geplant bzw. zu etwa 40% bereits realisiert worden:

Tabelle 8: Gemüseerzeugung in 2 Gewächshäusern (je 474 m² Fläche) in Salhia innerhalb von 6 Monaten (Dezember 1982 – Mai 1983)

Anbaufrucht	Gewächshaus I	Gewächshaus II
Tomaten	1474 kg	8000 kg
Gurken	18500 kg	8000 kg
Paprika	2165 kg	6000 kg
Auberginen	–	4000 kg
Gesamt	22139 kg	26000 kg

Quelle: Gew. I: eigene Erhebungen, 1984
Gew. II: Arab Contractors, Osman Ahmed Osman and Co., Dezember 1983, S. 22.

- Die Errichtung von 20 Einheiten zur Milcherzeugung mit je 1250 Milchkühen und zwei motorbetriebenen Melkmaschinen.
- Die Errichtung von Stationen zur Mast angekaufter Kälber (Rinder und Wasserbüffel) mit einer Gesamtkapazität von 130000 Tieren und einer erhofften Produktion von 65000 t Fleisch jährlich. Man rechnet damit, daß als Nebenprodukt 600000 m³ Kuhdung anfallen, die zur Düngung der Projektfelder verwendet werden sollen.

Als der Verfasser im Jahre 1984 die modernen Anlagen besichtigte, standen in den Ställen hochgezüchtete Rinder aus Norddeutschland, Österreich und Irland. 12000 irische Kälber sollten innerhalb von sechs Monaten von einem Ausgangsgewicht von je 200 kg auf ein Endmastgewicht von je 700–1000 kg gebracht werden. Die Gesamtzahl der gehaltenen Rinder und Büffel belief sich auf 36000 Stück. Milchkühe der Holsteinrasse erreichten eine Spitzenleistung von 50 l pro Tag, andere Rassen variierten in ihrer Milchleistung zwischen 25 und 35 l/Tag. Die gesamte Milcherzeugung des Projekts betrug 12 t täglich. Die Planung sieht die Errichtung einer eigenen Molkerei vor. Im Jahre 1983 wurden auch 90 Mio. Eier erzeugt. Die Produktion soll gesteigert werden und schließlich 360 Mio. Eier jährlich erreichen.

Schwierigkeiten mit der Vermarktung der Erzeugnisse gibt es nicht. Der Markt von Kairo in 70 km Entfernung ist unersättlich. Dort wurden durch die Projektverwaltung neun Verkaufsagenturen errichtet. Die Produkte von Salhia gelangten inzwischen zu einem guten Ruf, so daß bereits einige Händler aus der Hauptstadt ihre Ware direkt in Salhia einkaufen. Ein großer Teil der Erzeugnisse wird auf Grund von Verträgen von verschiedenen staatlichen oder halbstaatlichen Verarbeitungsbetrieben abgenommen. 20%–50% der Produkte sollen in arabische oder europäische Länder exportiert werden.

Das Salhia-Jugendprovinz-Projekt trägt viele demonstrative Züge. Es soll den Weg zur Ernährungssicherung Ägyptens weisen. Durch den Einsatz von Großkapital und moderner Agrartechnologie will man die größtmögliche Produktion auf einer kleinen Wüstenfläche außerhalb des alten Kulturlandes erzielen. Man wählte den Weg der Diversifizierung und der Veredlung im Bereich der Landwirtschaft sowie einer integrierten Entwicklung des gesamten Raums. Selbst ein neues Straßennetz und eine komplette neue Stadt – El Salhia El Gadida – mit 3720 Wohnungen, mit Schulen, Moscheen, Einkaufszentren und anderen infrastrukturellen Einrichtungen wurden gebaut, 3 Nahrungsmittelfabriken befinden sich noch im Stadium der Planung. Es ist allerdings fraglich, ob man jemals ein zweites Projekt unter ähnlich günstigen Bedingungen wird errichten können. Fest steht, daß bei Projekten mit solch hohem Kapitalaufwand die Rentabilitätsgrenze leicht überschritten wird. Mit großer Wahrscheinlichkeit kann man davon ausgehen, daß unter den besonderen ägyptischen Gegebenheiten der kleinbäuerliche Fellache auf seiner bewässerten Mikroparzelle rentabler arbeiten kann als halbstaatliche Großbetriebe mit hochbezahlten Agraringenieuren. Privatunternehmen waren in Ägypten – wie auch andernorts – von jeher erfolgreicher als staatliche Betriebe, die häufig unter Vernachlässigung und Korruption leiden.

Die behandelten Beispiele zeigen, daß eine baldige Lösung des Problems der mangelnden Versorgung der ägyptischen Bevölkerung mit Nahrungsmitteln nicht in Sicht ist. Landkultivierungsmaßnahmen konnten bisher mit dem steigenden Bedarf der wachsenden Bevölkerung nicht schritthalten. Überdies kann man feststellen, daß aufgrund der geringen Tragfähigkeit der Böden dort der Weizenanbau in Neulandgebieten nur eine untergeordnete Rolle spielt. Der Weizen bildet jedoch die Grundnahrung der Ägypter seit dem Altertum. 1984 betrug der ägyptische Pro-Kopf-Verbrauch an Weizen 200 kg (AKHBAR AL YOM, 19.1.1985, S. 9) gegenüber einem Weltdurchschnitt von 10 kg. Allerdings ist der Pro-Kopf-Wert für das Land dadurch stark verzerrt, daß Viehzüchter und Geflügelfarmbesitzer das durch die Regierung stark subventionierte Brot an ihre Tiere verfüttern. Aus diesem Grunde stieg der Weizenkonsum pro Kopf der Bevölkerung innerhalb der vergangenen zehn Jahre um 100%. Dieses Problem kann nur durch eine Bereitstellung von billigeren Futtermitteln gelöst werden. Außerdem sollte auf dem alten Kulturland im Niltal der Baumwollanbau zugunsten des Getreideanbaus zurückgedrängt werden.

Literatur

Akhbar Al Yom, Kairo, 19.1.1985, S. 19 (in Arabisch)

Al Ahram, Kairo, 22.8.1984, S. 3 (in Arabisch)

Arab Contractors, Osman Ahmed Osman and Co., Publikation Nr. 40, November 1983 (in Arabisch)

Arab Contractors, Osman Ahmes Osman and Co., Dezember 1983 (Zeitschrift in arabischer Sprache)

Interner Bericht der Landgewinnungsbehörde, Ismailia 1978 (in Arabisch)

Samaha, M. A. H.: The Egyptian Master Water Plan. In: A. K. Biswas et. al. (Hrsg.): Water Management for Arid Lands in Developing Countries. Water Development, Supply and Management, Vol. 13. Pergamon Press, Oxford/Frankfurt 1980, S. 29–45.

Herbert Popp und Franz Tichy (Hrsg.): Möglichkeiten, Grenzen und Schäden der Entwicklung in den Küstenräumen des Mittelmeergebietes. Ein Überblick anhand von Beispielen aus zehn Anrainerstaaten. Erlangen 1985 (= Erlanger Geographische Arbeiten, Sonderbände, Band 17).

Die Küstenebenen Algeriens und Tunesiens

Wirtschaftlicher Standort- und Wertwandel in den litoralen Lebensräumen des Maghreb

von

HERMANN ACHENBACH (Kiel)

Wenn Ägypten ein Geschenk des Nils ist, so mag es erlaubt sein, Algerien und Tunesien als eine Gabe des Mittelmeeres anzusprechen. Zwar wird das lebensspendende Element Wasser nicht als Fremdlingsfluß aus weit entfernten Klimazonen herangeführt, aber auch hier bilden die hygrischen Ausnahmebedingungen im Nahbereich des Meeres die Grundlagen eines extrem starken Wertgegensatzes innerhalb der verschiedenen Landesteile.

Das Meer schafft für die großen Landmassen Nordafrikas nicht allein wichtige Verbindungen nach außen, er erzeugt auch aufgrund der klimatischen Einflüsse einen küstennahen Lebensraum mit vorteilhaften Bedingungen für Landwirtschaft und Dauersiedlungen. Der lebensfeindliche Trockenraum der Sahara, der in seiner extremen Ausprägung nur mehr punktuelle Dauerexistenzen bei hochspezialisierter Anpassung an den Standort erlaubt, wird durch die mäßigenden Einflüsse des Mittelmeeres sowie die modifizierenden Bedingungen des Reliefaufbaus gebremst. Saharischer und mediterraner Einfluß bilden ein kleinräumiges Mosaik von interferierenden Komponenten, die durch die Lage, die Exposition sowie den allgemeinen orographischen Aufbau erzeugt werden.

Im Gegensatz zu Marokko mit seinen weiten offenen Vorländern zum Atlantik hin entfallen auf Algerien und Tunesien gänzlich andere Bedingungen der Reliefgliederung. Schon ein Blick auf eine Atlas- oder Wandkarte genügt, um aufzuzeigen, daß die Ebenen große Ausnahmen im Aufbau des östlichen Maghreb darstellen. Nur im Küstenbereich sowie in der nördlichen Randzone der Sahara sind Areale tiefer liegenden Landes vorhanden, während insgesamt Gebirgsland und Plateaus dominieren. In Algerien wie in Tunesien treten die Gebirgsketten in zahlreichen Abschnitten bis unmittelbar an die Küste heran und erlauben aufgrund ihrer Steilheit vielfach keine litoralen Verkehrsachsen.

In Algerien sind in einem Abstand von ungefähr 400 km Luftlinie drei größere Küstenebenen, nämlich diejenigen von Oran, Algier und Annaba, ausgebildet. Sie öffnen sich – jedenfalls in Teilen – frei zum Meer und erlauben das Einströmen maritimer Luftmassen ohne nennenswerte qualitative Veränderungen. Im Falle von Algier wird die wirtschaftlich wertvolle Mitidja-Ebene von einem Saum langgestreckter Hügel- und Bergketten nach außen begrenzt. Sie bilden den sog. Sahel von Algier und werden heute weitgehend von den ausufernden Vororten der Hauptstadt eingenommen. Die Höhenlage mit einer leichten Seebrise machte schon in kolonialer Zeit die seewärtige Abdachung zu einem bevorzugten Wohngebiet. Auch die Ebene von Oran–Mostaganem wird randlich von Küstenketten abgeschlossen.

Tunesien weist gegenüber Algerien sowohl hinsichtlich seiner Reliefgliederung wie auch seiner maritimen Einflüsse stark individuelle Züge auf. Mit den beiden großen Meereseingriffen des Golfs von Hammamet sowie des Golfs von Gabès unterliegt es auch von Osten her einer bedeutungsreichen maritimen Beeinflussung. Auf abgewandeltem Hintergrund kann man Tunesien dahingehend mit Marokko vergleichen, daß auch hier eine doppelte maritime Fassade entwickelt ist. Da entlang der Ostküste Tiefländer vorherrschen, dringen maritime Einflußkomponenten von der Syrtenküste her erstaunlich weit ins Landesinnere vor.

Sieht man von der Talmündung eines Flüßchens bei Tabarka ab, so besitzt die eigentliche Nordküste Tunesiens keine Ebenen. Nur das Hinterland von Bizerte sowie die westliche Umrahmung des Golfs von Tunis und die Halbinsel Cap Bon weisen Küstenhöfe echter mediterraner Prägung auf.

Die Begrenztheit von Küstenebenen wird in Algerien wie in Tunesien bis zu einem gewissen Grad durch das Vorhandensein küstenparalleler Längstäler ausgeglichen. Da die orographische Großgliederung aus West–Ost streichenden Ketten besteht, haben sich zwischen den Hauptgebirgszügen teilweise ausgedehnte intramontane Längstalsysteme ausgebildet. Im Westen Algeriens ist der Oued Cheliff zu nennen, dessen Tal als Verkehrs- und Wirtschaftsachse zwischen Oran und Algier eine Leitlinie der ökonomischen Strukturgliederung darstellt, nicht zuletzt weil vom tief eingesenkten Talsystem relativ bequem Zugänge über die Hochflächen in den saharischen Raum möglich sind.

Auf der Südseite des Djurdjura nimmt der kleinere Oued Soummam ebenfalls die Funktion eines Längstals ein. Hier finden sich bedeutende landwirtschaftliche Kulturen und wichtige Verkehrszugänge zur Küste.

Der Osten Algeriens ist durch die Gebirgsketten der Kleinen Kabylei, des Djebel Babor und des Biban-Gebirges am stärksten vom übrigen Staatsgebiet isoliert. Alle Verkehrslinien müssen bis auf die Hochflächen nach Süden ausweichen und von Constantine aus zu den Küstenzentren Annaba und Skikda hinabsteigen. In diesem gebirgigen Ostteil überwiegen die engen und steilen Durchbruchstäler zur Küste. Nur der Oued Seybouse bildet mit der Stadt Guelma im Zentrum einen wirtschaftlichen Ergänzungsraum, da sich auch hier ein Längstal in die Tellketten hineinzieht.

Das auffallendste Beispiel eines Längstalsystems mit erstrangiger wirtschaftlicher Bedeutung bildet der Oued Medjerda in Tunesien. Dem ostalgerischen Hochland entstammend, strebt er mit zahlreichen Nebenflüssen dem Golf von Tunis zu und bildet für das kleine Tunesien die wichtigste landwirtschaftliche Lebensader. Die agrare Entwicklungspolitik hat sich seit der Unabhängigkeit daher betont auf die Inwertsetzung des Medjerdatals konzentriert.

Als erstes Ergebnis läßt sich daher festhalten, daß für beide Staaten die Küstenebenen wichtige wirtschaftliche Funktionen einnehmen, daß aber angesichts der Kleinheit der Küstentiefländer die intramontanen Längstalsysteme eine mindestens ebenso bedeutende Stellung im wirtschaftsräumlichen Aufbau besitzen.

Die Küstenebenen des östlichen Maghreb sind gewöhnlich junger geologischer Entstehung. Ohne Einzelheiten nachgehen zu wollen, seien folgende übergeordnete genetische Merkmale hervorgehoben: Die meisten der Küstenebenen bildeten quartäre Golfe, die das Meer allmählich im Laufe der jüngsten geologischen Entwicklung freigegeben hat. Verschiedentlich bilden abgeschnittene Strandseen und Küstensebkhas die letzten Reste dieser Entwicklung.

Daneben sind die Küstentiefländer Zentren der hydrographischen Entwicklung und damit des Transports von Abfluß und Sediment. Alle Küstengolfe sind von mächtigen quartären Aufschüttungen erfüllt und bildeten teilweise noch bis in dieses Jahrhundert versumpfte und überschwemmungsgefährdete Ebenen, die bei winterlichen Starkregen leicht überflutet werden konnten. Da schwere und tonreiche Böden im Alluvialbereich vorherrschten, waren diese Standorte ohne den regulierenden Eingriff des Menschen wirtschaftlich nicht oder nur periodisch und an ausgewählten Plätzen nutzbar.

Sie enthielten vielfach kein Trinkwasser, galten als extrem ungesund und malariagefährdet und besaßen meist ein so geringes Gefälle, daß eine Entwässerung mit einfachen Mitteln fehlschlug oder gar nicht möglich war. Nur die Ränder zum Gebirge, wo die Flüsse mit ihren Schwemmkegeln aus dem Gebirge traten, enthielten trokkenen Siedlungsboden und die Möglichkeit, Gebirgswasser zur Irrigation auf den leichteren Fanglomeraten nutzbar zu machen. Die eigentlichen Alluvialstandorte der Niederung, die aus den mitgeführten Schwebstoffen der flyschreichen Tellketten aufgeschüttet worden waren, konnten meist mit tierischer Zugkraft überhaupt nicht bearbeitet werden.

Im Untergrund der Küstenebenen sind vielfach salzhaltige Sedimente abgelagert, die aus ehedem meereserfüllten Lagunen hervorgegangen sind. Auch das Wasser der Flüsse kann gerade im ostalgerischen und tunesischen Tell hohe Salzkonzentrationen enthalten, die aus den Ablagerungen der mesozoischen und tertiären Schichtpakete stammen. Vor allem bei der Inwertsetzung des Medjerdatals haben sich die einschränkenden Bedingungen der Wasserqualität gezeigt. Alle sedimentreichen Tieflandflüsse neigen schließlich zu starker Mäanderbildung und Dammuferaufschüttung, wodurch der Rücklauf der Wassermassen in das Hauptbett erheblich erschwert wird.

Für die Küstenebenen ist ferner die generelle Steilheit des Reliefs und die Organisation des Gewässernetzes entscheidend. Da gerade Ostalgerien und die tunesische Nordabdachung von vielen kleinen und steil eingekerbten Abflußrinnen gekennzeichnet sind, die auf kürzestem Wege dem Meer zustreben, kann nur ein verhältnismäßig geringer Anteil des Gesamtabflusses in irgendeiner Form nutzbar verwendet werden. Der Bau von Talsperren und Druckstollen ist zu teuer und technisch äußerst schwierig. Eventuell zu errichtende Rückhaltebecken müssen an den Rand der Hochflächen gesetzt werden, wo das Einzugsgebiet des Flusses meist noch klein, als Vorteil die Sedimentfracht aber noch gering ist. Es existieren in Algerien mehrere Beispiele (so Oued Fodda und Barrage du Ghrib), wo kolonialzeitlich angelegte Talsperren heute nahezu unbrauchbar sind, da sie am Rand der Ebene plaziert wurden und einer unkalkulierbar starken Zuschwemmung unterlagen.

Gelegentlich führen die Küstensedimente Grundwasser, vor allem wenn sie aus Sand oder verfestigten Sandsteinen bestehen. Solche Gebiete sind meist früh einer intensiven Bewirtschaftung durch Brunnenbewässerung zugeführt worden.

Unter den natürlichen Merkmalen bedürfen auch die klimatischen Sonderbedingungen einer kurzen Charakterisierung.

Generell ist festzustellen, daß die Ebenen von Westen nach Osten feuchter werden. Als Richtwert kann dienen, daß die Ebene von Oran etwa 400 mm, die Mitidja-Ebene etwa 600 mm und die Ebenen von Skikda–Annaba sogar 800 mm Jahresniederschlag empfangen. Die angrenzenden Gebirge mit ihren Steigungsregen sind noch erheblich feuchter und können Jahressummen umfassen, die an 2000 mm heranreichen.

Die Situation in Tunesien wird durch das Relief entsprechend modifiziert. Die nördlichen Ebenen um Bizerte–Mateur gehören noch randlich zur subhumiden Zone der Wälder und Korkeichen. Demgegenüber ist das Medjerdatal schon in weiten Bereichen semiarid mit Niederschlägen, die aufgrund der montanen Abschirmung auf Werte um 400 mm absinken.

Generell ist die Verteilung von Humidität und Aridität den Zugbahnen mediterraner Tiefdruckgebiete und der zugehörigen Frontensysteme unterworfen. Die Entstehung von Lee-Tiefs im Golf von Genua führt zu einem häufigen Durchzug von Störungen in der östlichen Küstenzone der Maghrebländer. Bei starken Nordströmungen können sich auch Lee-Tiefs auf der Südseite des Sahara-Atlas bilden, die auf ihrem Weg nach Osten verschiedentlich den Golf von Gabès erreichen und dem Steppentiefland Osttunesiens katastrophale Starkniederschläge bringen können.

Allgemein ist zu sagen, daß die wachsende Humidität keinen Vorteil für die wirtschaftliche Nutzung der Küstenebenen darstellt. Der Kampf gegen Überschwemmung und Staunässe wird gerade für die Bestellungs- und Pflegearbeiten zu einem schweren Handicap. Die hohe Feuchtigkeit von Boden und Luft fördert den Unkrautwuchs und Parasitenbefall in ungewöhnlichem Maß. Auf den tiefgründigen Standorten der Alluvialbereiche können nur schwere Kettentraktoren eingesetzt werden. Die Palette der Nutzungsmöglichkeiten wird durch die Eigenschaften des Bodens meistens erheblich eingeengt. Vielfach scheiden Baumkulturen im Anbaugefüge gänzlich aus. Am günstigsten sind die Bedingungen im Bereich der Mitidja, wo sich aufgrund der Diversität der Böden und der Lage in einem hygrischen Übergangsgebiet vielseitige Möglichkeiten für die Landwirtschaft ergeben (G. MUTIN 1977).

Daß die küstennahen Standorte besondere Vorzüge hinsichtlich der thermischen Konditionen erfahren, bedarf keiner besonderen Erwähnung. Da sie frostfrei sind und ihnen die gespeicherte Wärme des Meeres gerade in den Wintermonaten unmittelbar zuteil wird, gelten besondere Präferenzen für wärmebedürftige Kulturen wie Früh- und Spätgemüse oder besondere Strauch- und Baumkulturen. Selbst im November erreicht das mittlere Tagesmaximum der östlichen und mittleren Ebenen noch Werte über 20° C. Auch in der kürzesten Jahreszeit erreicht die Sonne auf 37° nördlicher Breite noch 30 Grad Höhe, und der Tag währt 9½ Stunden. Eine geschickte und den äußeren Standortbedingungen Rechnung tragende Bodennutzung kann aus diesen Gegebenheiten vielseitigen Nutzen ziehen. Gegenüber dem winterlich rauhen Gebirgs- und Hochflächenklima stellen diese wintermilden Litoralklimate Areale außerordentlicher thermischer Präferenz dar. Ähnliche Werte werden im westlichen europäischen Mittelmeer nur an ganz wenigen Stellen erreicht, so an der Costa del Sol und vielleicht in günstigen Jahren an der Conca d'Oro von Palermo.

Die besondere naturräumliche Ausstattung legt es nahe, an eine geschichtlich lang zurückreichende Nutzung und Wertschätzung der Küstenebenen zu glauben. Die Realität der historischen Entfaltung sieht indes sehr viel anders aus und läßt ein gemeinsames Urteil über alle Küstenebenen nicht zu.

Schon die römische Antike zeigt ein sehr differenziertes Bild der jeweiligen Einbindung in den Herrschaftsbereich. Sieht man von Karthago ab, so sind die Knotenpunkte des römischen Städtesystems in erster Linie Gründungen des Binnenlandes gewesen. Zwar fehlt es nicht an wichtigen Hafenstädten der Nordküste wie Hippo-Regius (Bone; Annaba) und Caesarea (heute Cherchell), aber mit einem intensiv genutzten wirtschaftlichen Hinterland stehen diese Küstenorte nicht in Verbindung. Die fruchtbare Mitidja-Ebene im Hinterland von Algier hat keine Reste römischer Landvillen, die Ebene von Annaba kennt einige wenige Funde. Diese lassen sich nicht im entferntesten mit der ländlichen Siedlungsdichte im Bagradas-Tal (Medjerda) oder auf den numidischen Hochflächen vergleichen. Die primäre Funktion der Städte bestand in der Küstensicherung, der Purpurerzeugung, dem Holz- und Marmorexport und der Ausfuhr von Getreide, das in den rückwärtigen Hochländern erzeugt wurde. Es zeigt sich, daß die trockenen und wohl auch weitgehend waldfreien

Standorte des Landesinneren die bevorzugten Areale der Kolonisation und der territorialen Herrschaftsstruktur gewesen sind. Die feuchten Küstenzonen dürften weitgehend vom Wald eingenommen und wegen ihrer ungesunden Lebensbedingungen nicht in die Agrarkolonisation einbezogen gewesen sein. Sie kamen für die Erzeugung der Jahressteuer an Getreide und Olivenöl (Annona) kaum in Betracht.

Auch die arabische Eroberung, die vom Binnenland her organisiert wird, bringt keine entscheidende Veränderung. In Algerien sind alle älteren islamischen Zentren Städte des Landesinneren: Tlemcen, Medea, Constantine, plaziert am feuchten Rand der Hochflächen, um winterliches Weideland in den Niederungen und Getreideland in den Bergen gleichermaßen zur Verfügung zu haben. Auch die Schutzfunktion spielt eine entscheidende Rolle, da die Steppengebiete nomadisch kontrolliert sind. Eine Ausnahme macht nur das tunesische Gebiet, wo eine Konsolidierung städtischen Lebens und eine Fortführung antiker Anbautraditionen in den Sahelzonen entlang der östlichen Küstenabschnitte feststellbar ist.

Eine bedeutsame Wendung in der Wertschätzung der Küstenzonen tritt durch die Remigration der Andalusier im 17. Jahrhundert ein. Mit ihnen betritt neben Berbern und Arabern ein drittes kulturelles Element den Boden Nordafrikas. Mit den Andalusiern erfolgte eine intensive Inwertsetzung der Küstenzonen, meist im Umkreis bestehender Städte. Da die Andalusier sich auch in den Städten selbst niederlassen und zum Wachstum und zur wirtschaftlichen Stärkung der bislang kleinen Landzentren beitragen, erfolgt nunmehr eine enge Verzahnung zwischen Stadt und Land durch Agrarproduktion und Handwerkstechnik in den verschiedensten Bereichen.

Oran und Mostaganem, Algier mit seinem Küstensahel, Skikda und Annaba, Bizerte, Tunis, Cap Bon und binnenwärts gelegene ländliche Zentren werden zu wichtigen agraren Innovationskernen. Intensivproduktion mit Hilfe von Bewässerung, spezialisierter Gartenbau, Einführung neuer Produkte wie Tafeltrauben und Erzeugung agrarer Veredlungsprodukte wie von Farbstoffen, Gewürz- und Heilpflanzen wie von Parfümerie- und Seifenwaren leiten sich auf die Initiative der Andalusier zurück.

Insgesamt bleibt aber zu betonen, daß die Anbauflächen der Andalusier nur kleine Inseln innerhalb der Küstenebenen und Hügelländer ausmachen. Die meisten Teile der inneren Ebenen bleiben, wie A. KASSAB (1979) aufzeigen konnte, extensiv und diskontinuierlich genutzes Weideland mit einer nach Sippenstrukturen organisierten Douar-Besiedlung in einfachen Lehmhütten. Die Bevölkerung konzentriert sich teils am Rand der Ebene, teils unmittelbar an den Hochufern der Flüsse, wo die Gefahr der Überflutung am geringsten und permanent Material zur Wiedererrichtung der Siedlungen vorhanden ist.

In vorkolonialer Zeit treten die Ebenen im Umkreis der Küstenstädte erstmals in den Bereich wirtschaftlicher Spekulation. Vor allem von Tunis und Algier aus werden in türkischer Zeit Ländereien an den Hofadel vergeben sowie den Janitscharen als Einnahmequelle zur Verfügung gestellt. Auch Kronland ist im Fall des Beys von Tunis stark vertreten.

Das Land diente im Sinne vorkolonialen islamischen Rentenkapitalismus beinahe ausschließlich extensivem Getreideanbau. Das Khammes-System bestimmt auf naturaler Basis den Einsatz der Produktionsfaktoren. Das Betriebssystem ist starr und aus sich heraus nicht reformfähig. Die Bodenrenten – sofern nicht in Repräsentation, Hortungskäufen und Bestechung verbraucht – werden höchstens zur Ausweitung des Besitzes angelegt. Der natürlichen Ertragsvariabilität wird durch Minimierung des Gütereinsatzes begegnet. Die Abschwächung des Risikos erfolgt durch die Größe der Bewirtschaftungsfläche. Der Baumkultur mit ihrer langen ertragslosen Anfangsphase wendet sich bei häufigem Besitz- und Pachtwechsel kaum jemand zu. Der Rentenkapitalismus bestimmt die ackerbaufähigen Teile der großen Ebenen. Die ersten kolonialen Versuche, die algerischen Ebenen des Nordens zu nutzen, gestalten sich zu einem Fehlschlag. Frankreich versuchte, in Ermangelung tropischer Kolonien, aus Algerien einen agraren Produktionsraum subtropischen Zuschnitts zu machen. Die Anbauversuche mit Tee, Vanille und Zuckerrohr schlugen ebenso fehl wie die Kultur von Kaffee, Indigo und Gewürzen.

In den späteren Jahrzehnten werden die Küstenebenen durch Initiative der neuen Grundherren zu den wichtigsten landwirtschaftlichen Produktionsräumen ausgebaut. Sowohl private als auch offizielle Kolonisation erschließt das extensiv genutzte Alluvialland. Kapitalgesellschaften erwerben hohe Anteile am Landbesitz, nicht zuletzt wegen der großen Erschließungskosten. Da der Stammbesitz durch das sogenannte *cantonnement* neu geordnet und arrondiert wird, geraten die Ebenen beinahe gänzlich in europäische Hand. Zu etwa 20% ist noch Eigentum einheimischer Städter, so in der Mitidja aus Algier und Blida, eingestreut.

Das Spektrum der Bodennutzung durchläuft charakteristische zeitliche Entwicklungsstufen. Die Bedürfnisse des Marktes im Mutterland bestimmen im wesentlichen die Ausrichtung der Betriebszweige. So kommt es nur begrenzt zu einer Intensitätszonierung um die lokalen Märkte im Sinne Thünen'scher Transportkostenabhängigkeiten.

Am Anfang marktspezifischer Ausrichtung steht eine starke Hinwendung zum Baumwollanbau, hervorgerufen durch den amerikanischen Sezessionskrieg und den rapiden Anstieg der Rohstoffpreise. Die nächste entscheidende Phase bringt die Reblauskrise, die seit etwa 1870 den Siegeszug des Weinbaus in den algerischen Küstengebieten herbeiführt. Es folgt die Hartweizenkultur als wirtschaftlicher Schrittmacher, später der Agrumenanbau, als in Europa die Lieferungen aus Spanien als Folge des Bürgerkriegs ausbleiben. Tabakbau und Baumwolle treten wieder hinzu.

Seit dem Zweiten Weltkrieg gestaltet sich der spezialisierte Gemüseanbau, ausgerichtet auf Früh- und Spätkulturen, in zunehmendem Maß als Erfolgskultur. Bereits im Krieg war eine stärkere Berücksichtigung von Grundnahrungsmitteln angeordnet worden, da die Versorgung aus den nordfranzösischen Getreide- und Viehgebieten ausblieb und Vichy-Frankreich die Kolonien als agrare Ergänzungsräume benötigte.

Ideen und Initiativen, die Ebenen einer Nutzung zuzuführen, die sich an den realen Bedürfnissen der Länder orientieren, tauchen erst in den fünfziger Jahren dieses Jahrhunderts auf. Sie gewinnen zuerst Gestalt im früh unabhängigen Tunesien, wo eine belgisch-tunesische Entwicklungsgesellschaft Maßnahmen zur ökonomischen Aufwertung des Medjerdatals einleitet. Intensivierung mit Bewässerung, Eigentumsförderung und genossenschaftliche Vermarktung sind die Triebfedern der Entwicklungspolitik.

In Algerien löst die historische Rede von Charles de Gaulle in Constantine 1956 eine ähnliche Bewegung aus. Es ist aber inzwischen bewiesen, daß die intendierten Zugeständnisse und Neuentwicklungen im Norden von der Rohstoffsuche und -förderung in der Sahara ablenken sollten. Mit großem technischen Aufwand werden die kultivierbaren Reste der Küstenebenen erschlossen und bevorzugt einer intensiven Bewirtschaftung zugeführt.

Versucht man, die Zeit nach der Unabhängigkeit bis zur Gegenwart zu überblicken, so lassen sich in der Bodennutzung Areale der Persistenz, der gelenkten Innovation (Zuckerrübenanbau) und des allmählichen Wandels unter Beibehaltung herkömmlicher Betriebsziele erkennen. Generell läßt sich feststellen, daß die agraren Entwicklungen in beiden Staaten nicht den gewünschten Leistungsstand erreicht haben und daß auch die Küstenebenen hinter der ihnen zugedachten Präferenzstellung herhinken.

Bereits das bekannte Wort von Haouri Boumedienne, daß der Weinbau ein vergiftetes Geschenk sei, deutet auf die fatale Situation der postkolonialen Landwirtschaft hin. Einerseits kann auf die arbeitsintensiven Zweige mediterraner Bodennutzung nicht verzichtet werden, andererseits müssen die mechanisierten Anbaupraktiken europäischer Vorbilder angewendet werden, um Grundnahrungsmittel für den steigenden Bedarf zu produzieren.

In beiden Ländern ist in den letzten beiden Jahrzehnten eine Steigerung der Getreideerträge um jeden Preis propagiert worden. Gewisse Erfolge, vor allem in Tunesien, sind nicht zu übersehen, aber die Mehrerzeugung hält nicht im entferntesten Schritt mit dem steigenden Konsum aufgrund der Bevölkerungszunahme. Dazu treten die bekannten technischen Mängel in planwirtschaftlich gelenkten Agrarsystemen, wie sie auf den selbstverwalteten Landwirtschaftssektor Algeriens wie auch auf Teile des sogenannten modernen Sektors Tunesiens zutreffen. Die Getreidekampagnen haben zur allgemeinen Misere der Landwirtschaft beigetragen. Da selbst die ungünstigsten Hanglagen und ariden Grenzstandorte genutzt werden, verringern sich die Futterreserven für das Vieh zusehends. Wer die Struktur der Agrarimporte analysiert, wird die stark gewachsenen Kontingente für Futtergetreide und Viehnahrung schnell erkennen. So besteht in Tunesien ⅓ des Importgetreides aus Futtermais und -gerste, hauptsächlich für die Geflügelzucht und den Viehbestand der Agro-Kombinate.

Trotz der ausgeweiteten Flächen ist das Produktionsvolumen quasi stationär. Erosion, Bodenerschöpfung und *garâa*-Bildungen in den Ebenen tragen zu den Ertragsabfällen bei. KASSAB (1983) nennt die Getreidebilanzen seines Landes trotz aller Anstrengungen noch immer eine „Tyrannei des Klimas“.

So bleibt den fruchtbaren Küstenebenen für die Zukunft keine andere Nutzungsalternative, als sie von der bisherigen Betonung von Sonderkulturen viel stärker auf die Erzeugung von Getreide und Viehfutter umzustellen. Gerade die stark gestiegenen Preise für Futtermittel zwingen die Staaten, alle Möglichkeiten der Eigenproduktion an Fleisch und Milcherzeugnissen auszuschöpfen.

Wie prekär in Tunesien die Versorgung des Landes mit Milchprodukten geworden ist, mag aus folgendem Beispiel erhellen: Die tunesische Staatsmolkerei S.T.I.L. verarbeitet nur mehr zu 20% Milch aus Landesproduktion, alles übrige ist Ware auf der Basis von Trockenmilchimporten.

Zusammenfassend läßt sich unter besonderer Berücksichtigung der Konkurrenzansprüche folgendes feststellen:

1. Besonders in Algerien ist seit der Unabhängigkeit die Industrialisierung mit ehrgeizigen Plänen vorangetrieben worden. Da in beträchtlichem Maß Grundstoff- und Schwerindustrien an dieser Entwicklung beteiligt sind, kommt in den meisten Fällen kein anderer Standort als die Küstenzone mit ihren Häfen, terrestrischen Verkehrsanbindungen und Energieversorgungen in Frage. Nur ein kleiner Teil der Textilbranche sowie der Elektro- und mechanischen Industrie konnte ins Binnenland verlagert werden, wie K. SCHLIEPHAKE (1979) und A. ARNOLD (1980) aufgezeigt haben. In vielen Fällen, so etwa beim Stahlwerk von El Hadjar in Ostalgerien, verbraucht die Industrie Wasser, das der Landwirtschaft fehlt. Gerade die eisen- und stahlerzeugende Industrie ist wegen der Importe von Hüttenkoks auf Küstenstandorte festgelegt. Sowohl die Kopplungseffekte der Unternehmen als auch die Bindungen an die Verbrauchszentren der Küste fördern die Ansiedlung im Küstenraum. Auch die chemische Industrie und die Petro- und Gasverarbeitung haben ihre Schwerpunkte an der Küste, meist an den Kopfstationen der Leitungsnetze aus der Sahara.

2. Auch der Wasserverbrauch der wachsenden Städte trägt stark zu den Versorgungsengpässen der Landwirtschaft in der Küstenzone bei. Da die Städte vor allem gutes Wasser benötigen, fehlt es häufig an Aufmischwasser für eine Nutzung der salzhaltigen Flüsse. An eine Ausweitung von Bewässerungskulturen kann langfristig nicht mehr gedacht werden. Nahezu alle Neuerschließungen von Bewässerungswasser dienen der Sicherung bestehender Kulturen.

3. Auch der Tourismus verschlingt in den Küstenzonen Osttunesiens viel Wasser. Bereits vor zehn Jahren schwand das Wasser in den Brunnen der bäuerlichen Küstenzone von Hammamet, da moderne Tiefbrunnen das Wasser für die Bedürfnisse des Tourismus entzogen. Aus dem Sahel von Sousse sind ähnliche Erscheinungen bekannt. Auf der Insel Djerba muß das Wasser über eine lange Leitung aus der Dahar-Schichtstufe herangeführt werden.

4. Die bisherige agrare Nutzung der Küstenebenen ist sowohl von den Versorgungsbedürfnissen des eigenen Landes wie von den Exportabsichten mit teilweise kolonialer Vergangenheit gekennzeichnet. Der Intensivproduktion fällt dabei eine bedeutende volkswirtschaftliche Rolle zu: Sie bindet zahlreiche Arbeitskräfte, die nicht von der mechanisierten Bodenbewirtschaftung verdrängt werden können, und sie liefert die notwendigen Devisen zum Ausgleich der agraren Handelsbilanz. So jedenfalls war die ökonomische Grundkonstellation im Rahmen der Aufstellung der ersten Entwicklungspläne nach der Unabhängigkeit konzipiert. Bis etwa Ende der sechziger Jahre war in Tunesien noch eine ungefähre Äquivalenz erzielbar. In Algerien herrschte seit Beginn der Unabhängigkeit ein wertmäßiges Ungleichgewicht.

5. In der Gegenwart haben sich die wirtschaftlichen Existenzbedingungen beider Staaten grundlegend gewandelt: Die Bevölkerung hat sich seit der Unabhängigkeit verdoppelt und wächst unverändert weiter, der Absatz mediterraner Sonderkulturen stößt auf schärfste Konkurrenz der Mitglieder und Aspiranten der Europäischen Gemeinschaft, und die Kosten für agrare Importgüter haben sich in ungeahntem Maß verteuert. Nur die Preise für Getreide sind um ein Drittel gesunken.

6. Die Konsequenz ist, daß die Küstenebenen unter diesen Prämissen keine andere Nutzungsmöglichkeit bieten, als sie von der Spezialproduktion grundsätzlich auf die Erzeugung von Grundnahrungsmitteln umzustellen: Futterproduktion für Milch- und Fleischerzeugung, Getreideproduktion für Brotwaren (Weichweizen), Industriekulturen für Eigenbedarf.

7. Es zeigt sich, daß die Küstenebenen Tunesiens und Algeriens eine andere volkswirtschaftliche und produktionsstrukturelle Stellung einnehmen, als dies auf die südeuropäischen Küstenhöfe zutrifft. Während Italien, Spanien, selbst Griechenland und die Türkei, über außer- und randmediterrane Getreidekammern und Viehwirtschaftsgebiete verfügen, fällt im östlichen Maghreb die Erzeugung beinahe aller lebenswichtigen Güter in den Bereich der Küstenebenen, da Nutzungsalternativen und räumliche Möglichkeiten der Arbeitsteilung kaum existieren.

8. Die Zukunft der Küstenebenen kann bei den steigenden Kosten für Agrarimporte nur in einer wachsenden Umstellung auf die Erzeugung von Grundnahrungsmitteln gegründet werden. Die Ertragsrückschläge, Produktionsunsicherheiten und Kulturlandverluste sind in den übrigen Landesteilen so gravierend, daß eine andere Wahl der betrieblichen Ausrichtung ausscheidet.

Literatur

Achenbach, H.: Agrargeographische Entwicklungsprobleme Tunesiens und Ostalgeriens. Jahrbuch der Geographischen Gesellschaft Hannover 1971.

Achenbach, H.: Afrika-Kartenwerk, Blatt Tunis-Sfax, Karte der Bodennutzung. Hrsg. DFG, Obmann H. Mensching, 1976.

Achenbach, H.: Klimagebundene Risikostufen der Ertragsbildung und räumliche Standortdifferenzierung der Landwirtschaft im Maghreb. Erdkunde, 33, 4, 1979, S. 275-281.

Achenbach, H.: Standort- und Entwicklungsbedingungen der Landwirtschaft. In: Tunesien, hrsg. von K. Schliephake, Stuttgart 1984, S. 496-523.

Arnold, A.: Untersuchungen zur Wirtschaftsgeographie Tunesiens und Ostalgeriens. Jahrbuch der Geographischen Gesellschaft Hannover 1979.

Arnold, A.: Wirtschaftsgeographie – Nordafrika. Beiheft zu Blatt 12 des Afrika-Kartenwerks, Berlin-Stuttgart 1980.

Bonniard, F.: La Tunisie du Nord. Le Tell Septentrional. 2 Bände, Paris 1934.

Bortoli, L., M. Gounot und J.-C. Jacquinet: Climatologie et Bioclimatologie de la Tunisie Septentrionale. Annales de l'Institut National de la Recherche Agronomique de Tunisie (INRAT), vol. 42, fasc. 1, 1969.

Chambre de Commerce: La céréaliculture en Algérie. Nr. 20, Algier 1970.

Despois, J.: Régions naturelles et régions humaines en Tunisie. Annales de Géographie, 51, Nr. 286, 1942, S. 112-128.

Despois, J.: La Tunisie Orientale, Sahel et Basse Steppe. Paris 1955.

Despois, J.: L'Afrique du Nord. L'Afrique Blanche, Bd. I, Paris 1958.

Despois, J.: Les paysages agraires traditionnels du Maghreb et du Sahara Septentrional. Annales de Géographie, 73, 1964, S. 129-171.

Emberger, L.: Une classification biogéographique des climats. Travaux de l'Institut Botanique Montpellier, 7, 1955, S. 3-43.

Fischer, Th.: Der Ölbaum. Petermanns Geographische Mitteilungen, Erg.-Heft 147, Gotha 1904.

Frankenberg, P.: Tunesien. Ein Entwicklungsland im maghrebinischen Orient. Stuttgart 1979.

Giessner, K.: Naturgeographische Landschaftsanalyse der Tunesischen Dorsale. Jahrbuch der Geographischen Gesellschaft Hannover 1964.

Houerou, H.N.: Recherches écologiques et floristiques sur la végétation de la Tunisie méridionale. 3 Bde., Mémoires de l'Institut de la Recherche Saharienne, 6, Algier, 1959.

Isnard, H.: La répartition saisonnière des pluies en Tunisie. Annales de Géographie, 61, 1952, S. 357-362.

Kassab, F.: Les très fortes pluies en Tunisie. Faculté des Lettres et Sciences Humaines de Tunisie, 2ème série, vol. XI, Tunis, 1979.

Kassab, F.: Le grave déficit en céréales et produits de l'élevage en Tunisie. Etudes Méditerranéennes, Bd. 5, Poitiers 1983, S. 3-23.

Mensching, H.: Tunesien. Eine geographische Landeskunde. Wiss. Länderkunden, Bd. 1, Darmstadt 1968.

Mensching, H.; Giessner, K.; Stuckmann, G.: Die Hochwasserkatastrophe in Tunesien im Herbst 1969. Geographische Zeitschrift, 58, 1970, S. 81-94.

Monchicourt, Ch.: La région du Haut Tell en Tunisie. Thèse de Doctorat, Paris 1913.

Mutin, G.: La Mitidja. Décolonisation et espace géographique. Paris 1977.

Schliephake, K.: Tendenzen und Standorte der industriellen Entwicklung in Algerien und Libyen. In: Würzburger Geographische Arbeiten, H. 49, 1979. S. 265-286.

Schliephake, K. und Deparade, F.: Die landwirtschaftliche Bewässerung in Nordafrika – Stand und Ziele. In: Wasser und Boden 19, H. 9, 1977, S. 262-266.

Herbert Popp und Franz Tichy (Hrsg.): Möglichkeiten, Grenzen und Schäden der Entwicklung in den Küstenräumen des Mittelmeergebietes. Ein Überblick anhand von Beispielen aus zehn Anrainerstaaten. Erlangen 1985 (= Erlanger Geographische Arbeiten, Sonderbände, Band 17).

Die mediterranen Küstenbereiche Nordmarokkos

Entwicklungsprobleme und staatlich gelenkte Entwicklungsprozesse in einer benachteiligten Region

von

HERBERT POPP (Erlangen)

Mit 11 Kartenskizzen und 5 Fotos

Etwa 470 km des marokkanischen Staatsgebietes und damit fast ein Fünftel der insgesamt ca. 2 500 km langen Küstenlinie des Landes[1] grenzen an das Mittelmeer an. Somit ist Marokko zweifellos ein wichtiger Anrainerstaat des Mittelmeeres; dennoch ist der Bereich entlang der Nordküste des Landes relativ unbekannt.

Vom traditionellen Marokko wissen wir, daß es eher binnenländisch orientiert war. Die beiden bedeutendsten Königsstädte Fès und Marrakech zeugen mit ihren eindrucksvollen Bauwerken und ihrer regen Handwerks- und Handelsorganisation auch heute noch von jener vergangenen Phase der marokkanischen Wirtschafts- und Gesellschaftsstruktur.

Die jüngere Entwicklung Marokkos seit der französischen und spanischen Protektoratsherrschaft im Jahr 1912 ist demgegenüber zweifellos küstenorientiert – doch heißt küstenorientiert fast ausschließlich zum Atlantischen Ozean hin orientiert. Die alles überragende Wirtschaftsmetropole Casablanca sowie die Regierungs- und Verwaltungsmetropole Rabat als die beiden bedeutendsten großstädtischen Agglomerationen des Landes liegen am Atlantischen Ozean. Und auch weitere, teilweise spektakuläre wirtschaftliche Entwicklungen seit der Unabhängigkeit des Landes im Jahr 1956 erfolgten fast ausnahmslos im atlantischen Küstenbereich:

- das mit einer Fläche von 248 000 ha größte der geplanten modernen Bewässerungsgebiete Marokkos, das Gharb-Projekt. Teil des Projektes soll auch die Errichtung mehrerer staatlicher Zuckerfabriken zur Verarbeitung von Zuckerrüben und Zuckerrohr sein.
- die dynamische Entwicklung des protektoratszeitlich gegründeten Ortes Port Lyau-

1) Diese Zahlen beziehen sich noch auf die Situation vor der Einbeziehung der ehemaligen Spanischen Sahara in den marokkanischen Staat. Heute wäre natürlich, nachdem weitere ca. 800 km atlantische Küste dazugekommen sind, der Küstenanteil am Mittelmeer prozentual deutlich niedriger zu veranschlagen.

tey (heute: Kenitra) zu einer sekundären Wirtschaftsmetropole mit zentralörtlichen Funktionen für die Gharb-Ebene.

- der neu errichtete Tiefsee-Ölhafen mit Raffinerie von Mohammédia (früher: Fedala).
- das gigantische Projekt von Jorf Lasfar, südlich von El Jadida, mit dem derzeit im Bau befindlichen Phosphorverladehafen, dem Chemiekomplex von „Maroc Phosphor III und IV" sowie einer neuen Eisenbahnlinie nach Casablanca und nach Youssoufia (früher: Louis Gentil) – Ben Guerir zum Antransport von Rohphosphaten.
- der Phosphorverladehafen von Safi, der Chemiekomplex von „Maroc Phosphor I und II" sowie die Fischkonservenindustrie.
- Agadir als größtes touristisches Zentrum des Landes und als wichtiger Agrumenverschiffungshafen der landwirtschaftlichen Erzeugnisse aus dem Sousstal.

Im Vergleich zum atlantischen Küstensaum ist der mittelmeerische Küstenbereich Marokkos nicht nur in der subjektiven Sicht durch uns Europäer weniger bekannt und weniger imageprägend. Auch in der faktischen wirtschaftlichen Entwicklung und heutigen Stellung innerhalb des Gesamtstaates ist er weniger bedeutend, hinter der allgemeinen Entwicklung zurückgeblieben, peripher gelegen, kurz: ein wirtschaftlich benachteiligtes Gebiet.

A. Gründe für die Benachteiligung des mediterranen Nordmarokko im Rahmen des Gesamtstaates

Für die heutige Benachteiligung des mediterranen Nordmarokko gibt es zahlreiche Gründe. Sie sind sowohl im Bereich der naturräumlichen Ausstattung des Gebietes als auch in seiner historisch-territorialen Entwicklung zu suchen.

1. Naturräumliche Benachteiligung

Obwohl der mittelmeerische Küstenabschnitt Marokkos beträchtlich ist, gibt es kaum ausgedehnte Küstenebenen. Nahezu entlang des gesamten tertiären Faltengebirgszuges des Rif findet man vorwiegend Steilküsten, die nur von wenigen kleineren Küstenhöfen unterbrochen werden. Die wichtigsten dieser Küstenhöfe sind die des Oued Martil, des Oued Laou (siehe Foto 1), des Oued Nekor und des Oued Kert. Lediglich ganz im Nordosten Marokkos, im Unterlaufbereich des Oued Moulouya, findet man größere Küstenebenen bzw. intramontane Becken in Küstennähe, so vor allem die Ebenen von Bou Areg, Garet und Settout auf linksmoulouyischer Seite sowie die Triffa-Ebene im rechtsmoulouyischen Bereich (vgl. Abb. 1).

Benutzt man die 200-m-Isohypse zur Abgrenzung des Küstengebietes, wird ganz besonders deutlich, wie völlig anders in orographischer Hinsicht der küstennahe Bereich entlang des Mittelmeeres gegenüber jenem entlang des Atlantischen Ozeans gestaltet ist. Während sich im Habt von Larache oder im Gharb riesige alluviale

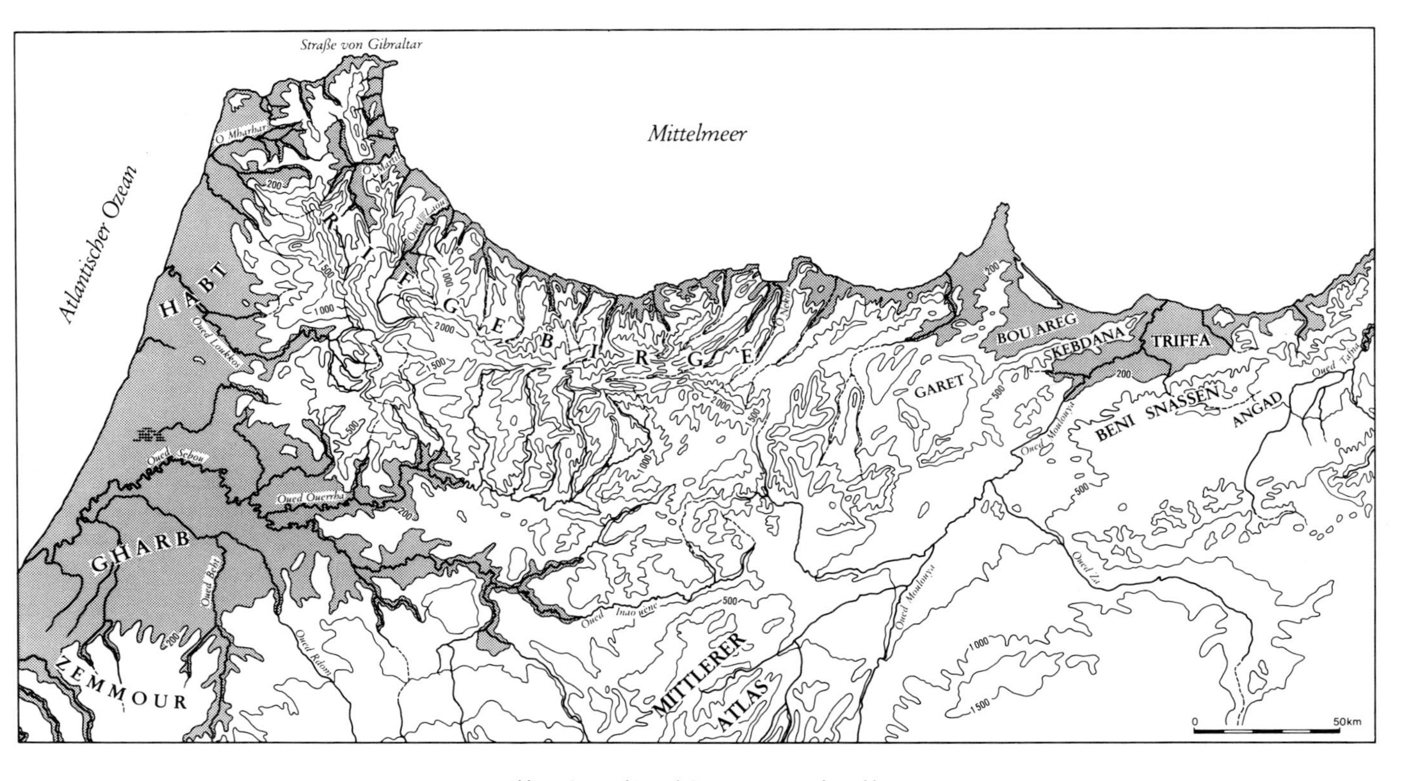

Abb. 1. Orographie und Gewässernetz Nordmarokkos

Schwemmlandebenen öffnen, ist der Mittelmeerküstenbereich durch eine Kleinkammerung einzelner Ebenen charakterisiert, die zudem infolge der orographischen Barriere des Rifgebirges kaum an flächenmäßig größere Hinterländer angebunden sein können (vgl. Abb. 1).

Zwar ist die Zahl der natürlich begünstigten Hafenstandorte entlang der Mittelmeerküste sehr groß. Doch sind es sehr kleine Buchten, die lediglich für Schiffe mit geringer Tonnage favorisiert sind. So findet man, abgesehen von Tanger, Ceuta, Al Hoceima und Melilla, lediglich kleinste Häfen für den recht unbedeutenden Küstenfischfang (vgl. BEAUDET 1968).

2. *Historisch-territoriale Entwicklungshemmnisse in Nordmarokko*

Entscheidender als die naturräumliche Benachteiligung der mediterranen Küstenbereiche ist allerdings die historische Entwicklung Nordmarokkos in unserem Jahrhundert. Von großer Wichtigkeit ist hierbei zunächst, daß im Verlauf der kolonialen Annexion Marokkos durch europäische Mächte ein nördlicher Bereich unter spanische Protektoratsherrschaft gelangte, während das übrige Sultanatsgebiet zum französischen Protektorat wurde. Spanien hatte wesentlich größere Schwierigkeiten, die einheimischen Stämme seiner Oberhoheit unterzuordnen, als die Franzosen in ihrem Territorium[2]. Bekanntlich konnte Spanien den östlichen Teil des Protektoratsgebietes erst durch eine militärische Niederlage Abd el Krims und seiner widerständigen Rifkabylen im Jahr 1926 mit Hilfe der Franzosen befrieden. Auch in der Folgezeit waren die öffentlichen Investitionen und Entwicklungsmaßnahmen eher spärlich, hatte doch Spanien mit seinem Bürgerkrieg ganz andere Probleme. Dem Protektoratsgebiet wurde nur recht geringe Aufmerksamkeit gewidmet.

Sicherlich durch die unterschiedlichen innenpolitischen Probleme mitbedingt, aber nicht nur aus diesen zu klären, ist die völlig unterschiedliche Politik Spaniens bzw. Frankreichs in den beiden Territorien. Während Frankreich seine Zone nicht nur als Rohstoffkolonie auffaßte, sondern auch als Siedlungskolonie für französische Landwirte und Geschäftsleute entwickelte, holte Spanien aus seinem Protektorat überwiegend bergbauliche Rohstoffe heraus, hatte aber ansonsten keinen sehr starken wirtschaftlichen Einfluß ausgeübt. Dementsprechend erfolgte in Französisch-Marokko eine intensive Erschließung durch Infrastruktureinrichtungen (Eisenbahn, Straßen, Häfen, Staudämme zur Energie- und Wassergewinnung) und wirtschaftliche Investitionen (Landwirtschaft, Handel, Bergbau), wohingegen derartige Aktivitäten in Spanisch-Marokko sehr viel seltener waren (vgl. Abb. 2).

---

2) Dabei soll hier nicht geleugnet werden, daß den Franzosen die Pazifizierung des marokkanischen Südens erst 1936 vollständig gelang. Nur war jenes militärisch noch nicht beherrschte Territorium in wirtschaftlicher Hinsicht völlig unbedeutend und behinderte vor allen Dingen die Kolonisation der Gunstlandschaften (z.B. Chaouïa, Gharb, Plateau von Fès und Meknès) nicht.

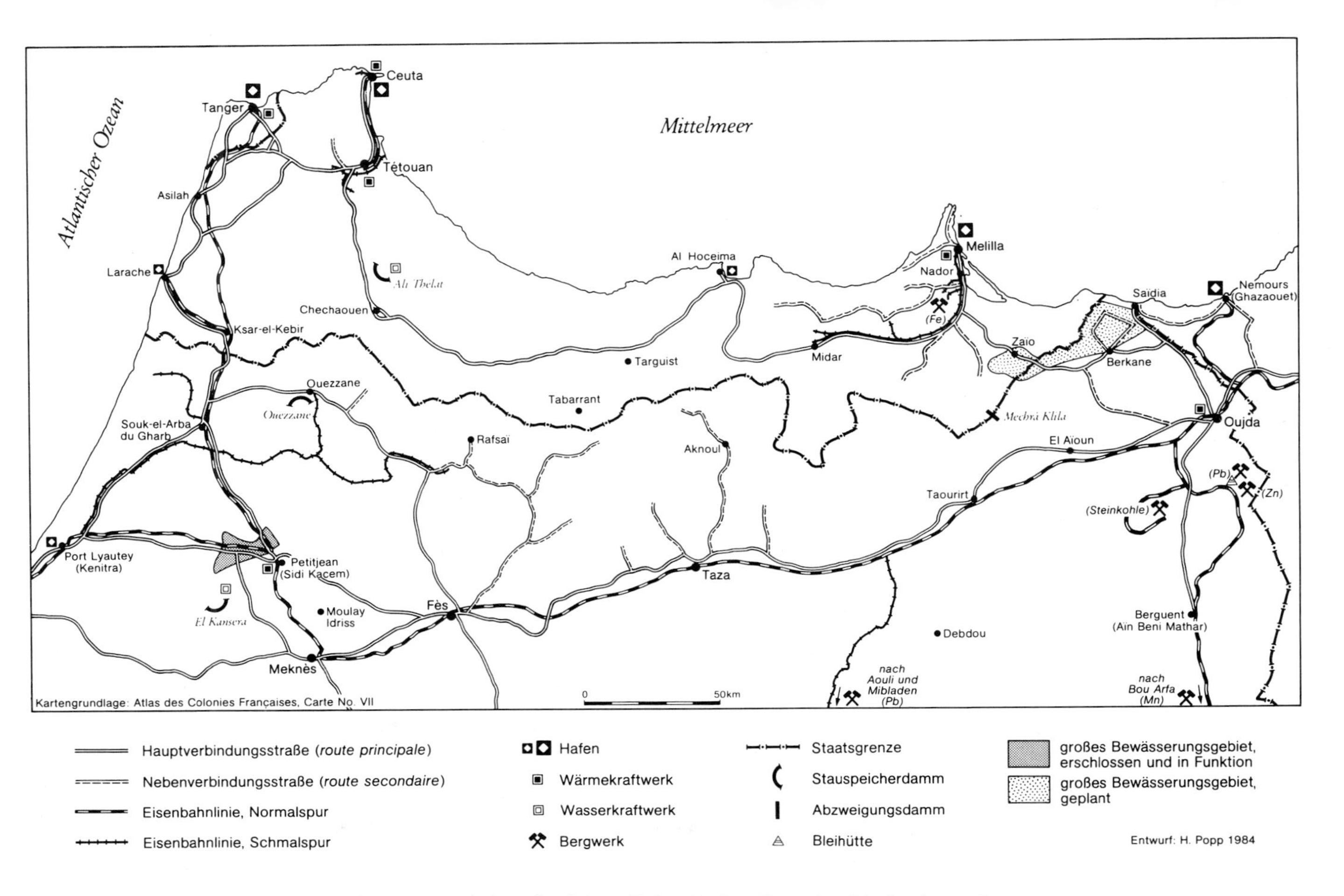

Abb. 2. Die Wirtschafts- und Verkehrserschließung Nordmarokkos während der Protektoratszeit

Der Grad an Modernisierung der Landwirtschaft durch eine Kolonisation europäischer Siedler und städtebauliche Maßnahmen der Protektoratsherrschaft waren in der spanischen ebenfalls geringer als in der französischen Zone. Vor allem dringend erforderliche Infrastruktureinrichtungen unterblieben vielfach vollkommen. Lediglich der küstennahe Bereich im Nordwesten und im Nordosten wurde von den spanischen Kolonialherren in stärkerem Maße erschlossen und geprägt. Entsprechend spärlich war das Netz an Hauptverbindungsstraßen (*routes principales*). Eine einzige Achse führte von Chechaouen über den Hauptkamm des Rifgebirges bis nach Al Hoceima und weiter nach Melilla – und selbst diese Achse wurde erst in den fünfziger Jahren durchgehend geteert (vgl. Abb. 2). Die Eisenbahnstrecken waren vorwiegend für den Abtransport von Bergbauprodukten zur Küste vorgesehen. Die insgesamt drei Stichbahnen von Melilla aus in das östliche Rifgebirge (Abb. 2) dienten ausschließlich der Ausbeutung von Eisenerzen und von Bleiglanz. Die Strecke Ceuta – Tétouan war zwar in erster Linie zur wirtschaftlichen Anbindung Ceutas geschaffen worden, doch die Verlängerung des Bahnkörpers westlich von Tétouan nach Ben Karrich bzw. nach Sebbab und ihre Anbindung ans Meer bei Martil diente wieder dem Abtransport der in den Lagerstätten ausgebeuteten Blei- und Antimonerze. Lediglich die Eisenbahnstrecke Tanger – Larache – Petitjean – Fès, die 1927 aufgrund internationaler Verträge fertiggestellt worden war, diente in erster Linie dem Transport von Personen und nichtbergbaulichen Gütern (vgl. Abb. 2). Die ehemalige spanische Protektoratszone gelangte in einen Entwicklungsrückstand gegenüber der französischen Zone.

Zwischen dem spanischen und dem französischen Protektoratsgebiet bestanden nur sehr geringe wirtschaftliche Verflechtungen. Entsprechend gering waren die Verkehrsverbindungen zwischen den beiden Zonen. Neben der schon erwähnten Eisenbahnlinie waren die wichtigsten Straßenverbindungen die *routes principales* Tanger – Larache – Souk-el-Arba – Petitjean bzw. Port Lyautey im Nordwesten und Melilla – Zaïo – Berkane – Oujda im Nordosten. Mit der Unabhängigkeit im Jahr 1956, und damit einer Vereinigung der beiden unterschiedlichen Protektoratsgebiete, ererbte die ehemals spanische Zone als Handicap eine sehr schlechte Verkehrsanbindung zu den wirtschaftlichen Kernräumen des übrigen Marokkos.

Der territoriale Sonderstatus von Tanger als „internationale Zone" (vgl. auch BONJEAN 1967) von 1925 bis 1956 verschärfte insofern die Benachteiligung Nordmarokkos, als durch die Ausgliederung eines eigenen Staatsgebildes diese größte Stadt im Norden es nicht vermochte, sich als zentraler Ort und als Wirtschaftsmetropole ein nennenswertes Hinterland zu entwickeln. Bereits nach kurzer Zeit überflügelte Casablanca Tanger als Hafenstandort; der Freihafen wurde mehr und mehr zu einem Umschlagplatz internationaler Güter, weniger dagegen von Gütern aus den bzw. für die beiden Protektoratsgebiete. Folglich entwickelte sich kaum Industrie, wohl aber Handel und Transitpersonenverkehr. In der Nachkriegszeit und bis zur Unabhängigkeit Marokkos im Jahr 1956 erlebte Tanger eine kurzfristige Blüte als Folge liberalistisch orientierter Spekulationen im Finanz- und Handelsbereich. Die internationale Zone wurde Umschlagplatz für die Gold- und Diamantenbranche sowie das internationale Bankwesen. Mit Beendigung des Sonderstatus im Jahr 1956 wurde Tanger wieder zur isolierten Stadt im Norden: mit einer zwar beträchtlichen Bevölkerungszahl (1960: 141 714 Einwohner)[3], aber ohne nennenswerte Beziehung mit dem Binnenland.

Durch die politische Vereinigung der spanischen, französischen und internationalen Zone im Rahmen der Erlangung der Unabhängigkeit konnten die genannten Benachteiligungen Nordmarokkos nur zum Teil abgebaut werden. Zwei spanische Enklaven, die beiden „presidio"-Orte Ceuta (vgl. Foto 2) und Melilla blieben beim spanischen Mutterland[4]. Damit hielten die Spanier aber die neben Tanger wichtigsten mittelmeerischen Hafenstandorte weiterhin in ihren Händen. Und verglichen mit Ceuta ist Tanger deswegen benachteiligt, weil die kürzeste Fährverbindung zum spanischen Festland eben nach Ceuta führt. Deshalb ist der Ort der geeignetste Umschlagplatz für Güter und Menschen zwischen Europa und Marokko.

Ist es für Marokko im Fall Ceutas aus politischen Gründen immerhin möglich, zur Isolierung der ungeliebten Enklave die Güter- und Menschenströme zumindest teilweise nach Tanger umzulenken, existiert im Fall Melillas eine derartige Alternative nicht. Der Hafen dieses „presidio"-Ortes ist der einzige leistungsfähige in ganz Nordostmarokko. Der gesamte Erztransport aus den Minen des östlichen Rif kann nur über Melilla erfolgen. Melilla vermochte bis in die sechziger Jahre als Freihafen sogar mit dem algerischen Nemours (heute: Ghazaouet) und mit Oran als Transithafen für Güter aus Ostmarokko und dem algerischen Oranais zu konkurrieren (REZETTE 1976, S. 84).

Eine weitere Grenze wurde in Nordostmarokko erst nach der Unabhängigkeit zu einem entwicklungshemmenden Faktor: die zu Algerien. In der Protektoratszeit erfolgte der Export der Steinkohle aus Jerada und sogar aus Kenadsa bei Béchar (Algerien), der Manganerze von Bou Arfa sowie der Blei- und Zinkerze von Boubkère und Touissite per Eisenbahn über den algerischen Hafen Nemours. Für das französische Protektoratsgebiet war Nemours noch vor Melilla der wichtigste mittelmeerische Umschlaghafen. Mit den territorialen Streitigkeiten zwischen Algerien und Marokko um 1963 sowie seit der Annexion der Spanischen Sahara durch Marokko um das Jahr 1975 sind die traditionell sehr starken wirtschaftlichen Verflechtungen

3) *Résultats du recensement de 1960.* Bd. 1: Nationalité – sexe – age. – Rabat 1964, S. 66.

4) Die beiden „presidio"-Orte sind verwaltungsmäßig nicht etwa eigenständig, sondern gehören im Falle Ceutas zur Provinz Cadíz, im Falle Melillas zur Provinz Málaga.

Der Vollständigkeit halber sei hier noch erwähnt, daß neben den beiden schon erwähnten „presidio"-Orten noch drei weitere, allerdings so gut wie bedeutungslose kleinere „Presidios" existieren: Peñón de Vélez de la Gomera (eine kleine Insel vor der Bucht von Badès), Peñón d'Alhucemas (kleine Insel vor der Bucht von Al Hoceima; siehe auch Foto 4) und Islas Chafarinas (drei kleine Inseln vor Ras Kebdana). Die drei letztgenannten „kleineren Presidios" gehören verwaltungsmäßig zu Melilla (vgl. REZETTE 1976).

Foto 1. Küstenebene des Oued Laou, südöstlich von Tétouan gelegen (Aufn. 27.3.1982)

Foto 2. Der zu Spanien gehörende „presidio"-Ort Ceuta (Aufn. K.-H. Lambert 15.4.1979)

beider Staaten abrupt abgeschnitten worden. Damit hatte Ostmarokko keinen einzigen Mittelmeerhafen. Folge dieser Isolation war unter anderem ein Rückgang der Bergbauförderung bzw. deren völlige Einstellung in mehreren Fällen[5].

Heute ist nun Nordmarokko in der doppelt benachteiligten Lage, daß die Grenzverläufe aus der Phase der Protektoratszeit nur teilweise durch neue Verkehrsverbindungen (etwa die *route de l'unité* von Fès nach Ketama) in ihrer trennenden Wirkung aufgehoben werden konnten, daß nun aber durch die politischen und wirtschaftlichen Unstimmigkeiten mit Algerien zusätzlich eine weitere Grenze eingespielte Wirtschaftsverflechtungen zum Abreißen gebracht hat. Die verkehrsmäßige Isolation des marokkanischen Nordosten ist stärker als je zuvor.

Es ist verständlich, daß eines der wichtigsten Entwicklungsziele Marokkos für den Nordosten die Schaffung eines eigenen Hafens darstellt. Dieser ist inzwischen fast vollständig fertiggestellt: Er liegt unmittelbar südlich von Melilla, in Beni Anzar, ca. 10 km nördlich der Provinzhauptstadt Nador[6].

---

5) Es ist selbstverständlich nur sehr schwer zu entscheiden, welche Rolle die verschlechterte verkehrsräumliche Situation im Vergleich zu sinkender Ergiebigkeit der Lagerstätten, nachlassender Nachfrage auf dem Weltmarkt u.ä. spielt. Als Faktum festzuhalten bleibt, daß die Fördermengen durchwegs rückläufig sind.

Die Manganerzlagerstätte von Bou Arfa besitzt nur einen Mangangehalt von 22 bis 25%. 1929 begann die Ausbeutung durch die *Société de Mine de Bou Arfa*, noch vor der Fertigstellung der Eisenbahnlinie, die 1931 erfolgte. Jährlich wurden bis zur Einstellung der Produktion im Jahr 1967 etwa 50000 t bis 100000 t pro Jahr gefördert. Durch das Wegfallen des wichtigsten Standortfaktors für die Lagerstätte von Bou Arfa, die gute Verkehrsanbindung zur Küste, ist mit einer neuerlichen Inbetriebnahme allenfalls dann zu rechnen, wenn der Verkehrsanschluß wieder besser wird, d.h. der Hafen von Nador voll als Verschiffungshafen zur Verfügung steht.

Von der *Compagnie Minière de Touissit* werden seit 1975 die beiden Bleilagerstätten von Bediane und von Oued Mekta ausgebeutet. Die jährliche Fördermenge (Bediane 20000 t/Jahr, Oued Mekta 40000 t/Jahr) geht nicht mehr, wie früher üblich, in den Export, sondern wird von der im Jahr 1947 fertiggestellten Bleihütte Oued el Heimer, ca. 50 km südlich von Oujda gelegen, weiterverarbeitet. Die Lagerstätte von Boubkère wurde von der *Société des Mines de Zellidja* 1969 aufgegeben.

Die einzige Steinkohlenlagerstätte Marokkos, die von Jerada, wird seit 1930 in ihrem nördlichen Teil genutzt; zwischenzeitlich hat sich der Schwerpunkt des Abbaus weiter südlich nach Hassiblal verlagert. Während in der Protektoratszeit der überwiegende Teil der geförderten Kohle über den Hafen von Nemours (Algerien) exportiert wurde, spielt heute der Export kaum mehr eine Rolle. Seit der Errichtung des Wärmekraftwerkes von Hassiblal im Jahr 1972 wird der größte Teil der Steinkohlenproduktion, und zwar 600000 t/Jahr, vor Ort verfeuert (vgl. LABRY 1978).

Die Eisenerzgewinnung von Ouichane (Magnetit mit 60% Eisengehalt), westlich von Nador, ist durch stark rückläufige Förder- und Exportmengen gekennzeichnet. War 1960 die Produktion noch bei 1,1 Mio. t und 1966 immerhin noch bei 0,8 Mio. t gelegen (TROIN 1967, S. 18), so sank sie 1976 auf 0,4 Mio. t und 1977 auf lediglich 63000 t und 1981 sogar auf 50000 t! Entsprechend den geringen Fördermengen spielt derzeit auch der Export über Melilla kaum noch eine Rolle (vgl. *La situation économique du Maroc en 1978* 1979, S. 33; *La situation économique du Maroc en 1981* 1982, S. 38).

6) Der bereits während der französischen Protektoratszeit gefaßte Plan, als Entlastungshafen für Nemours den marokkanischen Küstenort Saïdia, unmittelbar an der Grenze zu Algerien gelegen (siehe Foto 3), vorzusehen (vgl. *Morocco*, Bd. 2, 1942, S. 102), wurde zwischenzeitlich aufgegeben.

B. Generelle Entwicklungstendenzen in der Bevölkerungssituation

Das Rifgebirge und sein Vorland ist bekannt als Region mit besonders hoher Bevölkerungsdichte auf agrarischer Erwerbsgrundlage und mit besonders hohen natürlichen Wachstumsraten der Bevölkerung (vgl. NOIN 1970). Hinzu kommt zwischen den beiden Volkszählungsjahren von 1936 und 1960 ein weiteres überdurchschnittliches Bevölkerungswachstum der ländlichen Gemeinden von durchwegs mindestens 1,4 % pro Jahr im Mittel (NOIN 1970, Bd. 2, Karte 10 nach S. 80). In der Entwicklung der Städte war Nordmarokko dagegen nur unterdurchschnittlich gewachsen. Zwischen 1936 und 1960 lagen lediglich Tétouan und Oujda über der gesamtstaatlichen Wachstumsrate der Städte; Tanger zeigte insbesondere in der Phase 1952–1960 demgegenüber ein stark abgeschwächtes Wachstum. Lediglich Nador und Berkane sind bis 1960 unter den kleineren Städten als besonders dynamisch zu erwähnen (vgl. NOIN 1970, Bd. 2, Karte 18 nach S. 286).

In der jüngeren Vergangenheit, insbesondere zwischen 1971 und 1982, setzte sich der beschriebene Trend nur teilweise fort. Mitbedingt durch starke Abwanderungstendenzen ins europäische Ausland und in die städtischen Zentren der Atlantikküste schwächte sich das Bevölkerungswachstum generell stark ab. Doch sind von diesem allgemeinen Trend auf kleinräumiger Ebene zahlreiche Abweichungen feststellbar. Der überwiegende Teil Nordmarokkos weist zwar nach wie vor Wachstumsraten auf, die innerhalb des dargestellten Intervalls 0–32 % betrugen (vgl. Abb. 3). Doch sind diese Wachstumsraten, bezogen auf Gesamtmarokko (32,7 %), unterdurchschnittlich. Per Saldo zeigen mehrere Gemeinden des zentralen und östlichen Rifgebirges sogar eine absolute Bevölkerungsabnahme, bedingt durch starke Abwanderung, – ist doch die Gastarbeiterwanderung aus jenem Raum nach Europa die höchste in ganz Marokko (vgl. BONNET/BOSSARD 1973, S. 14–19). Für den Küstenort Saïdia, unmittelbar an der algerischen Grenze gelegen (vgl. Foto 3), der in der Protektoratszeit eine beliebte Sommerfrische der europäischen Siedler aus der Triffa-Ebene, aus Oujda und Teilen des Oranais war, ist es die unter derzeitigen Bedingungen so periphere Lage als freizeitbezogener Standort, die zu einem deutlichen Bevölkerungsrückgang geführt hat. Für die vier Gemeinden im westlichen Rifvorland, die einen absoluten Bevölkerungsrückgang zu verzeichnen haben, ist eine Abwanderung von Teilen der Bevölkerung ins benachbarte neu entstehende Bewässerungsprojekt Loukkos wahrscheinlich der Grund für die Bevölkerungsabnahme (vgl. Abb. 3).

Eine überdurchschnittliche Bevölkerungszunahme über 33 % beschränkt sich nur auf einige wenige Teilregionen:

- die im atlantischen Küstenbereich gelegenen agrarischen Regionen des Loukkos und des Gharb, wo intensive landwirtschaftliche Erschließungsmaßnahmen für moderne Bewässerungslandwirtschaft erfolgten und noch weiter erfolgen (vgl. JÄGER 1980, POPP 1983);
- die Stadt Tanger sowie insbesondere ihr Umland;

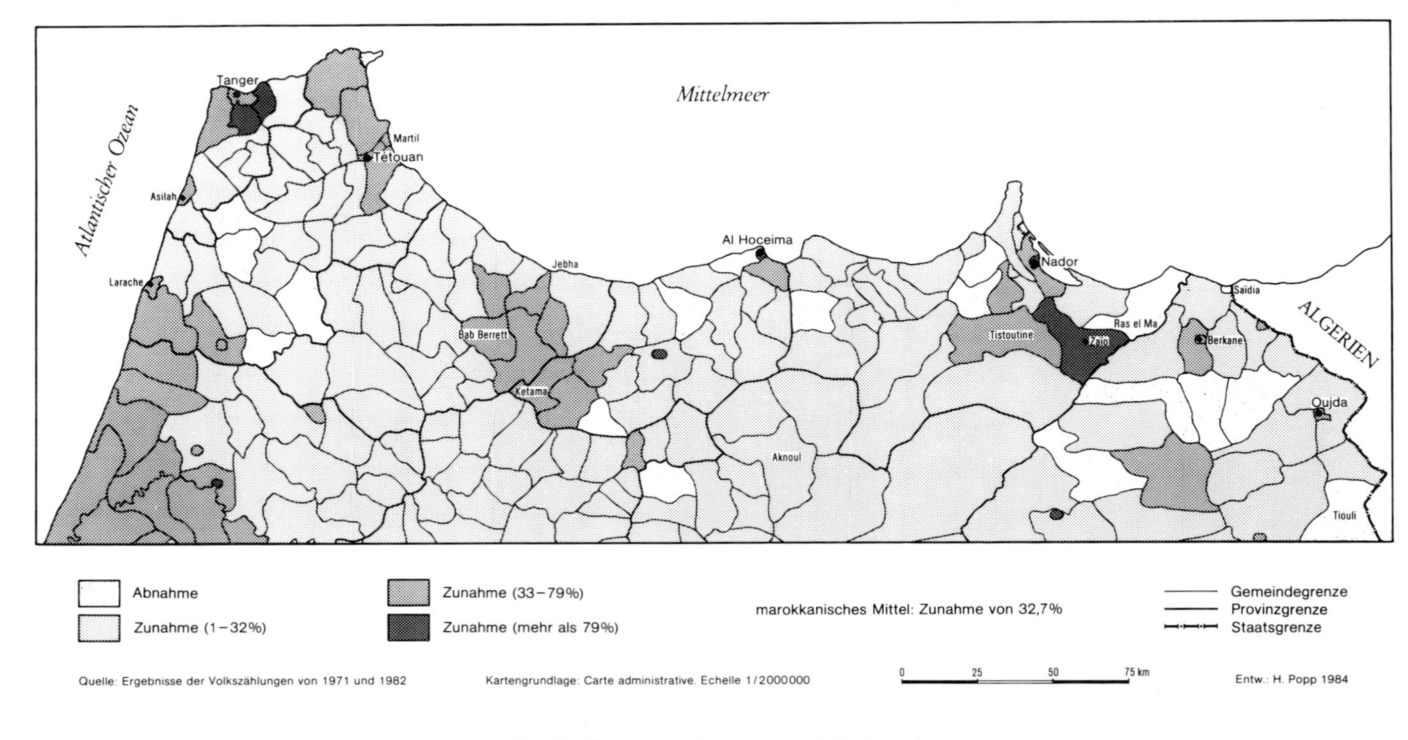

Abb. 3. Bevölkerungsentwicklung 1971–1982 in Nordmarokko

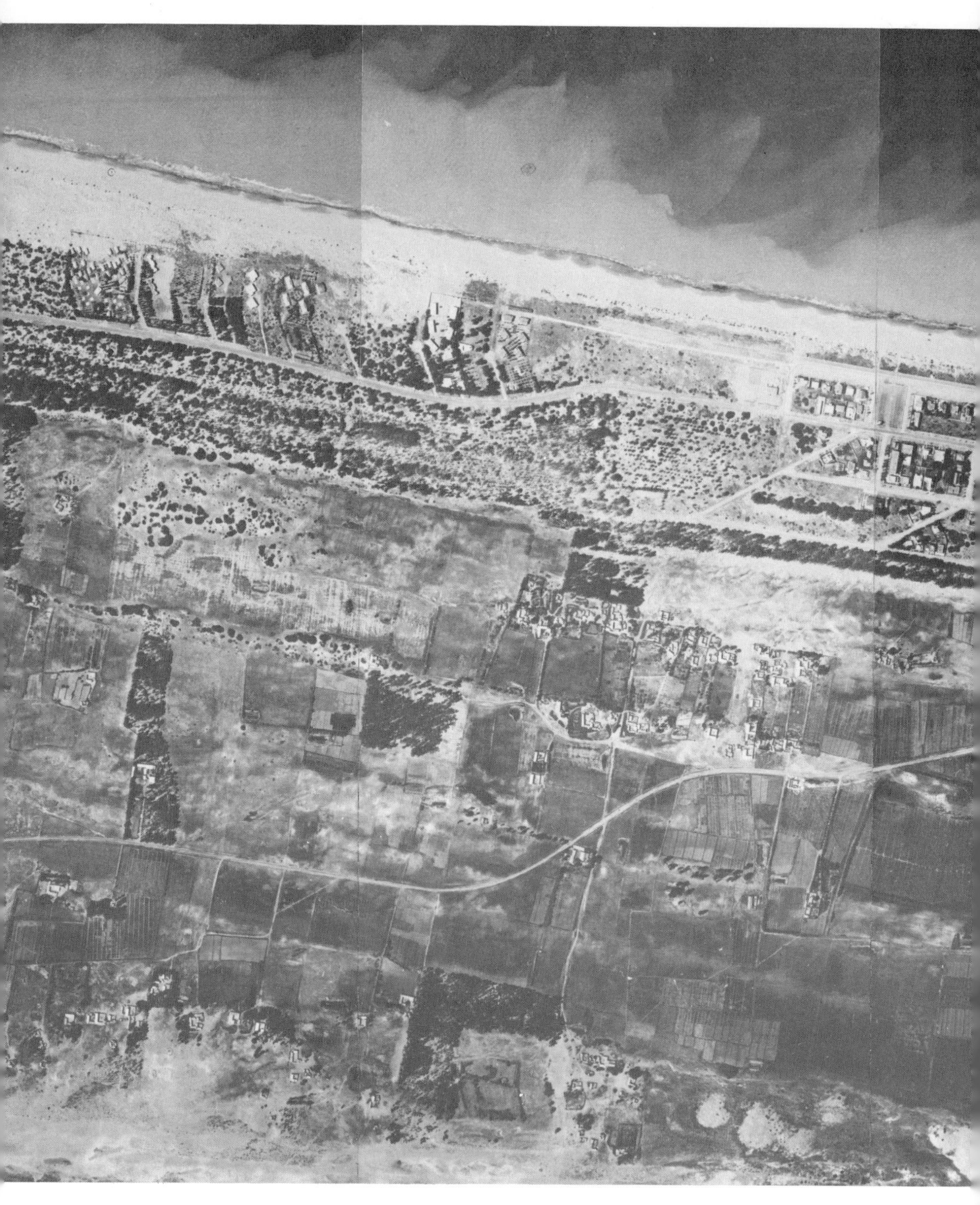

Foto 3. Luftbildaufnahme des Sommerfrischenortes Saïdia aus dem Jahr 19

t freundlicher Genehmigung des Service Topographique in Rabat)

- die Stadt Tétouan und der Küstenstreifen entlang des Mittelmeeres zwischen Ceuta und Martil;
- das Gebiet des zentralen Hochrif um Ketama, Tamarote und Bab Berret, das eigentlich landwirtschaftlich sehr benachteiligt ist, aber von der Sonderkultur des Kif sehr stark profitiert (vgl. GRAUL 1982, S. 105–108). Das überproportionale Bevölkerungswachstum in jenem Bereich muß in erster Linie als verlangsamte Abwanderungstendenz durch gute Einnahmen aus dem Kifanbau interpretiert werden;
- der Küstensaum um Nador sowie das Gebiet der Gemeinden Beni Bou Yafroun, Tistoutine und Zaïo, wo die Erschließung landwirtschaftlicher Bewässerungsflächen im Gebiet „Untere Moulouya" für das Bevölkerungswachstum in erster Linie verantwortlich gemacht werden dürfte;
- die Stadt Oujda (vgl. Abb. 3).

Weitere überproportional gewachsene Orte, auf die hier weiter nicht eingegangen werden soll, sind die städtischen Zentralorte Asilah, Targuist, Al Hoceima, Taourirt, El Ayoun, Berkane und Ahfir. Bei ihnen beruht das Bevölkerungswachstum durch Zuzug aber lediglich auf einem Anwachsen der tertiären Funktionen, insbesondere der staatlichen Verwaltung.

Zusammenfassend ergibt sich der überraschende Befund, vergleicht man die Abb. 3 mit anderen Mittelmeerländern, daß der unmittelbare Küstenbereich nur teilweise überdurchschnittlich in seiner Bevölkerungszahl wächst. Wir finden im Fall Nordmarokkos somit zwar durchaus eine partielle Bevorzugung der Küstenbereiche in der Bevölkerungsentwicklung, doch ist dieses Phänomen nur inselhaft festzustellen (und keineswegs als ein genereller Trend).

Verknüpft man die bisher genannten Relativzahlen mit der absoluten Zahl der Bevölkerung pro Gemeinde für 1982, dann werden die bisher getroffenen Aussagen erhärtet:
- Tanger und Tétouan (1982: 266346 bzw. 199615 Einwohner, damit sechst- bzw. achtgrößte Stadt Marokkos) sind die beiden einzigen größeren Städte im Küstenbereich. Das dritte größere Zentrum in Nordmarokko ist das am Nordrand der ostmarokkanischen Hochplateaus gelegene Oujda (1982: 260082 Einwohner, damit siebtgrößte Stadt Marokkos).
- Kleinere Bevölkerungskonzentrationen ergeben sich in Nador und seinem Küstenbereich entlang des „Mar chica" und um Berkane, dem Zentrum der Triffa-Ebene.
- Schließlich ist entlang der Mittelmeerküste Al Hoceima von der Größe und der Dynamik her eine kleine sekundäre Insel mit gewisser Bedeutung (vgl. Abb. 4).

Damit haben sich für die folgende etwas detailliertere Behandlung die wichtigsten Aktivräume im Küstenbereich eindeutig herauskristallisiert:
a) Tanger (das hier noch zum Mittelmeer gehörig aufgefaßt werden soll),
b) die Küstenzone zwischen Ceuta und Tétouan,

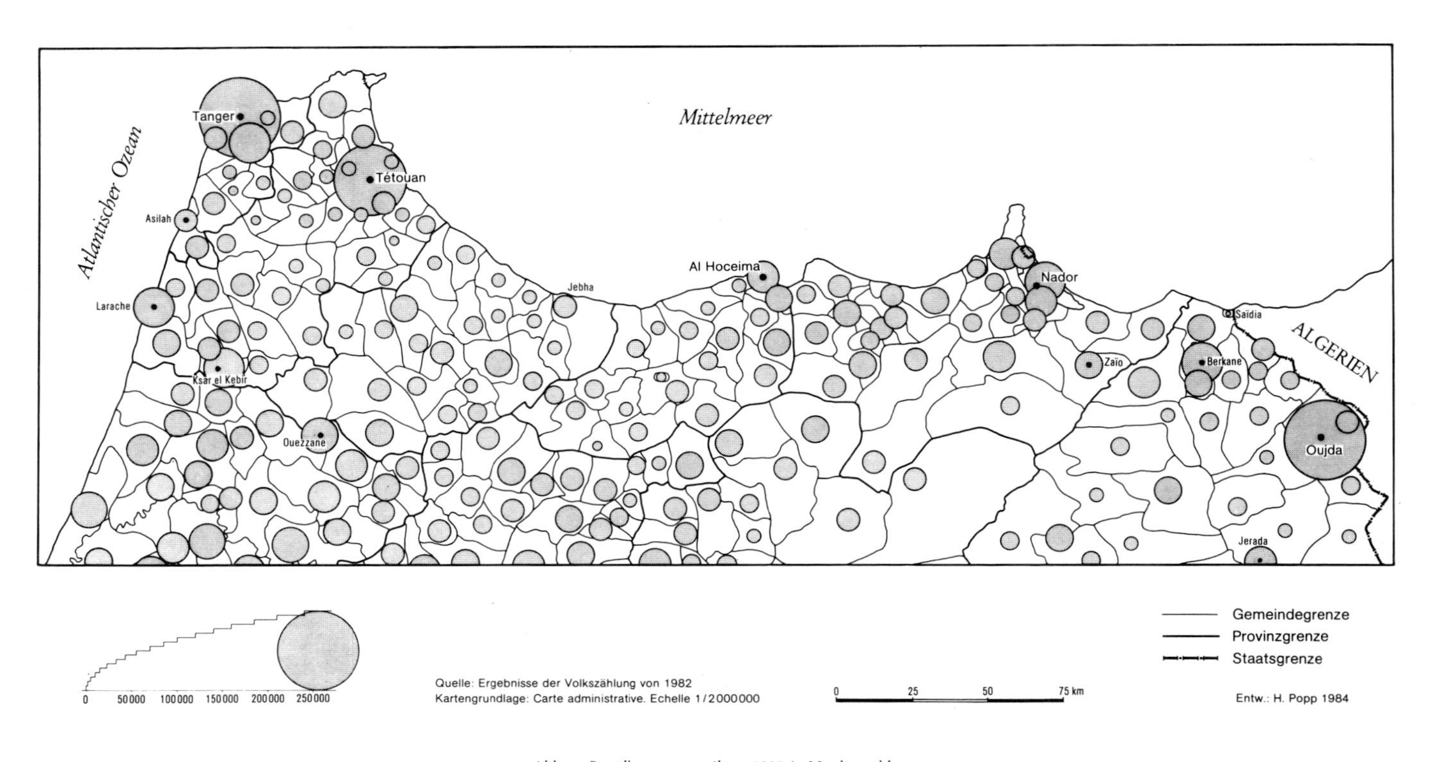

Abb. 4. Bevölkerungsverteilung 1982 in Nordmarokko

c) Al Hoceima und der Küstenhof von Oued Rhis und Oued Nekor,
d) Nador und die linksmoulouyischen Ebenen von Bou Areg, Garet und Settout,
e) die Triffa-Ebene.

C. Ausgewählte Entwicklungstendenzen und -probleme im mediterranen Küstenbereich Marokkos

Bei aller generellen Benachteiligung des mediterranen Küstensaumes Marokkos treten unter einer kleinräumigeren Betrachtungsweise doch auch Entwicklungspotentiale und Entwicklungsprozesse, daneben aber auch spezifische Hemmnisse und limitierende Faktoren zutage, welche die globale Sicht deutlich relativieren.

1. Wasserversorgung der beiden großen Küstenstädte Tanger und Tétouan

Die Tingitanische Halbinsel hat zweifelsohne den großen Vorteil, reichlich von den mediterranen Winterregen zu profitieren. Tanger erhält im langjährigen Mittel 887 mm Niederschlag (ANDRE 1971, S. 61). Die östliche Küste weist zwar bereits deutlich geringere Niederschläge auf (Ceuta 602 mm, Martil bei Tétouan 614 mm; vgl. ANDRE 1971, S. 61); dennoch liegen sie so hoch, daß man keinerlei Probleme in der Wasserversorgung des Raumes, und insbesondere von Tanger und Tétouan, vermutet. Es ist ein scheinbares Paradoxon, daß gerade der Aspekt der Trinkwasserversorgung beider Städte zu den gravierendsten Problemen auf der Tingitanischen Halbinsel gehört. Denn neben den reichlich vorhandenen Niederschlägen muß auch berücksichtigt werden, daß das Relief und die geologischen Verhältnisse die Nutzung des vorhandenen Wassers sehr erschweren. Alle Flüsse im Hinterland von Tanger und Tétouan haben einen nur kleinen Einzugsbereich und führen sehr unregelmäßig Wasser, das in der winterlichen Regenzeit zudem sehr schnell oberflächlich abfließt. Eine Wasserspeicherung durch Staudämme ist sehr schwierig angesichts der weichen und erosionsgefährdeten tertiären Tone und Mergel um Tanger sowie des Paläozoikums und der Mergel um Tétouan. Vor allem fehlen größere Grundwasserkörper, die genutzt werden könnten.

Für die Wasserversorgung der Stadt Tanger diente bis 1958 so gut wie ausschließlich das Becken des Charf-el-Akab, 20 km südwestlich von Tanger und unmittelbar neben der Atlantikküste gelegen (vgl. Abb. 5). Dieses Becken aus dem Mio-/Pliozän hat eine Fläche von ca.15 km^2 und in seinem Zentrum eine Tiefe von mehr als 350 m. Infolge des tonig-mergeligen Materials, von denen das Becken umrahmt wird, bildet es einen natürlichen Wasserspeicher, der lediglich Wasserzufuhr durch Niederschlag erhält und als absolut dicht gilt. 1958 hatte jedoch das Defizit zwischen der natürlichen Grundwasserneubildung und den Entnahmemengen durch Pumpen zu einem ständigen Absinken des Grundwasserspiegels geführt, wobei das piezometrische

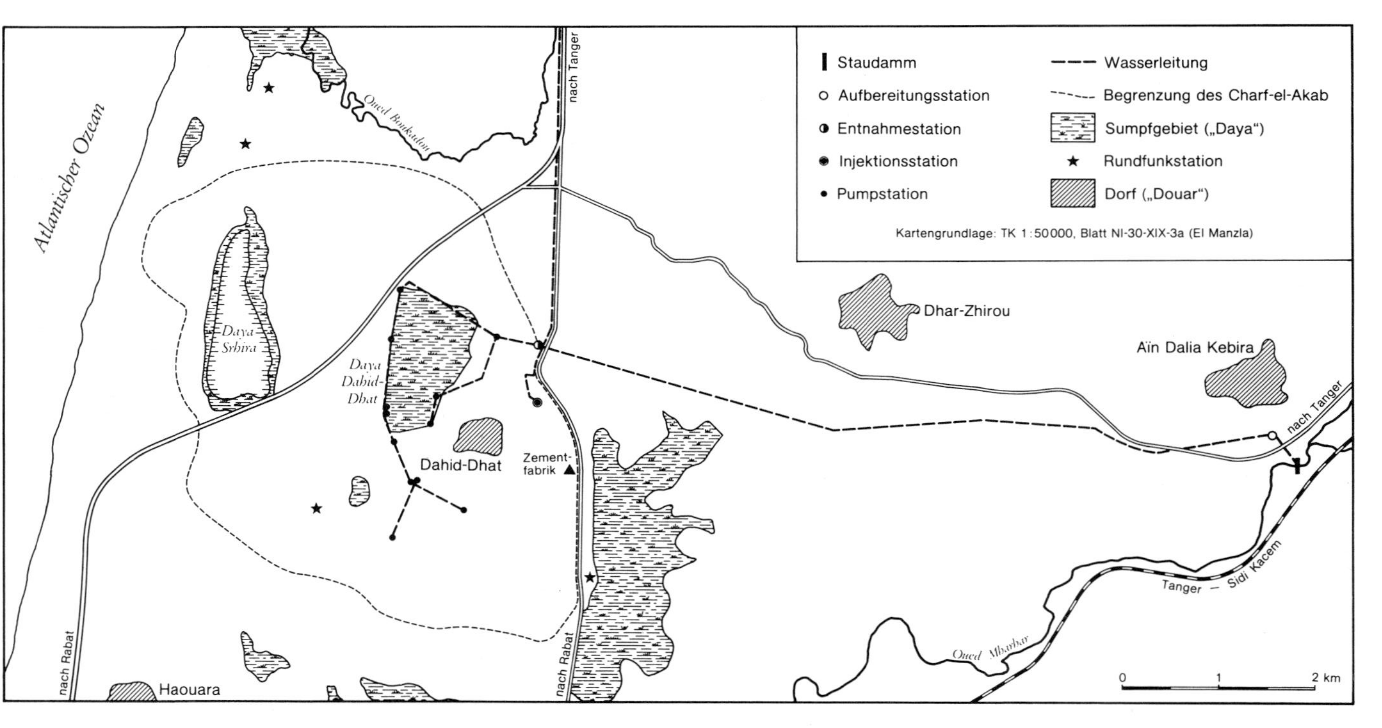

Abb. 5. Wasserversorgung von Tanger aus dem Charf–el–Akab (nach THAUVIN *1971 c)*

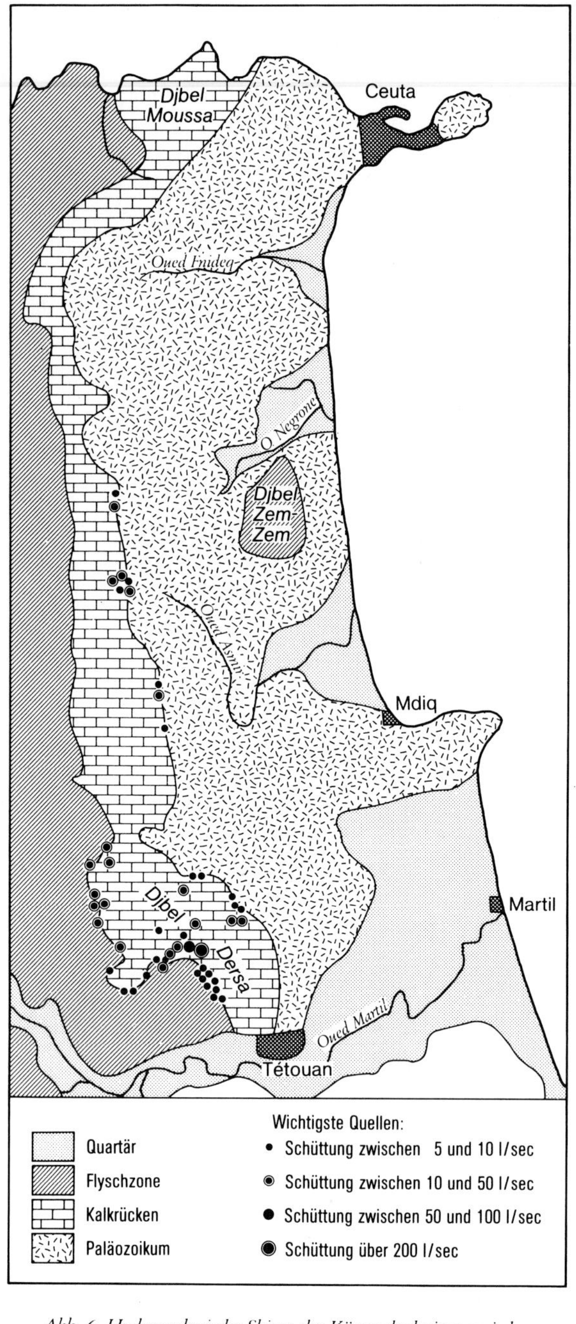

Abb. 6. Hydrogeologische Skizze des Küstenabschnittes zwischen Ceuta und Tétouan (nach THAUVIN 1971 a)

Niveau infolge der Überpumpung beträchtlich unter dem Küstenniveau zu liegen kam – und das trotz zahlreicher Wasserabsperrungen im Versorgungsnetz (vgl. THAUVIN 1971 c, S. 134).

Um die Wasserversorgung von Tanger zu verbessern, wurde seither eine Kombination aus Grundwasser- und Oberflächenwasserversorgung gewählt. Durch einen kleinen Staudamm am Oued Mharhar bei Bougdour werden die winterlichen Hochwasser zurückgehalten und durch Injektion in den Bereich des Charf-el-Akab übergeleitet. Mit der Wasservorratshaltung in den Monaten November bis April soll dann der sommerliche Wasserversorgungsengpaß überbrückt werden können (vgl. Abb. 5). Durch die künstliche Grundwassererneuerung konnte seither die Wasserversorgung zwar verbessert werden; wachsende Nachfrage nach Wasser, nicht zuletzt auch durch die zahlreich entstandenen Touristenhotels, machte allerdings den Bau eines weiteren Staudammes am Oued Mharhar, 20 km unterhalb seiner Quelle, erforderlich, mit dessen Hilfe seit 1979 zusätzliches Wasser gespeichert und in den Charf-el-Akab injiziert werden kann (vgl. KABBAJ/ZERYOUHI 1978). Dennoch gilt bis auf den heutigen Tag, daß Tanger nicht zuletzt deshalb arm an Industrie ist, weil Wasser einen Minimumfaktor darstellt.

Bis in die sechziger Jahre war die Wasserversorgung Tétouans ähnlich problematisch wie die von Tanger. Lediglich die zahlreichen Quellen am Fuß des Kalksockels und das Wasser des Oued Martil (vgl. Abb. 6) konnten verwendet werden, erstere jedoch nur im Winterhalbjahr, da die benachbarten Dörfer alte Wasserrechte über die Quellen besitzen (vgl. THAUVIN 1971 a, S. 60). Die Stadt konnte im Sommer nur über 40 l/sec aus den Quellen und zusätzliche 70 l/sec aus dem Fluß verfügen; das überaltete Versorgungsnetz führte zu allem Überfluß noch zu Wasserverlusten von 30–40% (vgl. THAUVIN 1971 a, S. 60).

Der kurz nach der Unabhängigkeit errichtete Staudamm von *Nakhla* am Oued Martil sollte zwar bereits 1961 die prekäre Wasserversorgungssituation der Stadt verbessern. Doch zu übereilt durchgeführte Baumaßnahmen hatten dazu geführt, daß erhebliche Wasserverluste eintraten und Hangrutschungen die Statik des Dammes gefährdeten. Zwischen 1966 und 1968 mußte deshalb das Stauwehr verstärkt werden. Seither allerdings ist die Wasserversorgung der Stadt ausreichend (vgl. *La politique des grands barrages* 1972, S. 37).

2. *Ausländertourismus an der Mittelmeerküste*

Die marokkanische Mittelmeerküste war bis in die Zeit nach der Unabhängigkeit des Landes kaum nennenswert für den Badetourismus erschlossen, sieht man von dem bereits erwähnten Sonderfall Saïdias als Sommerfrische einmal ab. Hinsichtlich der landschaftlichen Schönheit, der zahlreichen kleinen Sandbuchten und des mediterranen Klimas bietet die Region zweifellos günstige Voraussetzungen für eine touristische Erschließung.

Der Dreijahresplan 1965–1967 sah erstmals eine intensive Schwerpunktsetzung der Entwicklungsziele des Landes im Tourismusbereich vor. Jener Wirtschaftssektor sollte eine neue gewichtige Säule im Bestreben um eine Verbesserung der wirtschaftlichen Entwicklungsbedingungen werden[7]. Einer der räumlichen Schwerpunkte bei der Förderung des Tourismus war das Mittelmeergebiet und zwar wurden im einzelnen dabei folgende „zones à aménager en priorité (ZAP)" festgelegt:
- die Zone von Tanger
- die Zone von Smir
- die Zone von Al Hoceima (vgl. *Plan Triennal 1965–1967* 1965, S. 145)[8].

Bei dieser politischen Entscheidung dürfte eine Rolle gespielt haben, daß mit den geplanten Investitionen ein Gebiet betroffen sein sollte, das in wirtschaftlicher Hinsicht bislang hinter der allgemeinen Entwicklung zurückgeblieben war (vgl. auch BERRIANE 1980, S. 113)[9]. Im Falle Tangers – auch wenn dies an keiner Stelle explizit ausgedrückt ist – sollte mit der Schaffung zahlreicher neuer Hotels ein neuer wirtschaftlicher Impuls als Ausgleich für die verlorengegangene Funktion als „internationale Zone" gegeben werden. Die Stadt besitzt heute zwei Hotelviertel (vgl. Abb. 7). Die meist kleineren und älteren Hotels niedrigerer Kategorie (1–3-Sterne-Hotels) befinden sich im Stadtzentrum und teilweise sogar in der Medina. Ihre Kunden sind vor allem Transittouristen von und nach Europa. Dagegen tendieren die größeren, neue-

7) „(...) dans un pays comme le Maroc, l'industrie touristique compte parmi les activités économiques «d'entraînement» les plus intéressantes (effets indirects multiples dans les secteurs tels que spectacles, transports, commerce, artisanat, construction): elle peut contribuer de façon importante à l'équilibre des paiements extérieurs par les entrées de devises et elle comporte un important coefficient d'emploi sans exiger une technicité trop poussée." (*Plan Triennal 1965–1967* 1965, S. 135).

8) Die drei weiteren Zonen (*zones à aménager en priorité*, Z.A.P.) sind: Agadir, Großer Süden und Königsstädte (Rundreisetourismus) (*Plan Triennal 1965–1967* 1965, S. 145).

9) In sehr überzeugender Weise wird dieser Gedanke von BERRIANE (1980) ausgeführt. Hier seine Argumentation:

„Au lendemain de l'indépendance, Tanger connaît un marasme socio-économique dû à la baisse des activités qui avaient cours sous le régime international. La côte méditerranéenne, elle, souffrait d'un enclavement naturel, historique et économique. La dorsale calcaire du pays Jbala ainsi que les hautes crêtes du Rif s'ajoutent aux séquelles de la coupure politique sous les deux protectorats (réseau routier Nord-Sud embryonnaire) pour isoler le littoral du reste du pays. La vie économique est basée essentiellement sur une agriculture traditionnelle et vivrière: céréaliculture dans les plaines et polyculture à dominance arboricole sur les collines. Elle souffre, par ailleurs, d'une faiblesse des activités maritimes avec de faibles prises de poissons (les plus forts tonnages sont acheminés vers Sebta et Melilla), un trafic portuaire presque nul, l'absence d'un port régional et d'une ville littorale. La principale ville, Tétouan, est en retrait par rapport au littoral. Al Hoceima, principal port de pêche, manque d'équipements et de débouchés. Nador a surtout une activité de ravitaillement, les importations l'emportant sur les exportations.

Devant cette situation difficile, aggravée vers l'est par de très fortes densités de population et en raison des «atouts» soulignés plus haut, le tourisme est choisi comme le moteur de développement capable de sortir la région du Nord de la léthargie et de son enclavement. La côte méditerranéenne et Tanger bénéficient pleinement des mesures prises lors de la rédaction du plan triennal 1965–1967." (BERRIANE 1980, S. 113).

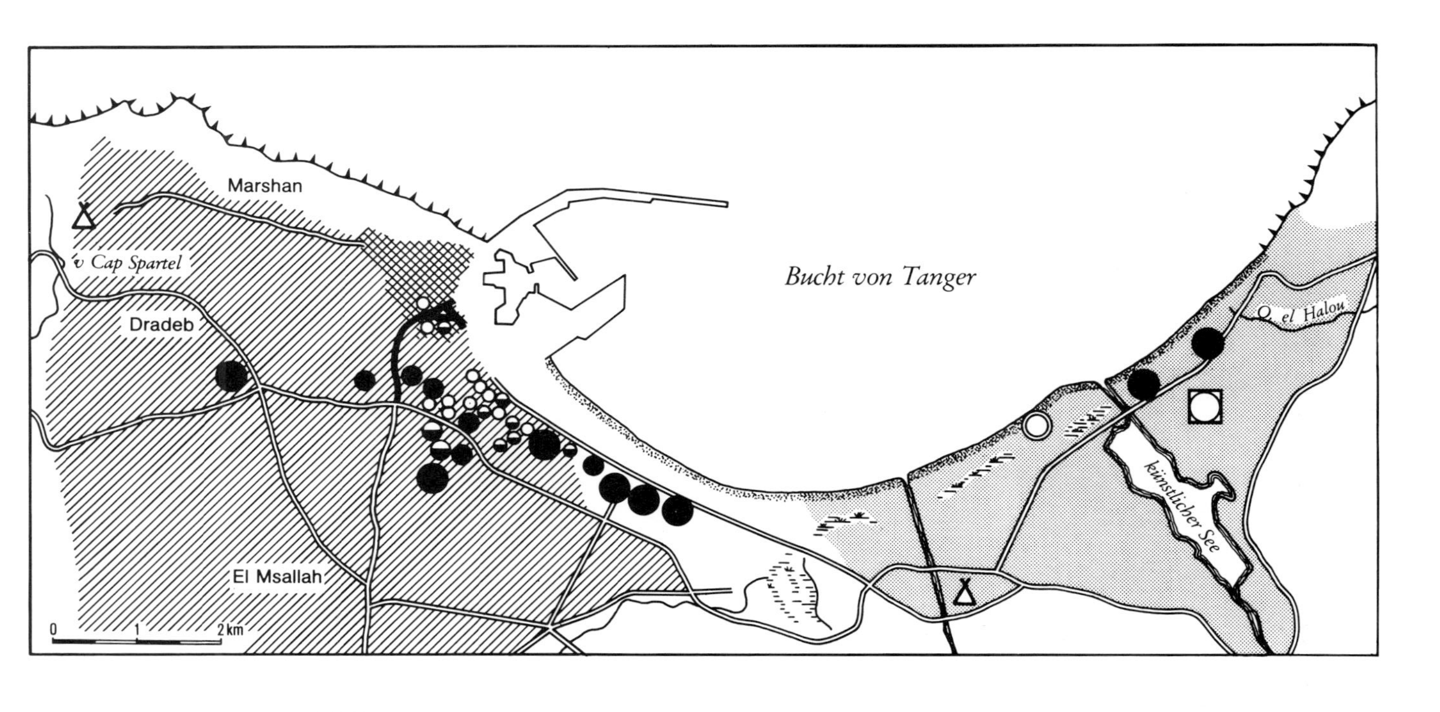

Abb. 7. Die Hotel- und Tourismusviertel von Tanger (nach BERRIANE 1980)

ren und luxuriöseren Hotels, die fast ausschließlich als Folge des Dreijahres-Planes 1965–1967 entstanden sind, stärker vom Stadtzentrum weg und zum Strand hin. Sie beherbergen vorwiegend Touristen mit längerer Aufenthaltsdauer und reihen sich entlang einer Strandpromenade.

Weiter im Osten schließt sich die jüngere Entwicklungszone der SNABT (*Société Nationale d'Aménagement Touristique de la Baie de Tanger*) an, einer staatlichen Gesellschaft, die die Aufgabe hat, „Erschließungspläne auszuführen und die Inwertsetzung der Bucht zu ermöglichen“ [10]. Die Maßnahmen in jener Zone sind dazu bestimmt, Tanger eine neue wirtschaftliche Basis zu geben; es sind im wesentlichen hotelartige (d.h. tourismusbezogene) Einrichtungen, die Badetouristen ansprechen sollen (vgl. BERRIANE 1980, S. 103). Die bisherigen Einrichtungen umfassen zwei große Luxushotels (Hotel Malabata und Hotel Tarik mit 600 bzw. 300 Betten), ein Feriendorf des „Club Méditerranée“, einen Eigentums-Zweitwohnsitz-Komplex (Hotel Marbel) und einen Campingplatz (Camping-Caravaning Tingis). Das generelle Ziel in jener Zone ist es, aus Tanger nicht nur ein Zentrum des Transittourismus, sondern auch für Badetouristen zu machen. Wie die geringe Bebauungsdichte in der Entwicklungszone der SNABT zeigt, ist die bisherige Anzahl an Investoren im Hotelbereich allerdings nicht allzu groß – zumindest weniger groß als die staatliche Planung dies wünschte (vgl. Abb. 7). Vergegenwärtigen wir uns hier nur, daß der *Fünf-Jahres-Plan 1968–1972* allein für Tanger den Bau von 30 Hotels mit 8532 Betten vorsah [11]!

Völlig anders, da dort auf „grüner Wiese“ geplant wurde, war die Tourismusentwicklung im Küstenbereich zwischen Ceuta und Martil, in den marokkanischen Entwicklungsplänen kurz als *Zone von Smir* bezeichnet. Hervorstechendstes Kennzeichen jener Tourismuszone ist die absolute Dominanz der Feriendörfer mit 64 % der Gesamtbettenkapazität entlang der Mittelmeerküste (BERRIANE 1970, S. 120). Von Norden nach Süden reihen sich folgende sieben Tourismuskomplexe aneinander:
- Club Méditerranée von Restinga,
- Maroc Tourist,
- Karia Kabila,
- Holiday-Club,
- Village Vacances Tourisme,

10) „(...) d'exécuter les prévisions d'aménagements et de réaliser la mise en valeur de la baie“ (BERRIANE 1980, S. 22).

11) Zahlenangaben nach *Plan Quinquennal 1968–1972* 1968, Bd. 2, S. 378. Ein vollkommen neues und noch größer dimensioniertes Hotel- und Tourismusprojekt in der Bucht von Tanger wurde soeben unterzeichnet. Die Gesellschaft *Forum International*, die im wesentlichen von saudi-arabischem Kapital getragen wird, will ein „Internationales Zentrum für Tourismus“ auf dem Gelände der SNABT errichten. Der Komplex soll 12000 Betten (bestehend aus vier Hotels und 1600 Apartmentwohnungen), ein Kongresszentrum sowie einen Jachthafen für 1600 Boote umfassen, wodurch ca. 6500 Arbeitsplätze geschaffen werden könnten. Der erste Bauabschnitt soll 6500 Betten umfassen und Investitionen in Höhe von 1,5 Mrd. Dirham (= 485 Mio. DM) erfordern (vgl. *Afrique Industrie* 298, 1984, S. 14).

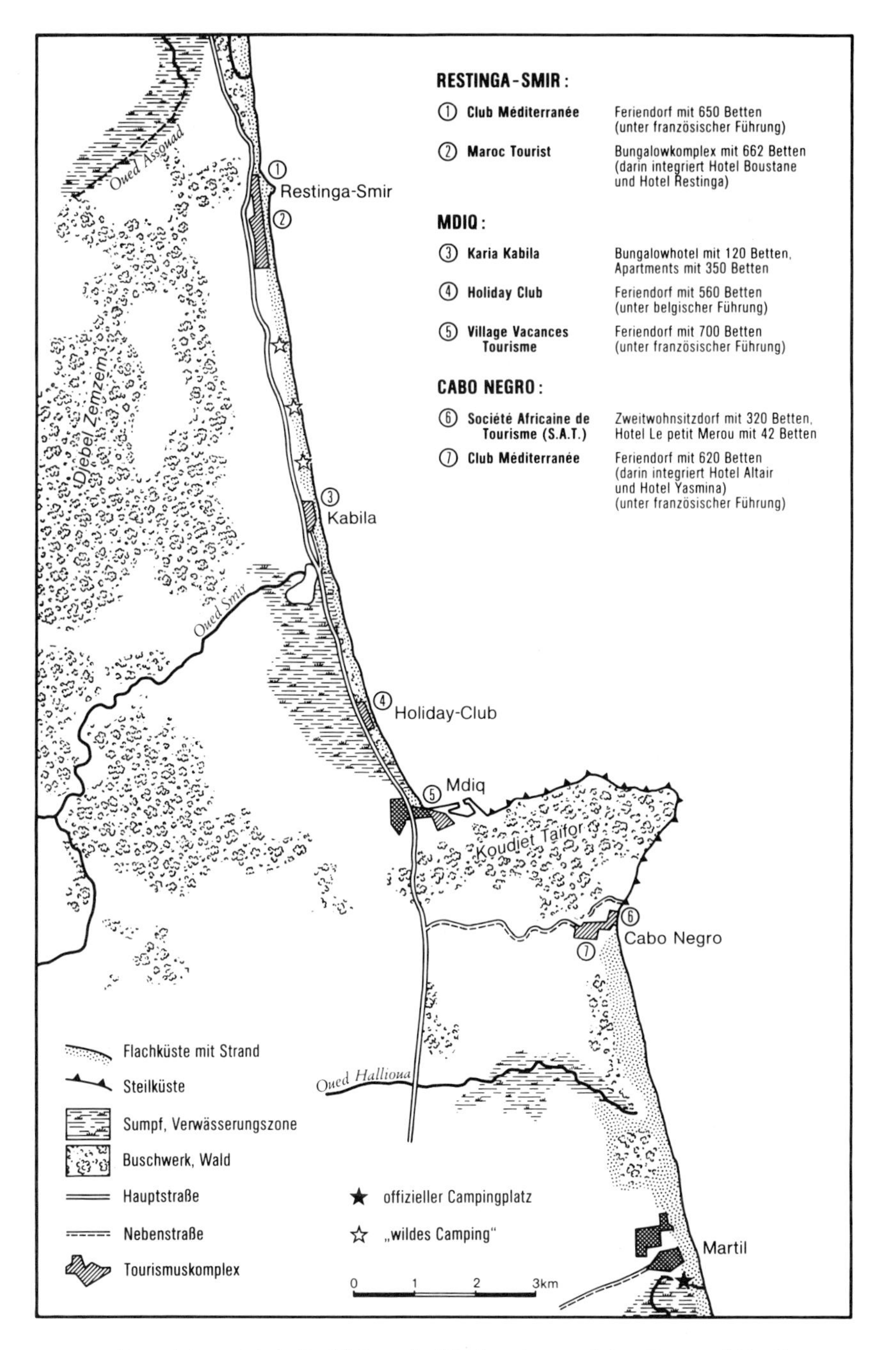

Abb. 8. Die touristische Erschließung der Mittelmeerküste zwischen Ceuta und Martil (nach BERRIANE *1980)*

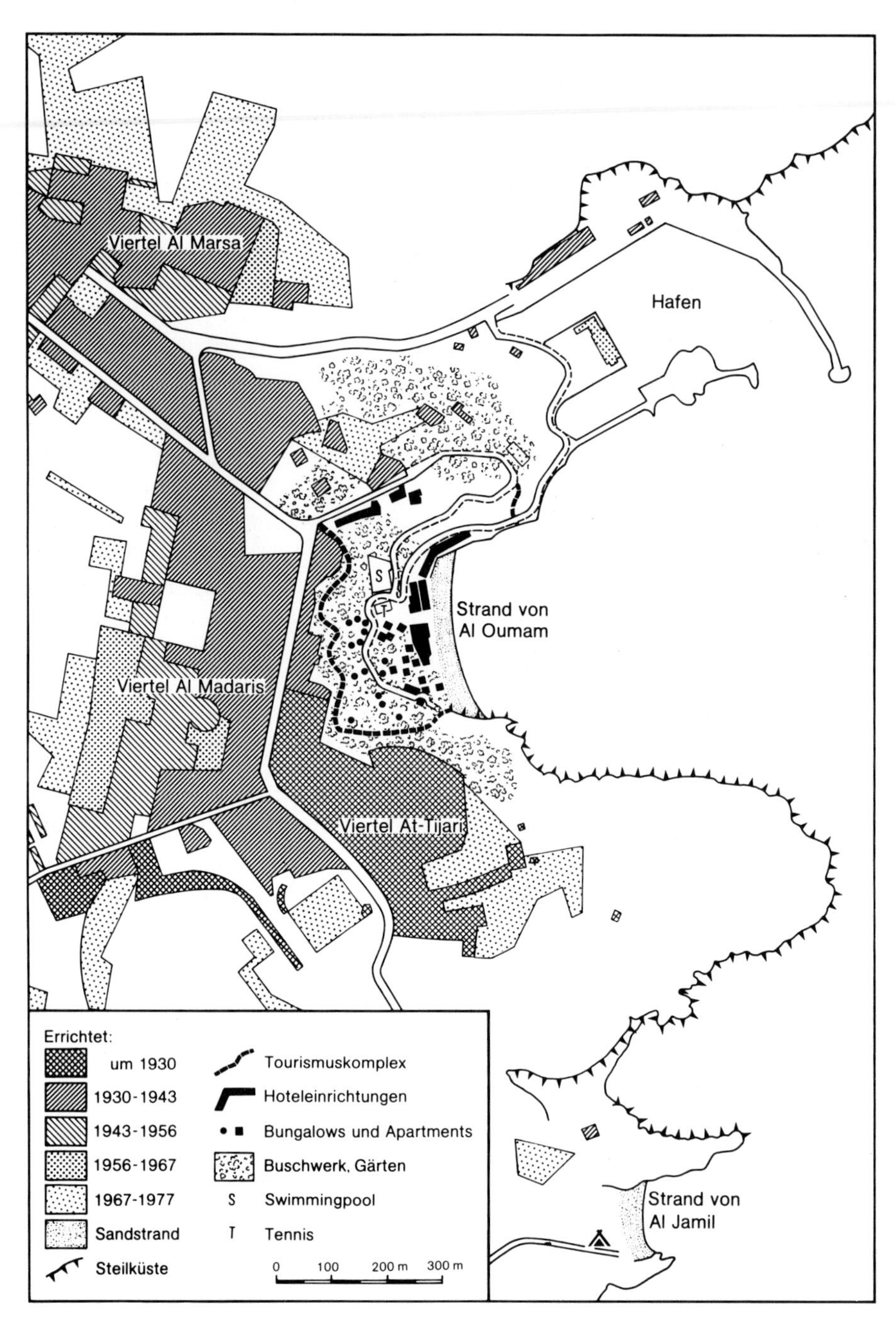

Abb. 9. Bauliches Wachstum von Al Hoceima und Lage des Tourismusviertels (nach GROHMANN-KEROUACH 1971 und Plan Urbain Al Hoceima 1977)

- Société Africaine de Tourisme (S.A.T.) und
- Club Méditerranée von Cabo Negro (vgl. Abb. 8).

Es handelt sich bei den genannten Beherbergungskomplexen um durchwegs sehr flächenaufwendige, isoliert gelegene und fast schon als ghettoartig zu bezeichnende moderne Angebotsformen für den Strandtourismus. Zudem werden 63 % des gesamten Bettenangebotes von ausländischen Konzernen gemanagt und vertrieben (vgl. BERRIANE 1970, S. 121). Von den Komplexen unter ausländischer Führung wiederum waren ursprünglich einige mit marokkanischem Kapital errichtet worden, die auch unter marokkanischer Leitung hätten funktionieren sollen. Um allerdings eine einigermaßen akzeptable Bettenbelegungsquote zu erreichen, wurden diese Betriebe dann nach anfänglichen Mißerfolgen an europäische Firmen übergeben.

Schließlich entstand noch ein dritter räumlicher Komplex, der schwerpunktmäßig auf den Ausländertourismus ausgerichtet wurde: Al Hoceima und die Bucht von Al Hoceima. Verglichen mit den beiden bisher genannten, ist Al Hoceima wesentlich kleiner. Insgesamt wurden ca. 2000 Betten geschaffen, davon alleine 1200 für das große Feriendorf des Club Méditerranée mit seinen Strohhütten (Foto 4). Die übrigen Tourismuseinrichtungen wurden am Ortsrand von Al Hoceima im Bereich des kleinen Sandstrandes von Al Oumam errichtet. Dort gruppieren sich vier Hotel- bzw. Bungalowkomplexe mit 727 Betten um einen der marokkanischen Öffentlichkeit nicht zugänglichen Privatstrand (vgl. Abb. 9).

Für den Ausländertourismus an der marokkanischen Mittelmeerküste ist es inzwischen von entscheidender Wichtigkeit, daß ca. 80 % der Gäste durch europäische Agenturen vermittelt werden. Die so vermittelten Gäste kommen aber nur während insgesamt vier Monaten (Juni bis September); die übrige Zeit des Jahres sind die Einrichtungen leer. Die Feriendörfer haben von Oktober bis Mai geschlossen. Mit einem Auslastungsgrad der Betten von 29,5 % für die Tourismusregion Méditerranée (Tanger, Smir, Al Hoceima) gegenüber einem Auslastungsgrad von 60,3 % für die Tourismusregion Balnéaire Sud (Agadir) im Jahr 1978 (FLÖRKE 1980, S. 23) zeigt sich die extreme Saisonalität und damit verbunden die vermutlich nur schwer zu erreichende Rentabilität der Komplexe. Mit Sicherheit jedenfalls ist der entwicklungspolitische Impuls, den der marokkanische Staat vom Ausländertourismus erwartet hat, geringer zu veranschlagen als erhofft, sind doch die Hotelkomplexe der Mittelmeerküste nicht nur von der Besucherstruktur und ihrem Urlaubsverhalten her, sondern auch hinsichtlich der Hotelversorgung mit Lebensmitteln, Infrastruktureinrichtungen und Dienstleistungen ausgesprochen europäische Enklaven (vgl. auch BERRIANE 1978, S. 20–25).

3. Bewässerungslandwirtschaft im Bereich der Unteren Moulouya

Die einzigen größeren Küsten- bzw. küstennahen Ebenen entlang der Nordküste im Mündungsbereich des Oued Moulouya sind zugleich auch die landwirtschaftlich am intensivsten genutzten Gebiete entlang der marokkanischen Mittelmeerküste. Durch den bereits während der Protektoratszeit als französisch-spanisches Gemeinschaftswerk geplanten Bau der Staudämme Mechrâ Homadi und Mechrâ Klila am Oued Moulouya sollte das Wasser gespeichert werden, das man zur Bewässerung der Triffa-Ebene auf französischer Seite sowie der Ebene von Settout auf spanischer Seite benötigte. Insbesondere die Triffa-Ebene hatte sich seit den zwanziger Jahren zu einer landwirtschaftlichen Kornkammer entwickelt. Französische Colons erschlossen jenes klimatische und pedologische Vorzugsgebiet zunächst auf der Basis des Regenfeldbaus (vgl. DUTARD 1948/49).

Nicht zuletzt infolge des Drängens der Colons der Triffa-Ebene verfolgte die französische Protektoratsverwaltung das Projekt der Bewässerungserschließung der Region „Untere Moulouya", was infolge der Grenzlage des Oued Moulouya nur im Zusammenspiel mit den Spaniern möglich war. Bedingt durch Verzögerungen, die auf spanischer Seite das Projekt immer wieder verschleppten, wurden die beiden Staudämme erst 1956 (Mechrâ Homadi) und 1967 (Mechrâ Klila) fertiggestellt (vgl. POPP 1983, S. 122–124) – die Erschließung der Bewässerungsflächen fiel somit voll in die Phase nach der Unabhängigkeit.

Abweichend vom ursprünglichen Konzept der Protektoratsmächte wurden beim Bewässerungsprojekt Untere Moulouya noch folgende Änderungen vorgenommen:

- Auf linksmoulouyischer Seite wurde nicht nur ein Bewässerungsgebiet in der Ebene von Settout vorgesehen[12], sondern auch in den benachbarten Ebenen von Garet und Bou Areg: das Projekt wurde also mit einer größeren Bewässerungsfläche realisiert als ursprünglich geplant, und zwar mit nunmehr insgesamt 70900 ha!
- Bei den staatlichen Anbauplänen wurde ein besonderes Schwergewicht auf die Produktion von Zuckerpflanzen (Zuckerrüben, Zuckerrohr) gelegt, um mit zu einer Verringerung der hohen Rohzuckerimporte beizutragen und damit die Handelsbilanz des Landes zu entlasten.
- Teilweise (Garet und Sektoren B 3, BG 2 und BG 3 der Triffa-Ebene) wurde die technologisch und kostenmäßig aufwendige Beregnungstechnologie verwendet (vgl. Abb. 10).

---

12) Ursprünglich sollte auf linksmoulouyischer Seite lediglich eine Fläche von 15000 ha in der Ebene von Settout erschlossen werden (LE MOIGNE 1931). Gegen Ende der Protektoratszeit sahen die Spanier vor, außerdem noch die Ebene von Garet für Bewässerungswirtschaft zu erschließen (*L'équipement hydraulique du Maroc* 1954, S. 45).

Die tatsächlichen Erschließungsmaßnahmen erfolgten dann aber wie folgt: Der Perimeter Zébra (Ebene von Settout) wurde wesentlich kleiner als ursprünglich geplant erschlossen. Bodenkundliche Befunde legten diese Entscheidung nahe. Die Sektoren Garet und Bou Areg wurden flächenmäßig recht großzügig dimensioniert mit 16000 ha bzw. 10200 ha. Die erheblichen zusätzlichen Kosten für den Hauptbewässerungskanal sollten durch die hydroelektrische Stromgewinnung am Oued Sidi Amar (vgl. Abb. 10) kompensiert werden (vgl. auch *Rapport sur l'aménagement de la rive gauche de la Basse Moulouya* 1962).

– In der Triffa-Ebene sollte der Anteil der flächenmäßig ständig wachsenden Agrumengärten auf ein Sechstel der Anbaufläche beschränkt werden.

Sieht man einmal von kleineren Details ab, so ist das Bewässerungsprojekt Untere Moulouya, das (außer für zwei Sektoren im Garet) seit vier Jahren vollständig erschlossen ist, sehr erfolgreich verlaufen. In der Triffa-Ebene finden wir heute blühende Agrumengärten, und hierunter insbesondere Clementinen[13]; daneben sind auch Bohnen- und Kartoffelanbau von Wichtigkeit (vgl. POPP 1983, S. 127–140). Auch wenn die staatlichen Anbauvorschriften nicht toleriert werden (oder gerade deshalb), finden wir in dieser Ebene auf ca. 39000 ha intensivste und kulturtechnisch hervorragend betriebene Bewässerungslandwirtschaft.

In den beiden linksmoulouyischen Perimetern Bou Areg und Zébra soll der Anbau der Zuckerpflanzen Zuckerrüben und Zuckerrohr mit einem Drittel der Gesamtfläche von 10200 ha bzw. 5700 ha den Produktionsschwerpunkt bilden. Die Anbauvorschriften für Zuckerrohr werden einigermaßen respektiert, für die Zuckerrübe dagegen nur in weit geringerem Maß als vom Staat vorgesehen. Dies führt dazu, daß die seit 1972 betriebene Zuckerfabrik von Zaïo (siehe Foto 5), an die auch eine Raffinerie angeschlossen ist, ständig unausgelastet ist[14]. Anders als in den staatlichen Anbauvorschriften vorgesehen, haben sich die Landwirte auf die außerordentlich ertragreiche Sonderkultur der Pfefferminze (verwendet für das Nationalgetränk „thé à la menthe“) im Sektor Bou Areg sowie auf Tafeltrauben und Rosaceen (Pfirsiche, Aprikosen, Nektarinen, Mispeln) im Sektor Zébra spezialisiert (vgl. POPP 1983, S. 140–165).

Der jüngste Sektor Garet, der 1981 in einem Teilbereich erstmals mit Wasser versorgt wurde, ist derzeit noch das „Problemkind“ im Bewässerungsgebiet Untere Moulouya. Weil die ersten Agrarkampagnen in die vergangenen Dürrejahre fielen, stärker aber noch weil infolge komplizierter eigentumsrechtlicher Strukturen Streitigkeiten unter den Landwirten aufkamen, werden die Anbauvorschriften des Staates bisher kaum befolgt – ein Gutteil der Flächen wird nicht bewässert.

Insbesondere die Bereitschaft ehemaliger Gastarbeiter, in der Bewässerungslandwirtschaft der Perimeter Bou Areg und Zébra zu investieren und ertragreiche Anbaupflanzen zu versuchen, führte mit dazu, daß wir auch im linksmoulouyischen Bereich auf intensivsten Anbau treffen, obwohl in pedologischer Hinsicht gerade jene Gebiete einige Benachteiligungen aufweisen.

---

13) 1979 gab es in der Triffa-Ebene ca. 8600 ha Agrumen, davon allein 6550 ha Clementinen (vgl. O.R.M.V.A.M. 1979, S. 73).

14) Die *Sucrerie et Raffinérie de l'Oriental* (SUCRAFOR) ist die bisher einzige Zuckerfabrik in Marokko, die sowohl für die Verarbeitung von Zuckerrüben als auch von Zuckerrohr zugleich ausgerüstet ist. Sie hat eine Verarbeitungskapazität von 5000 t/Tag, die aber auch nicht annähernd erreicht wird, weil die Landwirte der Vorschrift des Staates, bestimmte Flächenanteile mit Zuckerpflanzen anzubauen, nur teilweise nachkommen. Dennoch sieht der neue Fünf-Jahres-Plan 1981–1985 eine Erweiterung der Fabrik vor (vgl. *Plan de Développement Economique et Social 1981–1985* 1981, Bd. 2, Teil 2, S. 448).

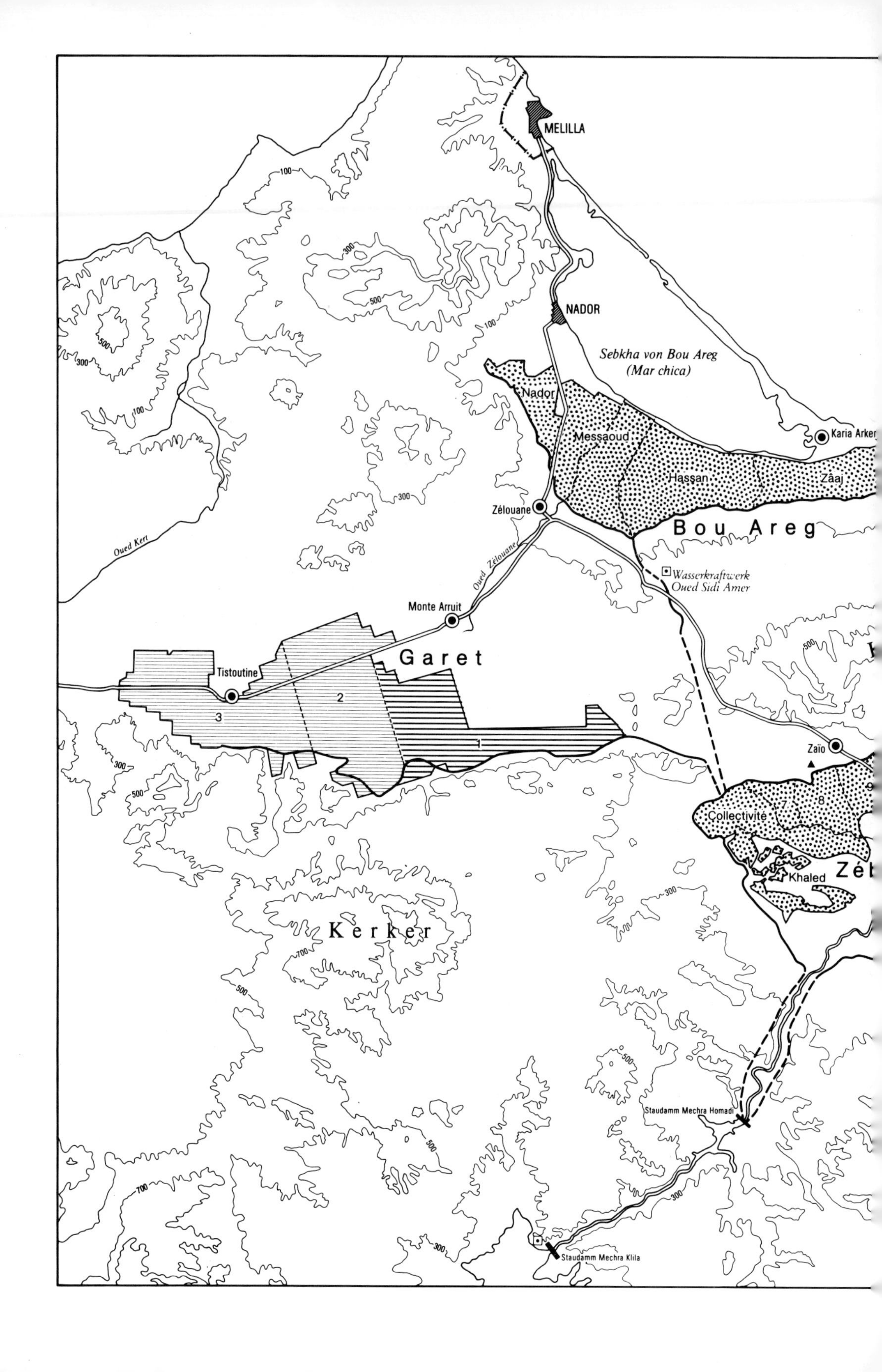

MELILLA
NADOR
Sebkha von Bou Areg
(Mar chica)
Nador
Messaoud
Hassan
Zâaj
Karia Arkem
Zélouane
Bou Areg
Oued Kert
Oued Zélouane
Wasserkraftwerk
Oued Sidi Amer
Monte Arruit
Tistoutine
Garet
1
2
3
Zaïo
Collectivité
7
8
9
Khaled
Kerker
Staudamm Mechra Homadi
Staudamm Mechra Klila
100
300
500
700

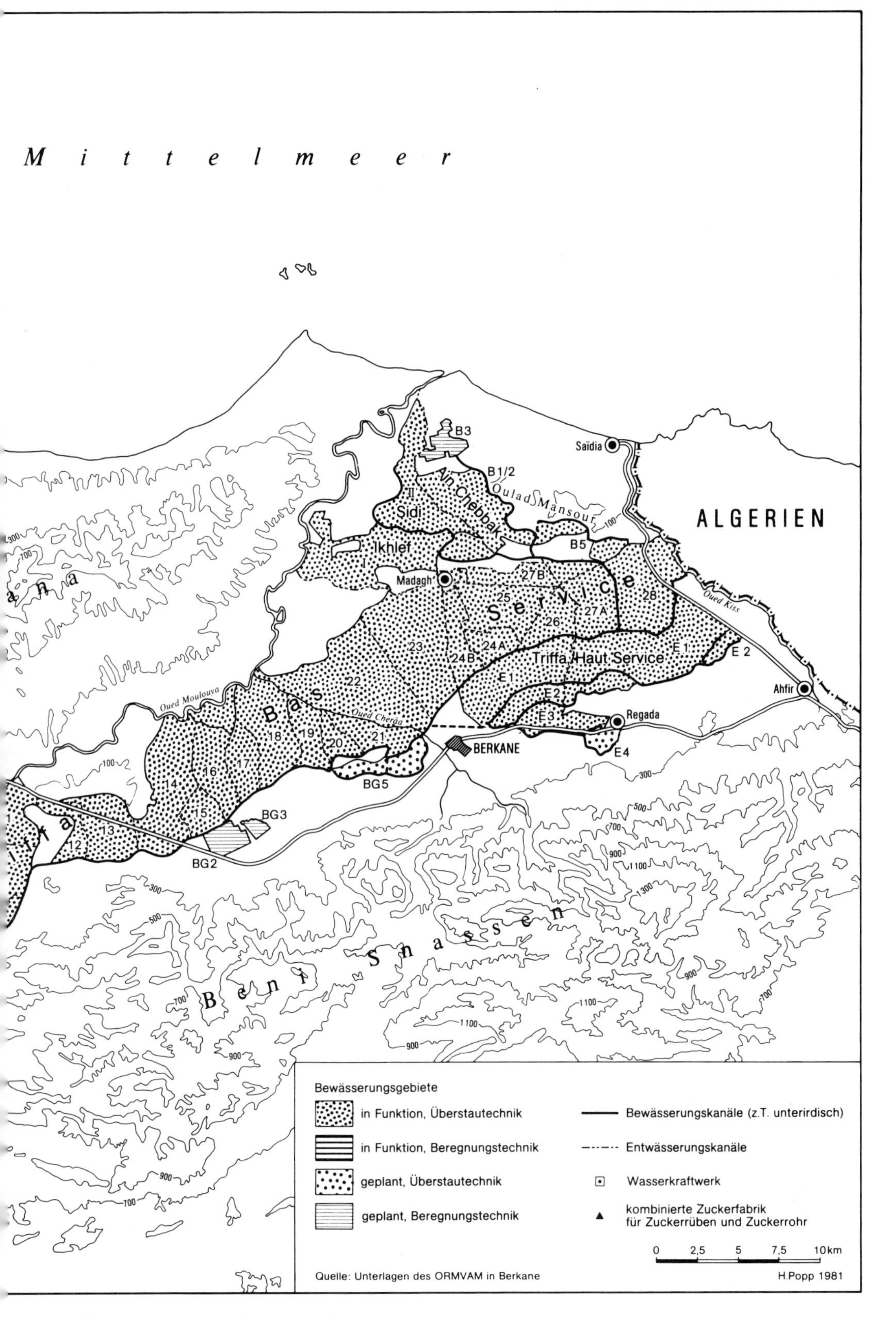

Abb. 10. Bewässerungsprojekt Untere Moulouya

Foto 4. Feriendorf des „Club Méditerranée" bei Al Hoceima mit dem vorgelagerten „Presidio minor" des Peñón d'Alhucemas (Aufn. 11.3.1976)

Foto 5. Zuckerfabrik Zaïo mit Hauptkanal für den Sektor Zébra des Bewässerungsgebietes „Untere Moulouya" (Aufn. 23.4.1980)

Zwei Entwicklungshemnisse für das Bewässerungsprojekt, die bisher eine wichtige Rolle gespielt haben, konnten inzwischen zumindest teilweise verringert werden:

- Die ungünstige Verkehrslage des Agrumenproduktionsgebietes der Triffa-Ebene zu den europäischen Exportmärkten konnte mit der Fertigstellung des Hafens von Nador in ihr Gegenteil verkehrt werden. Nun ist das Bewässerungsgebiet der Unteren Moulouya mit seinen qualitativ hervorragenden Clementinen besser an Marseille angebunden als etwa das Gharb und das Sousstal, um hier die beiden weiteren großen Agrumenregionen des Landes zu nennen.
- Die industrielle Weiterverarbeitung agrarischer Produkte durch eine spezielle Agrarindustrie beschränkte sich bisher lediglich auf die Zuckerproduktion. Weitere geplante Projekte sind eine Konserven- und eine Dehydratationsfabrik sowie eine Fabrik zur Duftstoffgewinnung für pharmazeutische Zwecke in Berkane.

Die jüngere Entwicklungsphase in der marokkanischen Bewässerungspolitik kann für die mediterrane Küstenzone insofern interessant werden, als nach der Phase der großen Bewässerungsprojekte – wozu auch das Projekt Untere Moulouya gehört – nunmehr ein verstärktes Augenmerk auf kleinere Projekte (*petite et moyenne hydraulique*) gelegt werden soll. Aufgrund der vorhandenen Orographie kommen vor allem derartige kleinere Bewässerungsprojekte für den mittelmeerischen Küstenbereich in Frage. Neben den kürzlich fertiggestellten Projekten von Oued Martil und Oued Nekor (vgl. Abb. 11) sind einige weitere Projekte in der Phase der Planung und sollen die Landwirtschaft in den kleinen Küstenhöfen modernisieren und intensivieren helfen (vgl. auch ZAGHLOUL 1981). Ein zentrales Problem bei der Errichtung zahlreicher weiterer kleinerer Staudämme (vgl. Abb. 11) wird allerdings die starke Erosionsgefährdung des östlichen Rif, verbunden mit einer Sedimentation in den Staubecken sein (vgl. hierzu auch LAHLOU 1979).

4. *Schaffung des Entwicklungspoles „Oriental" auf der Basis des Stahlkomplexes von Nador*

Obwohl Nordmarokko reich an Rohstoffen aus dem Bergbau ist, wurde dieser Reichtum während der Protektoratszeit nicht genutzt, um auf der Basis der ausgebeuteten Ressourcen eine Industrie aufzubauen. Frankreich und Spanien waren an einer solchen Industrialisierung nicht interessiert. Eine Ausnahme bildet die 1947 fertiggestellte Bleihütte von Oued el Heimer (vgl. Abb. 2), an der Bahnlinie von Bou Arfa nach Oujda gelegen (vgl. ANDRE/LE COZ 1961, S. 60).

Auch nach der Unabhängigkeit erfolgte keine Veränderung dieser Situation. Es unterblieben in Nordmarokko nicht nur Industrialisierungsprojekte auf schwerindustrieller Basis, sogar die bestehende Bergbauförderung ging drastisch zurück (wie wir es bereits ausgeführt haben). Selbst die Bleihütte stellte ihren Betrieb ein. Marokko hat in den ersten zwanzig Jahren seiner Wirtschaftsentwicklung nach der Unabhängigkeit zweifellos der Industrialisierung keine Vorrangstellung eingeräumt; diese kam

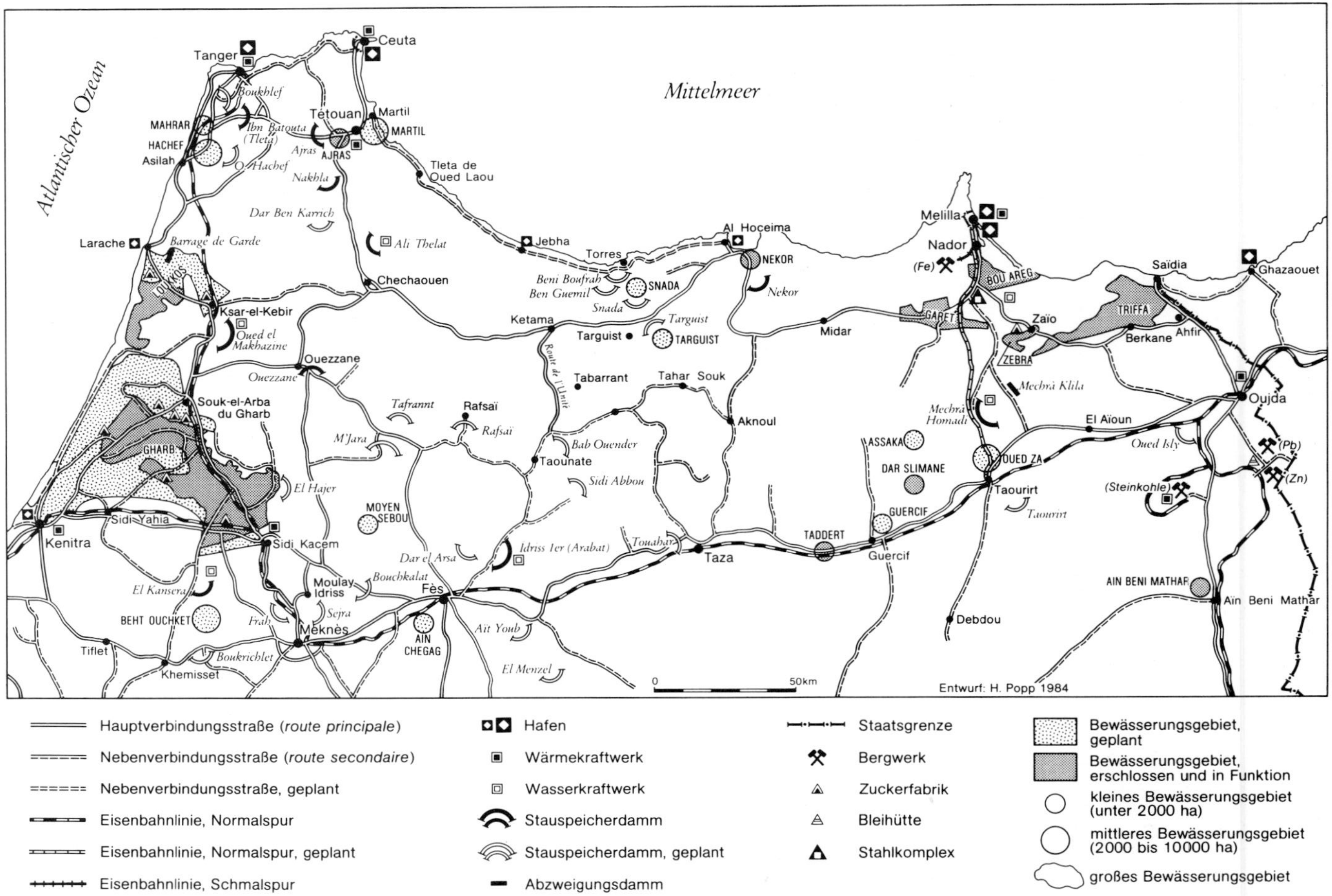

	Hauptverbindungsstraße (*route principale*)		Hafen		Staatsgrenze		Bewässerungsgebiet, geplant
	Nebenverbindungsstraße (*route secondaire*)		Wärmekraftwerk		Bergwerk		Bewässerungsgebiet, erschlossen und in Funktion
	Nebenverbindungsstraße, geplant		Wasserkraftwerk		Zuckerfabrik		kleines Bewässerungsgebiet (unter 2000 ha)
	Eisenbahnlinie, Normalspur		Stauspeicherdamm		Bleihütte		mittleres Bewässerungsgebiet (2000 bis 10000 ha)
	Eisenbahnlinie, Normalspur, geplant		Stauspeicherdamm, geplant		Stahlkomplex		großes Bewässerungsgebiet
	Eisenbahnlinie, Schmalspur		Abzweigungsdamm				

Abb. 11. Die derzeitige Wirtschafts- und Verkehrserschließung Nordmarokkos

vielmehr der Bewässerungslandwirtschaft und dem Tourismus zu. Und wenn Industrieprojekte verwirklicht wurden, dann jeweils in den wirtschaftlichen Kernregionen des Landes – nicht an der wirtschaftlichen Peripherie, die Nordmarokko ja zweifellos bildet.

Es gibt mehrere Anzeichen, die darauf hinweisen, daß Marokko in der nahen Zukunft sowohl der Industrialisierung ganz allgemein einen höheren Stellenwert einräumen will als auch besonders den mittelmeerischen Küstenraum um Nador schwerpunktmäßig entwickeln will. Im einzelnen sind derzeit entweder kürzlich fertiggestellt worden, im Bau oder im Entwicklungsplan 1981–1985 zum Bau vorgesehen:

- Errichtung des Hafens von Nador. Dieser größtenteils bereits fertiggestellte Hafen grenzt unmittelbar an die Enklave Melilla bei Beni Anzar an[15]. Er soll nicht nur Hafen für die Region werden, sondern Marokko zum Mittelmeer hin öffnen (vgl. *Plan de Développement Economique et Social 1978–1980* 1979, Bd. 1, S. 215).
- Errichtung des Eisenhütten- und Stahlkomplexes bei Zélouane, südlich von Nador. Dieses Projekt soll ein Hochofenwerk, eine Stahlhütte, eine Gießerei, ein Warm- und ein Kaltwalzwerk umfassen (vgl. *Plan Triennal 1965–1967* 1965, S. 441). Im Rahmen dieses Projektes ist soeben der erste Bauabschnitt, ein Walzwerk auf der Basis importierter Rohstahlbarren, fertiggestellt worden. Das von der britischen Firma Davy Loewy Ltd. errichtete Werk besitzt eine jährliche Produktionskapazität von 420000 t Stahl und kostet etwa eine Milliarde Dirham (= 422 Mio. DM)[16] (vgl. *Afrique Industrie* 1984, S. 27).
- Errichtung der Phosphorsäurefabrik „Maroc-Phosphor-Nord" in Nador. Diese Fabrik soll 1985 fertiggestellt sein und eine Produktionskapazität von täglich 2000 t Phosphoroxid besitzen. Der Rohstoff soll von Khouribga aus antransportiert werden (vgl. *Afrique Industrie* 1982, S. 39).
- Bau einer eingleisigen Eisenbahnlinie zwischen Nador und Taourirt, um Nador an das innermarokkanische Bahnnetz anzuschließen. Der Streckenabschnitt zwischen Beni Anzar (Hafen) und Zélouane (Stahlwalzwerk) ist bereits im Bau (vgl. *Afrique Industrie* 1983b, S. 22).
- Weitere kleinere Industrieprojekte sind die Wiederinbetriebnahme der Bleihütte von Oued el Heimer seit 1975, die Erschließung der Steinkohlenzeche V bei Jerada seit 1982 und die Errichtung eines Kühllagers für Flüssiggas in Nador für voraussichtlich 1985 (vgl. *Plan de Développement Economique et Social 1981–1985* 1981, Bd. 2, Teil 2, S. 370, 375, 414).

---

15) Der Hafen wurde so geplant, daß im Falle einer territorialen Integration Melillas nach Marokko aus den derzeit zwei benachbarten Häfen eine einzige Hafenanlage gemacht werden könnte.

16) Die Investitionskosten für das Stahlwalzwerk belaufen sich auf 800 Mio. Dirham, die Kosten für damit verbundene staatliche Infrastrukturmaßnahmen liegen bei 200 Mio. Dirham (vgl. *Plan de Développement Economique et Social 1981–1985* 1981, Bd. 2, Teil 2, S. 451).

Nach einer langen Phase, in der die Industrialisierung des mediterranen Nordmarokko so gut wie keine Rolle gespielt hat, überrascht nun die geballte Investition der Grundstoffindustrie um Nador seit den letzten Jahren. Diese Maßnahmen sind im Zusammenhang zu sehen mit der raumordnungspolitischen Zielvorstellung, in der Region „Oriental" einen Entwicklungspol zu schaffen, der im wesentlichen die Orte Nador, Berkane und Oujda umfaßt. Hierbei ist Nador die Funktion zugedacht, schwerindustrielles Zentrum zu werden und Hafenumschlagsplatz zu sein; Berkane soll Standort vorwiegend agroindustrieller Investitionen werden; Oujda wurde als Standort für eine Zementfabrik, eine Halfagrasaufbereitungsfabrik und Verpackungsindustrie vorgesehen (vgl. *Plan de Développement Economique et Social 1978–1980* 1979, Bd. 1, S. 214 f.).

So begrüßenswert es zweifelsohne in regionalpolitischer Hinsicht ist, daß die bisher auch hinsichtlich der staatlichen Investitionen benachteiligte mittelmeerische Küstenzone (vgl. auch DE MAS 1978a) nunmehr eine verstärkte Förderung erfährt, stellt sich doch die Frage, ob das Schlüsselprojekt der industriellen Investitionen, der Eisenhütten- und Stahlkomplex von Nador, bei den gegebenen weltwirtschaftlichen Rahmenbedingungen sinnvoll ist. Es ist hier sicherlich nicht möglich, dazu ein abschließendes Urteil zu fällen; hierfür ist das Projekt auch noch viel zu jung. Dennoch lassen sich einige Elemente herausarbeiten, die eher zu Pessimismus Anlaß geben.

Der Zeitpunkt für die Fertigstellung des Stahlwalzwerkes ist denkbar ungünstig, befindet sich der Weltstahlmarkt doch derzeitig in einer von Überkapazitäten und Niedrigstpreisen gekennzeichneten Lage. Nur Stahlwerke, die mit modernster Technologie arbeiten, dürften in dieser Situation Chancen auf längerfristiges Überleben haben. Augenblicklich ist es unwahrscheinlich, daß Nador der internationalen Konkurrenz standhalten kann. Denn der derzeitige Komplex ist nur das letzte Glied im Rahmen des Gesamtprozesses der Stahlproduktion und zudem auf Import von Rohstahl angewiesen. (vgl. KHACHANI 1982, S. 185 f.).

Voll zu verstehen ist die derzeitige Realisierung des Stahlkomplexes wohl nur, wenn man auch die Geschichte der Planung mit heranzieht. Bereits im allerersten *Fünf-Jahres-Plan 1960–1964* tauchte nämlich die Idee dieses Stahlwerkes mit dem Standort Nador auf (vgl. ASSOULINE 1961, S. 27). Seither wird die Idee eines integrierten Eisenhütten-/Stahlkomplexes (Rohstoffbasis: Eisenlagerstätten von Ouichane, Mangan von Bou Arfa; Energiebasis: zum Teil Steinkohle von Jerada, zum Teil zu importierende und zu verkokende Kohle) von Plan zu Plan übernommen und wiederholt. Im Jahr 1959, als der Gedanke geboren wurde, wäre die Errichtung sowohl von den Kosten als auch von der Wirtschaftlichkeit her[17] realisierbar und interessant gewesen. Wie wir heute wissen, hat aber Marokko (und diese Entschei-

17) Das Projekt BEPI (*Bureau d'Etudes et de Participations Industrielles*) aus dem Jahr 1959, das einen integrierten Eisenhütten- und Stahlkomplex mit einer jährlichen Produktionsleistung von 245 000 t vorsah, wurde mit 35 Mrd. marokkanischen Francs (= 290 Mio. DM) veranschlagt. Unter den Angeboten, die auf

dung war durchaus nachvollziehbar und sinnvoll) bei seinen Entwicklungszielen die Bewässerungslandwirtschaft und den Tourismus vorrangig gefördert; es blieb kein Geld mehr für ein derart aufwendiges Projekt. Heute erwartet die marokkanische Öffentlichkeit immer noch dieses Projekt, doch die weltwirtschaftlichen Rahmenbedingungen haben sich entscheidend verändert; sie sind ungünstiger geworden.

Daß in einer reduzierten Form das Projekt dennoch realisiert wurde[18], hängt vor allem mit der praktizierten Politik zur Hilfe der notleidenden britischen Stahlindustrie durch die Regierung Großbritanniens zusammen. Die Briten boten Marokko ein ungewöhnlich großzügiges Finanzierungsmodell an, das im wesentlichen auf einem enorm günstigen Kredit basiert, zugleich aber den Auftrag an eine britische Firma gesichert hat und das Monopol der Rohstahllieferung für mindestens drei Jahre regelt (vgl. KHACHANI 1982, S. 186)[19].

Der Stahlkomplex wird aller Wahrscheinlichkeit nach nur konkurrenzfähig sein, wenn Marokko seine eigenen Rohstoffe an Eisenerz verarbeitet, somit auch die übrigen Bausteine der ursprünglichen Planung verwirklicht werden. Ob solch ein großes Investitionsvolumen allerdings finanzierbar ist, bleibt abzuwarten. Die Startchancen des neuen Entwicklungspoles „Oriental“ sind jedenfalls alles andere als günstig.

D. Zukünftige Entwicklungschancen des mittelmeerischen Küstensaumes Nordmarokkos

Unsere Ausführungen haben gezeigt, daß die mediterrane Küstenregion Nordmarokkos in ihren derzeitigen wirtschaftlichen Strukturen und auch den weiteren Entwicklungsmöglichkeiten vor allem auf drei Säulen ruht: der Bewässerungslandwirtschaft, dem Tourismus und der Industrie.

---

eine 1960 erfolgte Ausschreibung des Projektes eingingen, befand sich eines in Höhe von 342 Mio. Dirham (= 282 Mio. DM) der französischen Gesellschaft CAFL (*Compagnie des Ateliers et Forges de la Loire*) (vgl. KHACHANI 1982, S. 162–164).

18) Es sprechen zahlreiche Faktoren dafür, daß das Gesamtprojekt in seinen ursprünglichen Ausmaßen nicht mehr realisiert werden soll. Zumindest dürfte eine weitere Fertigstellung der vorgesehenen übrigen Werke nicht in absehbarer Zeit durchgeführt werden (vgl. KHACHANI 1982, S. 180).

19) Der 1980 von *Davy Loewy Ltd.* abgeschlossene Vertrag umfaßt insgesamt eine Summe von 350 Mio. £ (= 1,58 Mrd. DM). Davon entfallen auf die Errichtung des Stahlwalzwerkes 75 Mio. £ (= 338 Mio. DM) sowie für die Belieferung des Werkes mit Rohstahlbarren 275 Mio. £ (= 1,24 Mrd. DM). Die britische Regierung hat zu diesem Projekt einen Zuschuß in Höhe von 13,5 Mio. £ sowie einen zinslosen Kredit in Höhe von 18 Mio. £ bewilligt. Darüber hinaus wurde der staatlichen marokkanischen Gesellschaft SONASID (*Société Nationale de Sidérurgie*) ein Kredit über 345 Mio. Dirham (= 175 Mio. DM) zur Finanzierung des ersten Bauabschnittes des Eisenhütten-/Stahlkomplexes gewährt, der durch ein internationales Bankenkonsortium unter Führung der englischen Bank *Morgan Grenfell* zur Auszahlung gelangte und für den das *Exports Credits Guarantee Department* eine Staatsbürgschaft der britischen Regierung erteilte (vgl. *Afrique Industrie* 242, 1981, S. 97).

Die Bewässerungspolitik Marokkos kann für die Region Untere Moulouya zweifellos schon einen Erfolg verbuchen. Auch bei den noch anstehenden kleineren Bewässerungsprojekten sind die Aussichten dafür, wirtschaftliche Impulse zu setzen, günstig. Das naturräumliche Potential (insbesondere Wasserverfügbarkeit und Klima) dürfte sich als förderliche Rahmenbedingung für die geplanten Maßnahmen erweisen, wenn nur auch das Erosionsproblem berücksichtigt wird. Unter sozialgeographischem Aspekt ist zu hoffen, daß die Handlungsinteressen und -möglichkeiten der betroffenen Landwirte in stärkerem Maß in die Planungsmaßnahmen einfließen, als dies bisher erfolgt ist.

Für die Tourismusentwicklung ist die bisherige Bilanz eher zwiespältig. Das vorhandene landschaftliche Potential ist reich genug, um noch weitere Küstenbereiche erschließen zu können. Insbesondere der geplante Bau einer Küstenstraße von Tétouan bis nach Al Hoceima (vgl. Abb. 11) könnte Anreiz für weitere touristische Projekte werden. Ob eine zukünftige Tourismusentwicklung an der Mittelmeerküste aber – wie bisher – auf der Basis von Feriendörfern und vorwiegend ausländischen Betreibern erfolgen sollte, scheint uns eher zweifelhaft. Das Problem der unzureichenden Kapazitätsauslastung kann wohl nur gemildert werden, wenn ein niedrigerer Angebotsstandard Berücksichtigung findet und auch marokkanische Nachfrager neben den Ausländern angesprochen werden.

Die Industrieprojekte entlang der Mittelmeerküste haben Hoffnungen auf weitreichende wirtschaftliche Impulse geweckt. Es bleibt abzuwarten, ob sie in der Realität zumindest teilweise erfüllt werden können. Unbestreitbar nützlich für die Region „Oriental" ist aber mit Sicherheit die Verbesserung der infrastrukturellen Einrichtungen, wie z.B. Hafen von Nador, Eisenbahnlinie Nador–Taourirt.

Der westliche Teil des marokkanischen Mittelmeerküstenbereiches hat seit der Unabhängigkeit des Landes insgesamt nur recht wenige wirtschaftliche Impulse erfahren; seine protektoratszeitlich bedingte Benachteiligung währt noch an. Der östliche Teil dagegen durfte in den vergangenen Jahren eine ungewöhnlich starke staatliche Förderung erleben. Er ist durch neue Verkehrslinien inzwischen aus seiner extremen Randlage befreit worden. So gesehen hat die Region „Oriental" eindeutig ihre Standortbedingungen verbessert. Ihre Entwicklungsaussichten wären allerdings noch rosiger, wenn die politischen (und damit auch wirtschaftlichen) Beziehungen zu Algerien sich wieder normalisieren würden. Augenblicklich ist die Undurchlässigkeit der Grenze noch ein gravierendes Entwicklungshemmnis.

Literatur

André, Albert: Introduction à la géographie physique de la Péninsule Tingitane. – Revue de Géographie du Maroc 19, 1971, S. 57–76.

André, Albert und Jean Le Coz: Economie minière. – Rabat 1961 (= Atlas du Maroc, Planche N° 41a, Notes explicatives).

Assouline, Albert: Présentation du Plan Quinquennal 1960–1964. – Bulletin Economique et Social du Maroc 25 (89). 1981, S. 23–30.

Beaudet, G.: La pêche maritime et le traitement industriel du poisson au Maroc. – Revue de Géographie du Maroc 13, 1968, S. 131–138.

Beguin, Hubert: L'organisation de l'espace au Maroc. – Brüssel 1974 (= Académie royale des Sciences d'Outre-Mer. Classe des Sciences morales et politiques, N.S., Bd. 43).

Berriane, Mohamed: Un type d'espace touristique marocain: le littoral méditerranéen. – Revue de Géographie du Maroc, N.S., 2, 1978, S. 5–27.

Berriane, Mohamed: L'espace touristique marocain. – Tours 1980 (= E.R.A. n° 706, Fascicule de recherches, Bd. 7).

Bonjean, Jacques: Tanger. – Paris 1967 (= Centre d'Etudes des Relations Internationales, Série G: Etudes Maghrebines, Bd. 8).

Bonnet, J. und R. Bossard: Aspects géographiques de l'émigration marocain vers l'Europe. – Revue de Géographie du Maroc 23–24, 1973, S. 5–50.

Bouquerel, Jacqueline und F. Joly: Chemins de fer. Trafic marchandises. – Rabat 1954 (= Atlas du Maroc, Planche N° 44b, Notes explicatives).

Bouquerel, Jacqueline und F. Joly: Chemins de fer. – Rabat 1955 (= Atlas du Maroc, Planche N° 44a, Notes explicatives).

Carlier, Philippe: Plaines du Gareb et du Bou-Areg. – In: *Ressources en eau du Maroc.* Bd. 1: Domaines du Rif et du Maroc oriental. – Rabat 1971, S. 167–180 (= Notes et Mémoires du Service Géologique du Maroc, Bd. 231) (Zit. als 1971a).

Carlier, Philippe: La plaine des Triffa. – In: *Ressources en eau du Maroc.* Bd. 1: Domaines du Rif et du Maroc oriental. – Rabat 1971, S. 301–315 (= Notes et Mémoires du Service Géologique du Maroc Bd. 231) (Zit. als 1971b).

Charrié, Jean-Paul: Les transports routiers de marchandises au Maroc. – Rabat 1972 (= Atlas du Maroc, Planche N° 44c, Notes explicatives).

Charvet, Jean-Paul: La plaine des Triffa: étude d'une région en développement. – Revue de Géographie du Maroc 21, 1972, S. 3–29.

Chraïbi, Mohamed: Aménagement de la Basse-Moulouya. – Hommes, Terre & Eaux 2 (9). 1973, S. 7–14.

Dutard, J.: Contribution à l'étude de la mise en valeur des Triffa. – Bulletin Economique et Social du Maroc 11 (39). 1948, S. 74–80 und 11 (40). 1949, S. 121–130.

El Gharbaoui, Ahmed: La terre et l'homme dans la Péninsule Tingitane. Etude sur l'homme et le milieu naturel dans le Rif occidental. 2 Bde. – Rabat 1981 (= Travaux de l'Institut Scientifique, Série Géologie et Géographie Physique, Bd. 15).

Faraj, Houcine: Plan Sucrier. – Homme, Terre & Eaux 6 (22). 1977, S. 19–32.

Flörke, Axel: Internationaler Tourismus in Marokko 1978. Dargestellt im Vergleich zweier Baderegionen. – Nürnberg 1980 (Masch.-Schr.).

Fosset, Robert: L'inégal accroissement de la population rurale et de la population urbaine entre 1960 et 1971. – Revue de Géographie du Maroc 22, 1972, S. 83–88.

Gendre, L.: Population rurale dans le Rif et dualisme de sites urbains: Al Hoceima – Ajdir, Nador – Melilla. – Revue de Géographie du Maroc 1–2, 1962, S. 147–151.

Graul, Franz: Tarhzout. Grundlagen und Strukturen des Wirtschaftslebens einer Talschaft im Zentralen Rif (Marokko). – Hamburg 1982 (= Hamburger Geographische Studien, H. 38).

Grohmann-Kerouach, Brigitte: Der Siedlungsraum der Aït Ouriaghel im östlichen Rif. Kulturgeographie eines Rückzugsgebietes. – Heidelberg 1971 (= Heidelberger Geographische Arbeiten, H. 35).

Jäger, Heinrich: Die neuen Talsperren Marokkos, Schlüssel für eine moderne Landwirtschaft. Das Projekt Loukkos. – Geographische Rundschau 32. 1980, S. 434–438.

Kabbaj, Abdellatif und Ismaïl Zeryouhi: Utilisation des eaux de l'Oued Mharhar pour la recharge de la nappe de Charf el Akab pour l'alimentation en eau de la ville de Tanger. – Homme, Terre & Eaux 7 (27). 1978, S. 57–60

Khachani, Mohamed: Aspects des blocages de l'industrialisation au Maroc: le cas du projet sidérurgique de Nador. – Thèse 3e cycle Grenoble 1980 (Masch.-Schr.).

Khachani, Mohamed: Etat et politique industrielle. Le cas du projet sidérurgique de Nador. – In: Habib El Malki (Hrsg.): Etat et développement industriel au Maroc. – Casablanca 1982, S. 161–186.

Laâjoul, Abdeslam: Impact de la nappe sur la salinité des sols et la productivité des vergers d'agrumes dans le secteur de Madagh (Plaine des Triffa/Basse Moulouya). – Berkane 1979 (= Mémoire de fin d'études, Ecole Nationale d'Agriculture de Meknès) (Masch.-Schr.).

Labry, André: Géographie économique et ferroviaire du Maghreb. – o.O. 1978.

Laghouat, Mohamed: La situation géoéconomique et l'intégration régionale et urbaine du Nord-Est marocain. – Revue de Géographie du Maroc, N.S., 2, 1978, S. 65–86.

Lahbabi, Mohamed: Le complexe de Nador est-il enfin bien parti? – Liberation. Dossiers et documents 1, 1979, S. 125–132.

Lahlou, Abdelhadi: Traitement anti-érosif du bassin versant du Nekor. – Hommes, Terre & Eaux 9 (30). 1979, S. 65–89.

Le Moigne, Yves: Hydraulique et irrigations au Maroc. – Revue de Géographie Marocaine 15. 1931, S. 289–306.

L'équipement hydraulique du Maroc. Hrsg. v. Direction des Travaux Publics. – Rabat 1954 (= Bulletin Economique et Social du Maroc, Sonderheft).

Martin, J. et al.: Géographie du Maroc. – Paris, Casablanca 1970.

Mas, P.: Tanger, une île? – Revue de Géographie du Maroc 1–2, 1962, S. 153–155.

Mas, Paolo de: The place of peripheral regions in Moroccan planning. – Tijdschrift voor Economische en Sociale Geografie 69. 1978, S. 86–94 (Zit. als 1978a).

Mas, Paolo de: Marges marocaines. Limites de la coopération au développement dans une région périphérique: le cas du Rif. – Den Haag 1978 (Zit. als 1978b).

Mathieu, Clément: Problèmes pédo-agronomiques posés par la mise en valeur hydro-agricole des sols de la Basse Moulouya. Zone méditerranéenne semi-aride. – Berkane 1980 (= Office Régional de Mise en Valeur Agricole de la Moulouya, Service de l'Equipement, Bureau de Pédologie) (Masch.-Schr.).

Morocco. Hrsg. v. Naval Intelligence Division. 2 Bde. – Bd. 1: o.O. 1941, Bd. 2: Oxford 1942 (= Geographical Handbook Series, B.R. 506/506A).

Noin, Daniel: Eléments pour une étude géographique de l'industrie marocaine. – Revue de Géographie du Maroc 13, 1968, S. 55–72.

Noin, Daniel: La population rurale du Maroc. 2 Bde. – Paris 1970 (= Publications de l'Université de Rouen, Série Littéraire, Bd. 8).

O.R.M.V.A.M.: Note sur la situation des agrumes dans le périmètre de la Basse Moulouya. – Hommes, Terre & Eaux 9 (31). 1979, S. 37–40.

o. V.: La politique des grands barrages. – Europe-France Outre-Mer 49 (507/508). 1972, S. 35–40.

o. V.: Usine sidérurgique de Nador. – Afrique Industrie 242, 1981, S. 97.

o. V.: Maroc. Les ventes totales de l'Office chérifien des phosphates ont dépassé 19 millions t en 1981. – Afrique Industrie 259, 1982, S. 37–38.

o. V.: Maroc. Orientation de la politique maritime vers la spécialisation des ports. – Afrique Industrie 280, 1983, S. 23 (Zit. als 1983a).

o. V.: Maroc. Travaux et lignes nouvelles. – Afrique Industrie 285, 1983, S. 22 (Zit. als 1983b).

o. V.: Projet de 12000 lits dans la baie de Tanger. – Afrique Industrie 298, 1984, S. 14.

Pascon, Paul und Herman van der Wusten: Les Beni Boufrah. Essai d'écologie sociale d'une vallée rifaine (Maroc). – Rabat 1983.

Popp, Herbert: Moderne Bewässerungslandwirtschaft in Marokko. Staatliche und individuelle Entscheidungen in sozialgeographischer Sicht. 2 Bde. – Erlangen 1983 (= Erlanger Geographische Arbeiten, Sonderbände, H. 15).

Ranchin, G.: Le drainage dans la plaine du Bou Areg. – Hommes, Terre & Eaux 2 (7). 1973, S. 97–110.

Rapport sur l'aménagement de la rive gauche de la Basse Moulouya. Hrsg. v. Office National des Irrigations, Mission Régionale de la Basse-Moulouya. 5 Bde. – o.O. 1962 (Masch.-Schr.).

Recensement général de la population et de l'habitat du Royaume. Population légale. – Bulletin Officiel 3679, 1983, S. 285–335.

Rézette, Robert: Les enclaves espagnoles au Maroc. – Paris 1976.

Seddon, David: Moroccan peasants. A century of change in the eastern Rif 1870–1970. – Folkestone 1981.

Surleau, H.: L'économie des ports marocains. – Bulletin Economique et Social du Maroc 21 (75). 1958, S. 285–335.

Thauvin, Jean-Pierre: La zone axiale du Rif. – In: *Ressources en eau du Maroc.* Bd. 1: Domaines du Rif et du Maroc oriental. – Rabat 1971, S. 43–67 (= Notes et Mémoires du Service Géologique du Maroc, Bd. 231) (Zit. als 1971a).

Thauvin, Jean-Pierre: La zone rifaine. – In: *Ressources en eau du Maroc.* Bd. 1: Domaines du Rif et du Maroc oriental. – Rabat 1971, S. 69–79 (= Notes et Mémoires du Service Géologique du Maroc, Bd. 231) (Zit. als 1971b).

Thauvin, Jean-Pierre: Le Tangerois. – In: *Ressources en eau du Maroc.* Bd. 1: Domaines du Rif et du Maroc oriental. – Rabat 1971, S. 127–139 (= Notes et Mémoires du Service Géologique du Maroc, Bd. 231) (Zit. als 1971c).

Troin, Jean-François: Le Nord-Est du Maroc. Mise au point régionale. – Revue de Géographie du Maroc 12, 1967, S. 5–41.

Troin, Jean-François: Les souks marocains. Marchés ruraux et organisation de l'espace dans la moitié nord du Maroc. – Aix-en-Provence 1975 (=Collection «Connaissance du Monde Méditerranéen»).

Zaghloul, Lahcen: La petite et moyenne hydraulique au Maroc. – Hommes, Terre & Eaux 11 (44). 1981, S. 23–33.

Zeryouhi, Ismaïl und Philippe Carlier: Etude de l'influence des irrigations et recherches d'un dispositif de drainage par pompage. Simulation par modèle mathématique. Exemple des nappes des Triffa et du Garet (Maroc du Nord-Est). – Hommes, Terre & Eaux 7 (27). 1978, S. 27–36.

Staatliche Entwicklungspläne

Plan Quinquennal 1960–1964. Hrsg. v. Ministère de l'Economie Nationale. – Rabat 1960.

Plan Triennal 1965–1967. Hrsg. v. Cabinet Royal. Delégation Générale à la Promotion Nationale et au Plan. – Rabat 1965.

Plan Quinquennal 1968–1972. Hrsg. v. Premier Ministre. Ministère des Affaires Economiques, du Plan et de la Formation des Cadres. 3 Bde. und ein Kartenband. – Mohammédia o.J. (1968).

Plan de Développement Economique et Social 1973–1977. Hrsg. v. Premier Ministre. Secrétariat d'Etat au Plan, au Développement Régional et à la Formation des Cadres. 3 Bde. – Casablanca o.J. (1973).

Plan de Développement Economique et Social 1978–1980. Hrsg. v. Premier Ministre. Secrétariat d'Etat au Plan et au Développement Régional. 2 Bde. – o.O., o.J. (1979).

Plan de Développement Economique et Social 1981–1985. Hrsg. v. Premier Ministre. Ministère du Plan et du Développement Régional. 4 Bde. – Casablanca o.J. (1981).

Amtliche Karten und Luftbilder

Maroc. Carte des grands périmètres et moyenne hydraulique. Echelle 1/500000. Hrsg. v. Ministère de l'Agriculture et de la Réforme Agraire. Direction de la Conservation Foncière et des Travaux Topographiques. – Rabat 1978.

Maroc. Carte administrative. Echelle 1/2000000. Hrsg. v. Ministère de l'Agriculture et de la Réforme Agraire. Direction de la Conservation Foncière et des Travaux Topographiques. – Rabat 1977.

Plan-Guide de Tanger. Echelle 1/10000. Hrsg. v. Office National Marocain du Tourisme. – Casablanca 1979.

Plan Urbain Nador. Echelle 1/10000. Hrsg. v. Ministère de l'Agriculture et de la Réforme Agraire. Direction de la Conservation Foncière et des Travaux Topographiques. – Rabat 1977.

Plan Urbain Al Hoceima. Echelle 1/10000. Hrsg. v. Ministère de l'Agriculture et de la Réforme Agraire. Direction de la Conservation Foncière et des Travaux Topographiques. – Rabat 1977.

Luftbilder. Mission MA 023–100 1962. Blätter 1181–1184 (Saïdia).

Verzeichnis der Autoren und Herausgeber

A c h e n b a c h, Hermann, Prof. Dr., Geographisches Institut der Universität Kiel, Olshausenstraße 40–60, 2300 Kiel.

B ü s c h e n f e l d, Herbert, Prof. Dr., Fachbereich 22 (Geographie und ihre Didaktik) der Universität Münster, Fliednerstraße 21, 4400 Münster/Westf.

H ü t t e r o t h, Wolf-Dieter, Prof. Dr., Institut für Geographie der Universität Erlangen-Nürnberg, Kochstraße 4, 8520 Erlangen.

I b r a h i m, Fouad N., Prof. Dr., Institut für Geowissenschaften der Universität Bayreuth, Universitätsstraße 30, 8580 Bayreuth.

P l e t s c h, Alfred, Prof. Dr., Fachbereich Geographie der Universität Marburg, Deutschhausstraße 10, 3550 Marburg/Lahn.

P o p p, Herbert, Prof. Dr., Universität Passau, Kulturgeographie, Schustergasse 21, 8390 Passau.

R u p p, Marco, Dipl.-Geogr., Geographisches Institut der Universität Bern, Hallerstraße 12, CH–3000 Bern.

S a u e r w e i n, Friedrich, Prof. Dr., Pädagogische Hochschule Heidelberg, Im Neuenheimer Feld 561, 6900 Heidelberg.

T i c h y, Franz, Prof. Dr., Institut für Geographie der Universität Erlangen-Nürnberg, Kochstraße 4, 8520 Erlangen.

T u r o l l a, Flavio, Dipl.-Geogr., Geographisches Institut der Universität Bern, Hallerstraße 12, CH–3000 Bern.

T y r a k o w s k i, Konrad, Dr., Katholische Universität Eichstätt, Lehrstuhl für Kulturgeographie, Ostenstraße 26–28, 8078 Eichstätt.

W a g n e r, Horst-Günter, Prof. Dr., Geographisches Institut der Universität Würzburg, Am Hubland, 8700 Würzburg.

Sonderabdrucke aus den
Mitteilungen der Fränkischen Geographischen Gesellschaft

Erlanger Geographische Arbeiten

Herausgegeben vom Vorstand der Fränkischen Geographischen Gesellschaft

ISSN 0170-5172

Heft 1. *Thauer, Walter:* Morphologische Studien im Frankenwald und Frankenwaldvorland. 1954. IV. 232 S., 10 Ktn., 11 Abb., 7 Bilder und 10 Tab. im Text, 3 Ktn. u. 18 Profildarst. als Beilage.
ISBN 3-920405-00-5 kart. DM 19,–

Heft 2. *Gruber, Herbert:* Schwabach und sein Kreis in wirtschaftsgeographischer Betrachtung. 1955. IV, 134 S., 9 Ktn., 1 Abb., 1 Tab.
ISBN 3-920405-01-3 kart. DM 11,–

Heft 3. *Thauer, Walter:* Die asymmetrischen Täler als Phänomen periglazialer Abtragungsvorgänge, erläutert an Beispielen aus der mittleren Oberpfalz. 1955. IV, 39 S., 5 Ktn., 3 Abb., 7 Bilder.
ISBN 3-920405-02-1 kart. DM 5,–

Heft 4. *Höhl, Gudrun:* Bamberg – Eine geographische Studie der Stadt. 1957. IV, 16 S., 1 Farbtafel, 28 Bilder, 1 Kt., 1 Stadtplan. – *Hofmann, Michel:* Bambergs baukunstgeschichtliche Prägung. 1957. 16 S.
ISBN 3-920405-03-X kart. DM 8,–

Heft 5. *Rauch, Paul:* Eine geographisch-statistische Erhebungsmethode, ihre Theorie und Bedeutung. 1957. IV, 52 S., 1 Abb., 1 Bild u. 7 Tab. im Text, 2 Tab. im Anhang.
ISBN 3-920405-04-8 kart. DM 5,–

Heft 6. *Bauer, Herbert F.:* Die Bienenzucht in Bayern als geographisches Problem. 1958. IV, 214 S., 16 Ktn., 5 Abb., 2 Farbbilder, 19 Bilder u. 23 Tab. im Text, 1 Kartenbeilage.
ISBN 3-920405-05-6 kart. DM 19,–

Heft 7. *Müssenberger, Irmgard:* Das Knoblauchsland, Nürnbergs Gemüseanbaugebiet. 1959. IV, 40 S., 3 Ktn., 2 Farbbilder, 10 Bilder u. 6 Tab. im Text, 1 farb. Kartenbeilage.
ISBN 3-920405-06-4 kart. DM 9,–

Heft 8. *Burkhart, Herbert:* Zur Verbreitung des Blockbaues im außeralpinen Süddeutschland. 1959. IV, 14 S., 6 Ktn., 2 Abb., 5 Bilder.
ISBN 3-920405-07-2 kart. DM 3,–

Heft 9. *Weber, Arnim:* Geographie des Fremdenverkehrs im Fichtelgebirge und Frankenwald. 1959. IV, 76 S., 6 Ktn., 4 Abb., 17 Tab.
ISBN 3-920405-08-0 kart. DM 8,–

Heft 10. *Reinel, Helmut:* Die Zugbahnen der Hochdruckgebiete über Europa als klimatologisches Problem. 1960. IV, 74 S., 37 Ktn., 6 Abb., 4 Tab.
ISBN 3-920405-09-9 kart. DM 10,–

Heft 11. *Zenneck, Wolfgang:* Der Veldensteiner Forst. Eine forstgeographische Untersuchung. 1960. IV, 62 S., 1 Kt., 4 Farbbilder u. 23 Bilder im Text, 1 Diagrammtafel, 5 Ktn., davon 2 farbig, als Beilage.
ISBN 3-920405-10-2 kart. DM 19,–

Heft 12. *Berninger, Otto:* Martin Behaim. Zur 500. Wiederkehr seines Geburtstages am 6. Oktober 1459. 1960. IV, 12 S.
ISBN 3-920405-11-0 kart. DM 3,–

Heft 13. *Blüthgen, Joachim:* Erlangen. Das geographische Gesicht einer expansiven Mittelstadt. 1961. IV, 48 S., 1 Kt., 1 Abb., 6 Farbbilder, 34 Bilder u. 7 Tab. im Text, 6 Ktn. u. 1 Stadtplan als Beilage.
ISBN 3-920405-12-9 kart. DM 13,–

Heft 14. *Nährlich, Werner:* Stadtgeographie von Coburg. Raumbeziehung und Gefügewandlung der fränkisch-thüringischen Grenzstadt. 1961. IV, 133 S., 19 Ktn., 2 Abb., 20 Bilder u. zahlreiche Tab. im Text, 5 Kartenbeilagen.
ISBN 3-920405-13-7 kart. DM 21,–

Heft 15. *Fiegl, Hans:* Schneefall und winterliche Straßenglätte in Nordbayern als witterungsklimatologisches und verkehrsgeographisches Problem. 1963. IV, 52 S., 24 Ktn., 1 Abb., 4 Bilder, 7 Tab.
ISBN 3-920405-14-5 kart. DM 6,–

Heft 16. *Bauer, Rudolf:* Der Wandel der Bedeutung der Verkehrsmittel im nordbayerischen Raum. 1963. IV, 191 S., 11 Ktn., 18 Tab.
ISBN 3-920405-15-3 kart. DM 18,–

Heft 17. *Hölcke, Theodor:* Die Temperaturverhältnisse von Nürnberg 1879 bis 1958. 1963. IV, 21 S., 18 Abb. im Text, 1 Tabellenanhang u. 1 Diagrammtafel als Beilage.
ISBN 3-920405-16-1 kart. DM 4,–

Heft 18. Festschrift für Otto Berninger.

Inhalt: Erwin Scheu: Grußwort. – Joachim Blüthgen: Otto Berninger zum 65. Geburtstag am 30. Juli 1963. – Theodor Hurtig: Das Land zwischen Weichsel und Memel, Erinnerungen und neue Erkenntnisse. – Väinö Auer: Die geographischen Gebiete der Moore Feuerlands. – Helmuth Fuckner: Riviera und Côte d'Azur – mittelmeerische Küstenlandschaft zwischen Arno und Rhone. – Rudolf Käubler: Ein Beitrag zum Rundlingsproblem aus dem Tepler Hochland. – Horst Mensching: Die südtunesische Schichtstufenlandschaft als Lebensraum. – Erich Otremba: Die venezolanischen Anden im System der südamerikanischen Cordillere und in ihrer Bedeutung für Venezuela. – Pierre Pédelaborde: Le Climat de la Méditerranée Occidentale. – Hans-Günther Sternberg: Der Ostrand der Nordskanden, Untersuchungen zwischen Pite- und Torne älv. – Eugen Wirth: Zum Problem der Nord-Süd-Gegensätze in Europa. – Hans Fehn: Siedlungsrückgang in den Hochlagen des Oberpfälzer und Bayerischen Waldes. – Konrad Gauckler: Beiträge zur Zoogeographie Frankens. Die Verbreitung montaner, mediterraner und lusitanischer Tiere in nordbayerischen Landschaften. – Helmtraut Hendinger: Der Steigerwald in forstgeographischer Sicht. – Gudrun Höhl: Die Siegritz-Voigendorfer Kuppenlandschaft.– Wilhelm Müller: Die Rhätsiedlungen am Nordostrand der Fränkischen Alb. – Erich Mulzer: Geographische Gedanken zur mittelalterlichen Entwicklung Nürnbergs. – Theodor Rettelbach: Mönau und Mark, Probleme eines Forstamtes im Erlanger Raum. – Walter Alexander Schnitzer: Zum Problem der Dolomitsandbildung auf der südlichen Frankenalb. – Heinrich Vollrath: Die Morphologie der Itzaue als Ausdruck hydro- und sedimentologischen Geschehens. – Ludwig Bauer: Philosophische Begründung und humanistischer Bildungsauftrag des Erdkundeunterrichts, insbesondere auf der Oberstufe der Gymnasien. – Walter Kucher: Zum afrikanischen Sprichwort. – Otto Leischner: Die biologische Raumdichte. – Friedrich Linnenberg: Eduard Pechuel-Loesche als Naturbeobachter.

1963. IV, 358 S., 35 Ktn., 17 Abb., 4 Farbtafeln, 21 Bilder, zahlreiche Tabellen.
ISBN 3-920405-17-X kart. DM 36,–

Heft 19. *Hölcke, Theodor:* Die Niederschlagsverhältnisse in Nürnberg 1879 bis 1960. 1965, 90 S., 15 Abb. u. 51 Tab. im Text, 15 Tab. im Anhang.
ISBN 3-920405-18-8 kart. DM 13,–

Heft 20. *Weber, Jost:* Siedlungen im Albvorland von Nürnberg. Ein siedlungsgeographischer Beitrag zur Orts- und Flurformengenese. 1965. 128 S., 9 Ktn., 3 Abb. u. 2 Tab. im Text, 6 Kartenbeilagen.
ISBN 3-920405-19-6 kart. DM 19,–

Heft 21. *Wiegel, Johannes M.:* Kulturgeographie des Lamer Winkels im Bayerischen Wald. 1965. 132 S., 9 Ktn., 7 Bilder, 5 Fig. u. 20 Tab. im Text, 4 farb. Kartenbeilagen.
vergriffen

Heft 22. *Lehmann, Herbert:* Formen landschaftlicher Raumerfahrung im Spiegel der bildenden Kunst. 1968. 55 S., mit 25 Bildtafeln.
ISBN 3-920405-21-8 kart. DM 10,–

Heft 23. *Gad, Günter:* Büros im Stadtzentrum von Nürnberg. Ein Beitrag zur City-Forschung. 1968. 213 S., mit 38 Kartenskizzen u. Kartogrammen, 11 Fig. u. 14 Tab. im Text, 5 Kartenbeilagen.
ISBN 3-920405-22-6 kart. DM 24,–

Heft 24. *Troll, Carl:* Fritz Jaeger. Ein Forscherleben. Mit e. Verzeichnis d. wiss. Veröffentlichungen von Fritz Jaeger, zsgest. von Friedrich Linnenberg. 1969. 50 S., mit 1 Portr.
ISBN 3-920405-23-4 kart. DM 7,–

Heft 25. *Müller-Hohenstein, Klaus:* Die Wälder der Toskana. Ökologische Grundlagen, Verbreitung, Zusammensetzung und Nutzung. 1969. 139 S., mit 30 Kartenskizzen u. Fig., 16 Bildern, 1 farb. Kartenbeil., 1 Tab.-Heft u. 1 Profiltafel als Beilage.
ISBN 3-920405-24-2 kart. DM 22,–

Heft 26. *Dettmann, Klaus:* Damaskus. Eine orientalische Stadt zwischen Tradition und Moderne. 1969. 133 S., mit 27 Kartenskizzen u. Fig., 20 Bildern u. 3 Kartenbeilagen, davon 1 farbig. vergriffen

Heft 27. *Ruppert, Helmut:* Beirut. Eine westlich geprägte Stadt des Orients. 1969. 148 S., mit 15 Kartenskizzen u. Fig., 16 Bildern u. 1 farb. Kartenbeilage.
ISBN 3-920405-26-9 kart. DM 25,–

Heft 28. *Weisel, Hans:* Die Bewaldung der nördlichen Frankenalb. Ihre Veränderungen seit der Mitte des 19. Jahrhunderts. 1971. 72 S., mit 15 Kartenskizzen u. Fig., 5 Bildern u. 3 Kartenbeilagen, davon 1 farbig.
ISBN 3-920405-27-7 kart. DM 16,–

Heft 29. *Heinritz, Günter:* Die „Baiersdorfer" Krenhausierer. Eine sozialgeographische Untersuchung. 1971. 84 S., mit 6 Kartenskizzen u. Fig. u. 1 Kartenbeilage.
ISBN 3-920405-28-5 kart. DM 15,–

Heft 30. *Heller, Hartmut:* Die Peuplierungspolitik der Reichsritterschaft als sozialgeographischer Faktor im Steigerwald. 1971. 120 S., mit 15 Kartenskizzen u. Figuren und 1 Kartenbeilage.
ISBN 3-920405-29-3 kart. DM 17,–

Heft 31. *Mulzer, Erich:* Der Wiederaufbau der Altstadt von Nürnberg 1945 bis 1970. 1972. 231 S., mit 13 Kartenskizzen u. Fig., 129 Bildern u. 24 farb. Kartenbeilagen.
ISBN 3-920405-30-7 kart. DM 39,–

Heft 32. *Schnelle, Fritz:* Die Vegetationszeit von Waldbäumen in deutschen Mittelgebirgen. Ihre Klimaabhängigkeit und räumliche Differenzierung. 1973. 35 S., mit 1 Kartenskizze u. 2 Profiltafeln als Beilage.
ISBN 3-920405-31-5 kart. DM 9,–

Heft 33. *Kopp, Horst:* Städte im östlichen iranischen Kaspitiefland. Ein Beitrag zur Kenntnis der jüngeren Entwicklung orientalischer Mittel- und Kleinstädte. 1973. 169 S., mit 30 Kartenskizzen, 20 Bildern und 3 Kartenbeilagen, davon 1 farbig.
ISBN 3-920405-32-3 kart. DM 28,–

Heft 34. *Berninger, Otto:* Joachim Blüthgen, 4. 9. 1912–19. 11. 1973. Mit einem Verzeichnis der wissenschaftlichen Veröffentlichungen von Joachim Blüthgen, zusammengestellt von Friedrich Linnenberg. 1976. 32 S., mit 1 Portr.
ISBN 3-920405-36-6 kart. DM 6,–

Heft 35. *Popp, Herbert:* Die Altstadt von Erlangen. Bevölkerungs- und sozialgeographische Wandlungen eines zentralen Wohngebietes unter dem Einfluß gruppenspezifischer Wanderungen. 1976. 118 S., mit 9 Figuren, 8 Kartenbeilagen, davon 6 farbig, und 1 Fragebogen-Heft als Beilage.
ISBN 3-920405-37-4 kart. DM 28,–

Heft 36. *Al-Genabi, Hashim K. N.:* Der Suq (Bazar) von Bagdad. Eine wirtschafts- und sozialgeographische Untersuchung. 1976, 157 S., mit 37 Kartenskizzen u. Figuren, 20 Bildern, 8 Kartenbeilagen, davon 1 farbig, und 1 Schema-Tafel als Beilage.
ISBN 3-920405-38-2 kart. DM 34,–

Heft 37. *Wirth, Eugen:* Der Orientteppich und Europa. Ein Beitrag zu den vielfältigen Aspekten west-östlicher Kulturkontakte und Wirtschaftsbeziehungen. 1976. 108 S., mit 23 Kartenskizzen u. Figuren im Text und 4 Farbtafeln.
ISBN 3-920405-39-0 kart. DM 28,–

Heft 38. *Hohenester, Adalbert:* Die potentielle natürliche Vegetation im östlichen Mittelfranken (Region 7). Erläuterungen zur Vegetationskarte 1 : 200 000. 1978. 74 S., mit 26 Bildern, 4 Tafelbeilagen und 1 farb. Kartenbeilage.
ISBN 3-920405-44-7 kart. DM 28,–

Heft 39. *Meyer, Günter:* Junge Wandlungen im Erlanger Geschäftsviertel. Ein Beitrag zur sozialgeographischen Stadtforschung unter besonderer Berücksichtigung des Einkaufsverhaltens der Erlanger Bevölkerung. 1978. 215 S., mit 44 Kartenskizzen u. Figuren, zahlreichen Tab. u 1 Beilagenheft.
ISBN 3-920405-45-5 kart. DM 38,–

Heft 40. *Wirth, Eugen, Inge Brandner, Helmut Prösl u. Detlev Eifler:* Die Fernbeziehungen der Stadt Erlangen. Ausgewählte Aspekte überregionaler Verflechtungen im Interaktionsfeld einer Universitäts- und Industriestadt. 1978, 83 S., mit 57 Kartenskizzen und Figuren auf 34 Abbildungen.
ISBN 3-920405-46-3 kart. DM 18,–

Heft 41. *Wirth, Eugen:* In vino veritas? Weinwirtschaft, Weinwerbung und Weinwirklichkeit aus der Sicht eines Geographen. 1980. 66 S., mit 4 Kartenskizzen u. Figuren.
ISBN 3-920405-50-1 kart. DM 15,–

Heft 42. *Weicken, Hans-Michael:* Untersuchungen zur mittel- und jungpleistozänen Talgeschichte der Rednitz. Aufgrund von Beobachtungen im Raum Erlangen. 1982. 125 S., mit 33 Kartenskizzen u. Figuren und 5 Beilagen.
ISBN 3-920405-55-2 kart. DM 29,–

Heft 43. *Hopfinger, Hans:* Erfolgskontrolle regionaler Wirtschaftsförderung. Zu den Auswirkungen der Regionalpolitik auf Arbeitsmarkt und Wirtschaftsstruktur am Beispiel der Textilindustrie im Regierungsbezirk Oberfranken. 1982. 167 S., mit 17 Kartenskizzen u. Figuren.
ISBN 3-920405-56-0 kart. DM 26,–

Heft 44. *Lüttig, Gerd W.:* Die Grenzen des Wachstums, geognostisch gesehen. 1985. 47 S., mit 7 Kartenskizzen und Figuren.
ISBN 3-920405-59-5 kart. DM 12,–

Heft 45. *Endres, Rudolf:* Franken und Bayern im 19. und 20. Jahrhundert. 1985. 52 S., mit 6 Karten und 12 Bildern.
ISBN 3-920405-60-9 kart. DM 13,–

* * *

Nicht in den Mitteilungen der Fränkischen Geographischen Gesellschaft erschienen

Sonderbände der Erlanger Geographischen Arbeiten

Herausgegeben vom Vorstand der Fränkischen Geographischen Gesellschaft

ISSN 0170–5180

Sonderband 1. *Kühne, Ingo:* Die Gebirgsentvölkerung im nördlichen und mittleren Apennin in der Zeit nach dem Zweiten Weltkrieg. Unter besonderer Berücksichtigung des gruppenspezifischen Wanderungsverhaltens. 1974. 296 S., mit 16 Karten, 3 schematischen Darstellungen, 17 Bildern u. 21 Kartenbeilagen, davon 1 farbig.
ISBN 3-920405-33-1 kart. DM 82,–

Sonderband 2. *Heinritz, Günter:* Grundbesitzstruktur und Bodenmarkt in Zypern. Eine sozialgeographische Untersuchung junger Entwicklungsprozesse. 1975. 142 S., mit 25 Karten, davon 10 farbig, 1 schematischen Darstellung, 16 Bildern und 2 Kartenbeilagen.
ISBN 3-920405-34-X kart. DM 73,50

Sonderband 3. *Spieker, Ute:* Libanesische Kleinstädte. Zentralörtliche Einrichtungen und ihre Inanspruchnahme in einem orientalischen Agrarraum. 1975. 228 S., mit 2 Karten, 16 Bildern und 10 Kartenbeilagen.
ISBN 3-920405-35-8 kart. DM 19,–

Sonderband 4. *Soysal, Mustafa:* Die Siedlungs- und Landschaftsentwicklung der Çukurova. Mit besonderer Berücksichtigung der Yüregir-Ebene. 1976. 160 S., mit 28 Kartenskizzen u. Fig., 5 Textabbildungen u. 12 Bildern.
ISBN 3-920405-40-4 kart. DM 28,–

Sonderband 5. *Hütteroth, Wolf-Dieter and Kamal Abdulfattah:* Historical Geography of Palestine, Transjordan and Southern Syria in the Late 16th Century. 1977. XII, 225 S., mit 13 Karten, 1 Figur u. 5 Kartenbeilagen, davon 1 Beilage in 2 farbigen Faltkarten.
ISBN 3-920405-41-2 kart. DM 69,–

Sonderband 6. *Höhfeld, Volker:* Anatolische Kleinstädte. Anlage, Verlegung und Wachstumsrichtung seit dem 19. Jahrhundert. 1977. X, 258 S., mit 77 Kartenskizzen u. Fig. und 16 Bildern.
ISBN 3-920405-42-0 vergriffen

Sonderband 7. *Müller-Hohenstein, Klaus:* Die ostmarokkanischen Hochplateaus. Ein Beitrag zur Regionalforschung und zur Biogeographie eines nordafrikanischen Trokkensteppenraumes. 1978, 193 S., mit 24 Kartenskizzen u. Fig., davon 18 farbig, 15 Bildern, 4 Tafelbeilagen und 1 Beilagenheft mit 22 Fig. und zahlreichen Tabellen.
ISBN 3-920405-43-9 kart. DM 108,–

Sonderband 8. *Jungfer, Eckhardt:* Das nordöstliche Djaz-Murian-Becken zwischen Bazman und Dalgan (Iran). Sein Nutzungspotential in Abhängigkeit von den hydrologischen Verhältnissen. 1978, XII, 176 S., mit 28 Kartenskizzen u. Fig., 20 Bildern und 4 Kartenbeilagen.
ISBN 3-920405-47-1 kart. DM 29,–

Sonderband 9. *Mayer, Josef:* Lahore. Entwicklung und räumliche Ordnung seines zentralen Geschäftsbereichs. 1979. XI, 202 S., mit 3 Figuren, 12 Bildern und 10 mehrfarbigen Kartenbeilagen.
ISBN 3-920405-48-X kart. DM 128,–

Sonderband 10. *Stingl, Helmut:* Strukturformen und Fußflächen im westlichen Argentinien. Mit besonderer Berücksichtigung der Schichtkämme. 1979. 130 S., mit 9 Figuren, 27 Bildern, 2 Tabellen und 10 Beilagen.
ISBN 3-920405-49-8 kart. DM 48,20

Sonderband 11. *Kopp, Horst:* Agrargeographie der Arabischen Republik Jemen. Landnutzung und agrarsoziale Verhältnisse in einem islamisch-orientalischen Entwicklungsland mit alter bäuerlicher Kultur. 1981, 293 S., mit 15 Kartenskizzen, 6 Figuren, 24 Bildern u. 22 Tabellen im Text und 1 Übersichtstafel, 25 Luftbildtafeln u. 1 farbigen Faltkarte als Beilage.
ISBN 3-920405-51-X kart. DM 149,–

Sonderband 12. *Abdulfattah, Kamal:* Mountain Farmer and Fellah in 'Asīr, Southwest Saudi Arabia. The Conditions of Agriculture in a Traditional Society. 1981. 123 S., mit 17 Kartenskizzen u. Figuren, 25 Bildern und 7 Kartenbeilagen, davon 1 farbig.
ISBN 3-920405-52-8 kart. DM 78,–

Sonderband 13. *Höllhuber, Dietrich:* Innerstädtische Umzüge in Karlsruhe. Plädoyer für eine sozialpsychologisch fundierte Humangeographie. 1982. 218 S., mit 88 Kartenskizzen und Figuren und 19 Tabellen.
ISBN 3-920405-53-6 kart. DM 76,–

Sonderband 14. *Wirth, Eugen (Hrsg.):* Deutsche geographische Forschung im Orient. Ein Überblick anhand ausgewählter gegenwartsbezogener Beiträge zur Geographie des Menschen. 1983. Aufsatzsammlung in arabischer Sprache: 565 S. Text in arab. Übersetzung, mit 142 Kartenskizz. u. Figuren, 42 Tab. u. 1 farb. Faltkarte als Beilage; 36 S. Titelei, Inhaltsverzeichnis, Quellennachweis u. Vorwort auch in deutsch, englisch, französisch. kart. DM 68,–

Sonderband 15. *Popp, Herbert:* Moderne Bewässerungslandwirtschaft in Marokko. Staatliche und individuelle Entscheidungen in sozialgeographischer Sicht. 1983. Textband: 265 S., mit 18 Kartenskizzen, 5 Figuren u. 37 Tabellen. Kartenband: 10 Falttafeln mit 12 einfarb. u. 9 mehrfarb. Karten.
ISBN 3-920405-57-9 kart. DM 100,–

Sonderband 16. *Meyer, Günter:* Ländliche Lebens- und Wirtschaftsformen Syriens im Wandel. Sozialgeographische Studien zur Entwicklung im bäuerlichen und nomadischen Lebensraum. 1984. 325 S., mit 65 Kartenskizzen u. Figuren, davon 3 farbig, 59 Tabellen, 26 Bildern u. 8 Faltkarten, davon 1 farbig.
ISBN 3-920405-58-7

Sonderband 17. *Popp, Herbert und Franz Tichy (Hrsg.):* Möglichkeiten, Grenzen und Schäden der Entwicklung in den Küstenräumen des Mittelmeergebietes.
ISBN 3-920405-61-7 ca. DM 29,–

Sonderveröffentlichung

Endres, Rudolf: Erlangen und seine verschiedenen Gesichter. 1982. 56 S., mit 7 Stadtplänen, 1 Kartenskizze und 34 Bildern.
ISBN 3-920405-54-4 kart. DM 18,–

Selbstverlag der Fränkischen Geographischen Gesellschaft
Kochstraße 4, D-8520 Erlangen